Michael Schippers und Jakob Koscholke
Kohärenz und Wahrscheinlichkeit

Michael Schippers und Jakob Koscholke

Kohärenz und Wahrscheinlichkeit

Eine Untersuchung probabilistischer Kohärenzmodelle

DE GRUYTER

ISBN 978-3-11-061200-4
e-ISBN (PDF) 978-3-11-061265-3
e-ISBN (EPUB) 978-3-11-061150-2

Library of Congress Control Number: 2020935239

Bibliografische Information der Deutschen Nationalbibliothek
Die Deutsche Nationalbibliothek verzeichnet diese Publikation in der Deutschen Nationalbibliografie; detaillierte bibliografische Daten sind im Internet über http://dnb.dnb.de abrufbar.

© 2021 Walter de Gruyter GmbH, Berlin/Boston
Dieser Band ist text- und seitenidentisch mit der 2020 erschienenen gebundenen Ausgabe.
Satz: le-tex publishing services GmbH, Leipzig
Druck und Bindung: CPI books GmbH, Leck

www.degruyter.com

Vorwort

Obwohl die ersten Beiträge zur Diskussion über probabilistische Kohärenzmaße zum gegenwärtigen Zeitpunkt bereits etwa zwei Jahrzehnte zurückliegen, scheint das Thema in der deutschsprachigen Philosophieliteratur nicht angekommen zu sein. Es gibt bisher keine Monographie, die sich dem Projekt widmet, ob und wie Kohärenz sich wahrscheinlichkeitstheoretisch fassen lässt, geschweige denn ein Werk, das einen verständlichen Überblick zum aktuellen Forschungsstand bietet. Es ist unser Anliegen, dies mit dem vorliegenden Buch zu ändern. Hierbei versuchen wir einen nicht einfachen Spagat: Einerseits soll das Buch einen einführenden Charakter haben und so auch Personen zugänglich sein, die bislang keine oder nur wenig Berührung mit formalen Methoden in der Philosophie hatten, andererseits möchten wir eine möglichst umfassende Darstellung des aktuellen Forschungsstandes liefern, was leicht auf Kosten der Verständlichkeit gehen kann. Wir haben uns daher bemüht, formale Aspekte zunächst immer durch Umschreibungen zu flankieren, die alle relevanten Aspekte noch einmal in Worten darstellen.

Die Struktur dieses Buches ist denkbar einfach. Wir beginnen unsere Untersuchung in Kapitel 1 mit einer Motivation des Themas, einer Einführung des zugrunde liegenden formalen Apparates der Wahrscheinlichkeitstheorie und einem kurzen Überblick alternativer formaler Ansätze. Sodann stellen wir anhand einer groben Klassifikation die zu diskutierenden Kohärenzmaße in Kapitel 2 vor. Nach einer Betrachtung strukturell schwächerer Kohärenzmodelle in Kapitel 3, die Kohärenz als Relation verstehen, wenden wir uns in Kapitel 4 verschiedenen Adäquatheitsbedingungen zu, also Bedingungen, die Kohärenzmaße sinnvollerweise erfüllen sollten. Anschließend werten wir in Kapitel 5 die diskutierten Maße mit Hilfe sogenannter Testfälle aus. In diesem Zusammenhang stellen wir auch eine kognitionspsychologische Studie vor, die untersucht, inwiefern die mit den Testfällen verbundenen Kohärenzurteile allgemein anschlussfähig sind. In Kapitel 6 widmen wir uns dann verschiedenen Anwendungsgebieten des Kohärenzbegriffs innerhalb der Erkenntnistheorie. Hierbei stehen Wahrheits- und Verlässlichkeits-Förderlichkeit im Vordergrund, also Eigenschaften, die Kohärenz epistemisch wertvoll machen, falls ein positiver Zusammenhang zu ihnen besteht. Darüber hinaus thematisieren wir den Zusammenhang zwischen Graden von Inkonsistenz und Graden von Inkohärenz. Zu guter Letzt setzen wir uns in Kapitel 7 mit einer Reihe von Einwänden auseinander, die im Laufe der Jahre gegen probabilistische Kohärenzmaße vorgebracht wurden. Einige dieser Einwände richten sich gegen bestimmte Maße oder Klassen von Maßen, wohingegen andere das gesamte Projekt der Explikation von Kohärenz mit wahrscheinlichkeitstheoretischen Mitteln in Frage stellen.

Diese Monographie ist im Rahmen des von der Deutschen Forschungsgemeinschaft finanzierten Projektes *Probabilistic Models of Coherence and Positive Relevance* als Teil des DFG Schwerpunktprogramms 1516 *New Frameworks of Rationality* entstanden. Der Austausch mit den Mitgliedern der anderen Projekte dieses Programms hat wertvolle Impulse für unsere eigene Forschung auf diesem Gebiet gebracht. Darüber hinaus haben wir außerordentlich von den zahlreichen Rückmeldungen zu unseren Vorträgen auf diversen Fachkonferenzen profitiert, darunter *GAP 8* (Konstanz), *EPSA 2013* (Helsinki), *EENM 2014* (Madrid) und *EENM 2015* (Paris), *CLMPS 2015* (Helsinki) und Reasoning Club Conference 2017 (Turin).

Ganz besonders möchten wir an dieser Stelle unserem Projektleiter Mark Siebel danken, der uns stets mit großem Interesse und einem offenen Ohr zur Seite stand, uns aber auf der anderen Seite auch einen großen Freiraum für selbständige und interessengeleitete Forschung gelassen hat. Die vorliegende Arbeit enthält in gebündelter Form die Früchte dieser Arbeit. Als ebenso fruchtbar haben sich die Rückmeldungen von Igor Douven erwiesen, der nach anfänglicher Skepsis hinsichtlich der Frage, ob sich überhaupt noch etwas Neues im Bereich der Kohärenzmaße erforschen lässt, sich eines besseren belehren lassen hat und stets mit äußerst hilfreichen Rückmeldungen zu unseren Artikeln zur Stelle war. Darüber hinaus hat er erfreulicherweise die Zeit gefunden, als Zweitgutachter unserer Dissertationen zu fungieren. Für beides möchten wir ihm an dieser Stelle herzlich danken. Auch gebührt unseren Kollegen am Lehrstuhl für theoretische Philosophie in Oldenburg Dank dafür, dass sie nicht müde wurden, unseren Vorträgen und Flurgesprächen zum Thema Kohärenz zu lauschen und unsere Arbeit mit wertvollen Kommentaren und kritischen Nachfragen voranzubringen. Großer Dank gebührt nicht zuletzt auch Kerstin Marie Hinrichs, die in mühevoller Arbeit eine ältere Version des Manuskripts Korrektur gelesen hat und mit hilfreichen Kommentaren den didaktischen Aufbau an einigen Stellen optimiert hat.

Inhalt

Vorwort —— V

1	**Einleitung —— 1**	
1.1	Erste Annäherungen an den Kohärenzbegriff —— 2	
1.2	Die Kohärenztheorie der Rechtfertigung —— 6	
1.3	Das Verfahren der Explikation —— 10	
1.4	Formale Voraussetzungen und Notation —— 12	
1.5	Interpretationen von Wahrscheinlichkeit —— 19	
1.6	Alternative formale Ansätze —— 25	
1.7	Ziel und Aufbau des Buches —— 29	
2	**Probabilistische Kohärenzmaße —— 33**	
2.1	Abweichung von Unabhängigkeit —— 34	
2.2	Relative mengentheoretische Überlappung —— 38	
2.3	Durchschnittliche gegenseitige Stützung —— 41	
2.4	Bovens und Hartmanns Quasi-Ordnung —— 48	
3	**Kohärenz als Relation —— 51**	
3.1	Kohärenz als qualitative Relation —— 51	
3.1.1	Drei qualitative Kohärenzrelationen —— 51	
3.1.2	Reflexivität, Symmetrie und Transitivität —— 54	
3.1.3	Kohärenz und Negationen —— 60	
3.1.4	Kohärenz, Konjunktionen und Disjunktionen —— 62	
3.1.5	Kohärenz, Implikation und Äquivalenz —— 66	
3.2	Kohärenz als komparative Relation —— 68	
3.3	Kohärenz als quantitative Relation —— 72	
4	**Adäquatheitsbedingungen —— 75**	
4.1	Unabhängigkeit und Stützung —— 75	
4.2	Äquivalenz und Inkonsistenz —— 80	
4.3	Implikation und Uneinigkeit —— 85	
4.4	Auswertung der Maße —— 89	
5	**Testfälle —— 93**	
5.1	Würfel und Disjunktionen —— 94	
5.2	Schwarze Raben und braune Stühle —— 95	
5.3	Tweety der Pinguin —— 97	

5.4	Ein Mord in Tokio —— 98	
5.5	Würfel und Dodekaeder —— 101	
5.6	Japaner und Samurai-Schwerter —— 102	
5.7	Graue Hasen mit zwei Ohren —— 104	
5.8	Zeugenaussagen —— 105	
5.9	Inkonsistente Zeugenaussagen —— 106	
5.10	Räuber und Taschendiebe —— 108	
5.11	Übersicht: Gesamtresultate der Maße —— 109	
5.12	Empirische Ergebnisse zu Testfällen —— 111	

6 Zusammenhänge —— 117
- 6.1 Kohärenz und Wahrheit —— 117
- 6.1.1 Wahrheitsförderlichkeit für Mengen von Aussagen —— 118
- 6.1.2 Wahrheitsförderlichkeit für einzelne Aussagen —— 138
- 6.2 Kohärenz und Verlässlichkeit —— 140
- 6.3 Kohärenz und Inkonsistenz —— 148
- 6.3.1 Inkonsistenz als Testfall für Kohärenzmaße —— 149
- 6.3.2 Grade von Inkonsistenz und Inkohärenz —— 153

7 Einwände und Probleme —— 159
- 7.1 Die Individuierung von Überzeugungen —— 160
- 7.1.1 Kohärenzmaße und Individuation —— 160
- 7.1.2 Unabhängigkeit, Quellen und Gehaltselemente —— 162
- 7.2 Kohärenz unter Mengenerweiterung —— 167
- 7.3 Kohärenz und gemeinsame Ursachen —— 170
- 7.4 Kohärenz und Einer-Mengen —— 176
- 7.5 Kohärenzerhaltung —— 179
- 7.6 Kohärenz und Erklärung —— 184

8 Schlussbetrachtungen —— 191

Literatur —— 193

Personenregister —— 201

Sachwortregister —— 203

1 Einleitung

Kohärenz ist, wie sich im Verlauf dieses Buches zeigen wird, ein nicht leicht zu fassender Begriff. Vor diesem Hintergrund ist es durchaus überraschend, dass er sowohl in der Philosophie als auch in anderen wissenschaftlichen Disziplinen geradezu allgegenwärtig ist. So schreibt beispielsweise Sven Ove Hansson in seiner *Introduction to Formal Philosophy*:

> We encounter the notion of coherence in many branches of philosophy. In the theory of knowledge, coherentists claim that our beliefs all justify each other [...]. According to Bayesian epistemologists, a rational subject's beliefs must be probabilistically coherent, that is, comply with the laws of probability. In the philosophy of science, internal tensions (incoherence) in a scientific theory or paradigm are seen as driving forces for its replacement by something better. In metaphysics, coherentists about truth claim that the truth of a proposition consists in its coherence with other propositions [...]. Consistency in logic and mathematics is often described as a form of coherence. Ethicists such as John Rawls have emphasized that our ethical principles and our judgments in practical ethical issues should form a coherent system (be in a „reflective equilibrium"). In decision theory and action theory, it is usually assumed that a rational plan has to be coherent [...]. In recent years, legal scholars have increasingly emphasized that the law and its interpretation must form a coherent system, preferably based on some common principles. (Hansson 2018, 443–444)

Diese Aufzählung lässt sich ohne Mühe fortsetzen: in den empirischen Wissenschaften werden Hypothesen oder ganze Theorien danach beurteilt, wie gut sie zu den in einem kontrollierten Experiment gewonnenen Daten passen, also wie kohärent Theorien und Daten sind (vgl. Myrvold 1996, 2003, McGrew 2003); in Psychologie und Soziologie wird der Zusammenhang zwischen einer als kohärent empfundenen Umwelt und verschiedenen Einflussfaktoren auf psychische Gesundheit untersucht (vgl. Bergström et al. 2006); selbst die Europäische Union folgt einem sogenannten Kohärenzgebot, das den Zweck hat, sie als einen homogenen Akteur in der Außendarstellung erscheinen zu lassen. Wenn sich die Leserinnen und Leser also fragen, warum wir uns mit dem Kohärenzbegriff auseinandersetzen sollten, so lautet die Antwort: weil Kohärenz in den verschiedensten Bereichen von Wissenschaft und Lebenswelt eine wichtige Rolle zu spielen scheint.

Doch bereits hier fangen die philosophischen Fragen an. Was genau meinen wir, wenn wir sagen, dass etwas kohärent ist, also zusammenpasst? Und worauf beziehen sich unsere Kohärenzurteile? Wie genau entscheiden wir, ob beispielsweise eine Menge von Informationen kohärent ist oder nicht? Und welche anderen Begriffe stehen mit dem Begriff der Kohärenz in engem Zusammenhang? Mit Fragen dieser Art wollen wir uns im Verlauf dieses Buchs beschäftigen. Hierbei erheben wir nicht den Anspruch, eine erschöpfende Analyse des Kohärenzbegriffs zu liefern, d.h einzeln notwendige und zusammengenommen hinreichende Bedingungen für das Vorliegen oder Nicht-Vorliegen von Kohärenz zu formulieren. Vielmehr konzentrieren wir uns auf ausgewählte Aspekte des Kohärenzbegriffs, darunter insbesondere den Zusammenhang zwischen der Kohärenz einer Informationsmenge und den Wahrscheinlichkeiten der in ihr enthaltenen Informationen.

1.1 Erste Annäherungen an den Kohärenzbegriff

Möchte man den Begriff der Kohärenz näher erläutern, so verwendet man häufig Umschreibungen der folgenden Art: kohärente Informationen *hängen zusammen*, *passen zusammen* oder *stützen sich gegenseitig* (vgl. Olsson 2005). Entsprechend gilt für nicht-kohärente Informationen, dass sie nicht zusammenhängen, nicht zusammenpassen oder sich nicht gegenseitig stützen. Schon an dieser Stelle ist jedoch ein wichtiger Unterschied zu beachten, der in diesen negativen Formulierungen nicht ausreichend klar zu Tage tritt. Betrachten wir hierzu zunächst die Beispielmenge X, die aus folgenden Informationen besteht:

(x_1) Äpfel sind Kernobstgewächse.
(x_2) Heute ist Dienstag.

Diese beiden Informationen hängen offensichtlich weder zusammen noch stützen sie sich gegenseitig. Dementsprechend sind sie nicht kohärent. Vergleichen wir dies nun mit der Menge Y, die aus den folgenden Informationen besteht:

(y_1) Alle Kernobstgewächse sind Rosengewächse.
(y_2) Äpfel sind Kernobstgewächse.
(y_3) Äpfel sind keine Rosengewächse.

Auch diese Informationen stützten sich nicht gegenseitig und sind somit nicht kohärent. Was sie allerdings von den vorherigen Informationen unterscheidet, ist dass sie sich sogar widersprechen: wenn Äpfel Kernobstgewächse sind, und alle Kernobstgewächse per Definition auch Rosengewächse sind, dann müssen Äpfel Rosengewächse sein. Die Menge Y ist daher nicht nur nicht-kohärent, sie ist hochgradig *inkohärent*.

Mit dem Begriff der Widersprüchlichkeit, oder *Inkonsistenz*, haben wir einen ersten Begriff gefunden, der in engem Zusammenhang mit dem Begriff der Kohärenz bwz. Inkohärenz steht. Inkonsistenz ist offenbar ein negativer Faktor für Kohärenz in dem Sinne, dass die Anwesenheit von Inkonsistenzen innerhalb einer Menge von Informationen sich negativ auf deren Grad der Kohärenz auswirkt (vgl. BonJour 1985).[1] Würden wir die Information, dass Äpfel keine Rosengewächse sind, in der obigen Menge durch ihre Negation austauschen, also durch die Information, dass Äpfel Rosengewächse sind, so wäre die resultierende Menge Y' hochgradig kohärent: die enthaltenen Informationen, dass Äpfel Kernobstgewächse sind, und dass alle Kernobstgewächse auch Rosengewächse sind, impliziert logisch, dass Äpfel auch Rosengewächse sind. In diesem Sinne passen die Informationen gut zusammen und wir können schließen, dass der Begriff der logischen Folgerung ebenfalls in engem Zusammenhang mit demjenigen der Kohärenz steht.[2] Logische Folgebeziehungen zwischen Informationen scheinen einen positiven Einfluss auf den Grad ihrer Kohärenz zu haben.

In frühen Auseinandersetzungen mit dem Begriff der Kohärenz findet man häufig eine Gleichsetzung von Kohärenz mit einem dieser logischen Begriffe: entweder wird Kohärenz schlicht mit Konsistenz gleichgesetzt, oder kohärente Informationen werden mit solchen gleichgesetzt, die sich gegenseitig durch logische Implikation stützen. Während sich eine Formulierung wie die letztere beispielsweise bei Blanshard (1939) findet, vertritt Ewing (1934) eine abgeschwächte Version, nach der sich ein vollständig kohärentes System von Informationen dadurch auszeichnet, dass es einerseits konsistent ist, und andererseits jede Information aus dem Rest des Systems abgeleitet werden kann. Ein Beispiel für ein solches vollständig kohärentes System ist die folgende Menge:

$$\{x \wedge y, x, y\}$$

Diese Menge erfüllt klarerweise Ewings Kriterium für Kohärenz, denn:
1. Die Menge $\{x \wedge y, x, y\}$ ist konsistent.
2. Die Konjunktion $x \wedge y$ folgt aus dem Rest der Menge, nämlich $\{x, y\}$.
3. Die Aussage x folgt aus dem Rest der Menge, nämlich $\{x \wedge y, y\}$.
4. Die Aussage y folgt aus dem Rest der Menge, nämlich $\{x \wedge y, x\}$.

Dieses Verständnis von Kohärenz führt allerdings zu einem zu stark eingeschränkten Anwendungsbereich des Kohärenzbegriffs. Einerseits ist gemäß Ewings Charakterisierung die obige Menge Y' *kein* vollständig kohärentes System von Informationen. Zwar lässt sich beispielsweise die Information, dass Äpfel Rosengewächse sind aus den beiden anderen Informationen ableiten, aber die allgemeine Information über den Zusammenhang von Rosen- und Kernobstgewächsen folgt natürlich nicht aus den spezifischen Informationen über Äpfel. Es könnte ja andere Kernobstgewächse geben, die keine Rosengewächse sind. An-

---
[1] Eine genauere Analyse dieses Zusammenhangs liefern wir in Abschnitt 6.3.
[2] Diese Beziehung ergibt sich bereits dadurch, dass eine Menge von Aussagen $X \cup \{x\}$ inkonsistent ist genau dann, wenn die Menge X die Aussage $\bar{x}$ logisch impliziert.

dererseits gilt offenbar, dass auch wenn wir in dieser Menge die Information „Alle Kernobstgewächse sind Rosengewächse" durch die Information „99 % aller Kernobstgewächse sind Rosengewächse" ersetzen würden, die resultierende Menge Y'' immer noch hochgradig kohärent wäre. Eine solche statistische Information würde allerdings im Regelfall das von Ewing geforderte Vorhandensein von deduktiven Beziehungen verhindern und würde damit kein vollständig kohärentes System von Informationen generieren.

Eine wahrscheinlichkeitstheoretische Erweiterung von Ewings Ansatz, die diesen Einsichten Rechnung trägt, findet sich beispielsweise bei Lewis (1946). Im Gegensatz zu Ewing fordert Lewis für eine kohärente Menge von Informationen nicht, dass jedes Element vom Rest der Menge logisch impliziert wird, sondern lediglich, dass die Wahrscheinlichkeit eines jeden Elements steigt, wenn der Rest der Menge als gegebene Prämisse angenommen wird. Unter Verwendung des von ihm favorisierten Begriffs *congruence* schreibt er entsprechend:

> A set of statements, or a set of supposed facts asserted, will be said to be congruent if and only if they are so related that the antecedent probability of any one of them will be increased if the remainder of the set can be assumed as given premises. (Lewis 1946, 338)

Diese Liberalisierung der Forderung Ewings erlaubt es daher insbesondere, dass statistische Informationen der zuvor diskutierten Art einem kohärenten System nicht mehr im Wege stehen. Sie kann daher als ein erster Schritt in Richtung des hier diskutierten Forschungszweigs der probabilistischen Kohärenzmaße verstanden werden. Entsprechend wird sich später in Abschnitt 2.3 zeigen, dass eine einflussreiche Idee zur wahrscheinlichkeitstheoretischen Messung von Kohärenz wiederum auf einer Weiterentwicklung dieser Lewis'schen Idee beruht.

Wir wollen uns aber zunächst einer sehr viel elaborierteren, nicht-formalen Analyse des Kohärenzbegriffs widmen, die Laurence BonJour in seinem Werk *The Structure of Empirical Knowledge* (1985) vorgelegt hat. Gegenüber den bisher betrachteten eindimensionalen Analysen von Kohärenz, die diesen Begriff entweder auf der Grundlage des logischen Folgerungsbegriffs oder auf der Grundlage des Wahrscheinlichkeitsbegriffs charakterisieren, hat BonJour eine Liste von *Kohärenzkriterien* formuliert, die den Einfluss von verschiedenen Aspekten wie Konsistenz, Wahrscheinlichkeitserhöhung und Erklärungsanomalien auf Kohärenz beschreiben. Diese Liste liest sich wie folgt (vgl. BonJour 1985, 97–99):

1. Eine Menge von Informationen ist nur dann kohärent, wenn sie logisch widerspruchsfrei ist.
2. Eine Menge von Informationen ist kohärent im Verhältnis zu ihrem Grad der probabilistischen Konsistenz.

3. Die Kohärenz einer Menge von Informationen wird erhöht durch das Vorhandensein von inferentiellen Beziehungen zwischen ihren Elementen; der Grad der Kohärenz steht dabei im Verhältnis zur Anzahl und zur Stärke dieser inferentiellen Beziehungen.
4. Die Kohärenz einer Menge von Informationen wird verringert im Verhältnis zur Anzahl von Teilmengen, die untereinander nicht durch inferentielle Beziehungen verknüpft sind.
5. Die Kohärenz einer Menge von Informationen wird verringert durch das Vorhandensein von unerklärten Anomalien innerhalb der Menge.

Gemäß dem ersten Kriterium wird Kohärenz nun nicht mehr mit dem Begriff der Konsistenz gleichgesetzt, sondern die Konsistenz einer Menge von Informationen ist eine notwendige Voraussetzung für deren Kohärenz. Der von Lewis geforderte Aspekt der Erhöhung der Wahrscheinlichkeit einzelner Elemente der Menge im Lichte der anderen Elemente findet Berücksichtigung in der Forderung nach probabilistischer Kohärenz im zweiten Kriterium. Ebenfalls wird der positive Einfluss von inferentiellen Beziehungen auf den Grad der Kohärenz berücksichtigt: da BonJour im dritten Kriterium hier neben der Anzahl solcher Beziehungen auch ihre Stärken miteinbezieht, ist klar, dass er nicht nur an deduktive Beziehungen denkt, sondern den Begriff der inferentiellen Beziehung weiter fasst, sodass statistische Zusammenhänge Berücksichtigung finden können. Ferner berücksichtigt BonJours Liste, dass das Vorhandensein von Subsystemen, also Teilmengen von Informationen, die zwar möglicherweise untereinander aber nicht mit dem Rest der Informationsmenge verbunden sind, den Grad der Kohärenz dieser Menge negativ beeinflusst. Und schließlich behandelt BonJours Liste auch das Vorhandensein von Anomalien, die innerhalb des Systems nicht erklärt werden als einen negativen Faktor für Kohärenz.

Auch wenn durch diesen Kriterienkatalog zahlreiche neue Einsichten in Bezug auf den Kohärenzbegriff gewonnen werden können, so haftet solchen multidimensionalen Charakterisierungen immer ein Makel an: wie kann es gelingen, aus dieser Vielzahl von Kriterien ein einheitliches Kohärenzurteil in Bezug auf eine konkrete Menge von Informationen zu fällen? Wie sollen Fälle behandelt werden, in denen man zwei Mengen miteinander hinsichtlich ihres Grades der Kohärenz vergleichen möchte, bei denen in der einen Menge mehr unabhängige Teilmengen vorhanden sind, während die andere Menge eine geringere Anzahl von inferentiellen Beziehungen aufweist? Es scheint, als reiche BonJours Ansatz für die Beantwortung solcher Fragen nicht aus. So schreibt beispielsweise Marshall Swain in einem Artikel zu BonJours Kohärenztheorie:

> One of the most disappointing features of BonJour's book is the lack of detail provided in connection with the central notion of coherence. (Swain 1989, 116)

Schwierigkeiten dieser Art haben wohl auch dazu geführt, dass BonJour selbst sich einige Jahre später von seiner Theorie distanziert hat. Diesbezüglich schreibt er (BonJour 1999):

> The precise nature of coherence remains an unsolved problem. [...] Spelling out the details of this idea in a way that would allow reasonably precise assessments of comparative coherence, is extremely difficult, at least partly because such an account will dependent on the correct account of a number of more specific and still not adequately understood topics, such as induction, confirmation, probability, explanation and various other issues in logic.

Dieses Zitat kann gewissermaßen als Ausgangspunkt des vorliegenden Buches gesehen werden. Wir wollen die Entwicklungen nachzeichnen, die seit 1999 auf dem Feld der formalen Erkenntnistheorie in Bezug auf die probabilistische Modellierung des Kohärenzbegriffs vonstatten gegangen sind. Dabei wird sich zeigen, dass genau in den von BonJour angesprochenen Problembereichen zahlreiche Fortschritte erzielt werden konnten. Diese Fortschritte ermöglichen es, probabilistische Modelle des Kohärenzbegriffs zu entwickeln, die diesen Begriff mit einer bisher unerreichten Präzision formal charakterisieren und dadurch zahlreiche neue Einsichten sowohl in Bezug auf den Kohärenzbegriff selbst als auch im Hinblick auf seine Anwendung in verschiedenen Bereichen liefern. Hierdurch kann unter anderem einem der zentralen Einwände gegen sogenannte Kohärenz-basierte Theorien begegnet werden, der diese stets begleitete: Kohärenz ist, anders als von Gegnern behauptet, *kein* „hoffnungslos vager" Begriff.[3]

1.2 Die Kohärenztheorie der Rechtfertigung

Wie lassen sich Überzeugungen rechtfertigen? Wann sind wir als epistemische Subjekte in einer Meinung gerechtfertigt? Fragen dieser Art zählen zu den Grundfragen der Erkenntnistheorie und stehen in engem Zusammenhang mit Fragen nach der Natur des Wissens oder der Natur von Rationalität. Gemäß der sogenannten klassischen Wissensanalyse ist es beispielsweise der Fall, dass eine Meinung eines epistemischen Subjekts drei Kriterien erfüllen muss, um als Wissen zu gelten: zunächst muss das Subjekt die fragliche Überzeugung tatsächlich haben, die

---

[3] Dies ist eine Anspielung auf ein in der Kohärenzliteratur bekanntest Zitat von Douven und Meijs: „the notion of coherence is hopelessly vague" (Douven und Meijs 2007, 405–406).

Überzeugung muss faktisch wahr sein und das Subjekt muss in der Überzeugung gerechtfertigt sein (vgl. hierzu insbesondere Gettier 1963). Was aber heißt es, in einer Meinung gerechtfertigt zu sein? Im Normalfall würde man davon ausgehen, dass etwa Folgendes gemeint ist: Um in einer Meinung x gerechtfertigt zu sein, muss es eine Menge von Gründen X_1 geben, aus denen diese Meinung in irgendeiner Weise folgt. Wird man beispielsweise gefragt, weshalb man der Ansicht sei, dass Kaffee die Konzentrationsfähigkeit steigert, so könnte man darauf verweisen, dass Kaffee Koffein enthält und Koffein ein Stimulans ist, das die Konzentrationsfähigkeit nachweislich steigert. Offenbar hängt nun aber die Rechtfertigung der Meinung x entscheidend davon ab, inwiefern man gute Gründe für die weiteren Überzeugungen hat, durch die man x zu rechtfertigen versucht. Auch diese müssen also wieder gerechtfertigt sein, um als Rechtfertiger für x herhalten zu können. Daher gilt: der Rechtfertigungsstatus von x hängt gewissermaßen in der Luft, so lange der Rechtfertigungsstatus der weiteren Überzeugungen nicht geklärt ist. Um deren Rechtfertigungsstatus zu klären, bleibt einem aber offenbar zunächst kein anderer Weg übrig, als wiederum eine Menge von Überzeugungen vorzubringen, die diese rechtfertigen. Hier gibt es nun folgende drei Möglichkeiten:

1. Die Menge der Gründe X_1, die zur Rechtfertigung der Überzeugung x herangezogen werden, sind ihrerseits durch die Menge der Gründe X_2 gerechtfertigt, welche ihrerseits durch die Menge der Gründe X_3 gerechtfertigt sind, usw. Diese Möglichkeit, das Begründungsnetz fortzusetzen, führt offenbar in einen *infiniten Regress*.[4]
2. Die Menge der Gründe X_1, welche zur Rechtfertigung der Überzeugung x herangezogen werden, sind ihrerseits durch die Menge der Gründe X_2 gerechtfertigt, welche ihrerseits durch die Menge der Gründe X_n gerechtfertigt sind. Die Menge der Gründe X_n jedoch bildet ein Fundament der Rechtfertigung, d. h. eine Menge von Gründen, die intrinsisch gerechtfertigt sind, ohne Rekurs auf weitere Überzeugungen. Eine solche Position des *Fundamentalismus* in ihren unterschiedlichen Ausprägungen hat zahlreiche Vertreter in der Geschichte der Philosophie. Entscheidend für die Plausibilität einer fundamentalistischen Position in der Erkenntnistheorie ist aber offenbar die Beantwortung der Frage, inwiefern es solch ein Fundament von Rechtfertigungen gibt, die zwar eine Menge von Überzeugungen rechtfertigen können, ihrerseits aber nicht wiederum durch weitere Überzeugungen gerechtfertigt werden müssen.

---

4 Obwohl diese Position auf den ersten Blick nicht besonders attraktiv wirkt, haben Vertreter des sogenannten Infinitismus, darunter insbesondere Peijnenburg (2007) und Klein und Fumerton (1998), interessante Argumente dafür angeführt, dass unendliche Rechtfertigungsketten möglich sind.

Hierzu haben weder die Vertreter des *Empirismus*, nach denen das Fundament in basalen empirischen Überzeugungen der unmittelbaren Sinneserfahrung gesucht werden muss, noch Vertreter des *Rationalismus*, die dieses Fundament im Bereich der unbezweifelbaren Vernunftwahrheiten verorten, eine über jeden Zweifel erhabene Antwort gefunden.
3. Die Menge der Gründe X_1, welche zur Rechtfertigung der Überzeugung x herangezogen werden, sind ihrerseits durch die Menge der Gründe X_2 gerechtfertigt, etc., welche ihrerseits durch die Menge der Gründe X_n gerechtfertigt sind, welche ihrerseits durch die Menge der Gründe X_1 gerechtfertigt sind. Diese Rechtfertigungskette ist offenbar *zirkulär*.

Diese alternativen Fortsetzungen der Rechtfertigungskette werden gelegentlich unter dem Begriff *Münchhausen-Trilemma* oder auch *Agrippa-Trilemma* zusammengefasst (vgl. Albert 1968). Die *Kohärenztheorie der Rechtfertigung* zeichnet sich nun dadurch aus, dass sie eine Variante der dritten, scheinbar zirkulären Alternative der Rechtfertigungskette als beste Auflösung des Trilemmas betrachtet. Um diese Position zu plausibilisieren, muss der im Raum stehende Vorwurf der Zirkularität entkräftet werden. Dies geschieht in kohärentistischen Positionen durch den Hinweis, dass eine Zirkularität nur dann entsteht, wenn man davon ausgeht, dass Rechtfertigungsbeziehungen asymmetrisch sind. Hierdurch würde eine lineare Struktur entstehen, bei der eine Überzeugung durch eine weitere gestützt wird, usw. Dieser linearen Konzeption der Rechtfertigung setzen die Kohärentisten ihre *holistische* Konzeption der Rechtfertigung entgegen. Diese beruht auf der Einsicht, dass Überzeugungen innerhalb eines Meinungssystems in vielfältigen auch wechselseitigen Rechtfertigungsbeziehungen stehen können. Statt einer linearen Kette gleicht die Rechtfertigung daher eher einem Netz, bei dem sich die miteinander verbundenen Knoten gegenseitig stützen. Demgemäß besteht die Rechtfertigung einer einzelnen Überzeugung darin, Mitglied in einem System von Überzeugungen zu sein, dessen Elemente durch zahlreiche inferentielle und explanatorische Beziehungen miteinander verbunden sind.

Wie jede Theorie epistemischer Rechtfertigung ist auch eine solche kohärentistische Rechtfertigungskonzeption nicht frei von Problemen. Die neben der bereits erwähnten Problematik einer fehlenden präzisen Charakterisierung des Kohärenzbegriffs prominentesten Einwände sind zum einen der sogenannte *Isolationseinwand* und zum anderen der *Einwand der alternativen Systeme* (vgl. Olsson 2005):
1. Laut dem *Isolationseinwand* missachtet eine rein kohärentistisch orientierte Konzeption von Rechtfertigung die wichtige Rolle der Erfahrung im Bereich der Rechtfertigung von Überzeugungen über die Außenwelt: wenn gemäß einer Kohärenztheorie zur Rechtfertigung einer Überzeugung immer nur weite-

re Überzeugungen vorgebracht werden können, dann, so der Einwand, läuft das Meinungssystem Gefahr von der Außenwelt isoliert zu sein. Hierdurch wäre es insbesondere fraglich, inwiefern wir durch kohärentistisch gerechtfertigte Überzeugungen auch zu wahren Überzeugungen über die Außenwelt gelangen sollten. Da jedoch eine solche Rolle der Wahrheitsförderlichkeit, in der englischsprachigen Literatur als *truth-conduciveness* bekannt, häufig als eine zentrale Motivation für die Idee der Rechtfertigung schlechthin angesehen wird, scheint eine Position, die Kohärenz als *hinreichende* Bedingung für Rechtfertigung ansieht, schwer zu verteidigen zu sein. Bei BonJour (1985) findet sich entsprechend auch eine Konzeption, die Wahrnehmungsüberzeugungen einen besonderen Status einräumt, der in Teilen auf einer nicht-inferentiellen Art der Rechtfertigung beruht. Andere Entgegnungen auf diesen Einwand finden sich beispielsweise bei Lehrer (1990).[5]

2. Laut dem *Einwand der alternativen Systeme* gibt es zu jedem kohärenten System von Überzeugungen in der Regel mindestens ein genauso kohärentes System von Überzeugungen, das jedoch mit dem zuvor genannten inkompatibel ist. So lässt sich beispielsweise vorstellen, dass es für eine Überzeugung x zwei Mengen von Überzeugungen X und Y gibt, die x jeweils in kohärentistischer Manier rechtfertigen, logisch aber inkompatibel sind. Offenbar können aufgrund dieser Inkompatibilität nicht sowohl X als auch Y wahr sein. Die Frage, die sich hierbei stellt ist natürlich, welchem nun der Vorzug zu gewähren ist. Ein möglicher Ausweg besteht auch hier, ähnlich wie beim Isolationseinwand, darin Wahrnehmungsüberzeugungen eine gesonderte Rolle zuzuweisen. So ließe sich beispielsweise argumentieren, dass es zwar zu einem gegebenen Zeitpunkt t diese zwei Überzeugungsmengen X und Y geben mag, die gleichermaßen kohärent sind und mit allen bisher gesammelten Erfahrungsdaten in Einklang zu bringen sind. Sollte es sich aber bei X und Y um alternative Systeme handeln, die logisch inkompatibel sind, so wird es in Zukunft möglicherweise Erfahrungsdaten geben, mit deren Hilfe ein Unterschied zwischen X und Y gemacht werden kann.

Wir wollen uns an dieser Stelle aus zweierlei Gründen nicht weiter mit den Vorzügen und Nachteilen einer kohärentistischen Position der Rechtfertigung aufhalten. Zum einen ist es nicht unser Anliegen eine solche Position zu verteidigen, sondern lediglich einem der zentralen Einwände zu begegnen, indem wir einen präzisen, formal charakterisierten Begriff der Kohärenz ausarbeiten. Zum ande-

---

[5] Zur Wahrheitsförderlichkeit von Kohärenz finden sich einige Einsichten auf der Grundlage wahrscheinlichkeitstheoretischer Modelle in Abschnitt 6.1.

ren können sich die hierdurch gewonnenen Einsichten selbst bei einem Scheitern der Kohärenztheorie der Rechtfertigung in anderen Bereich als nützlich erweisen. Denn selbst wenn Kohärenz kein weitestgehend hinreichendes Kriterium für Rechtfertigung ist, so lässt sich wie bereits eingangs erwähnt, keineswegs leugnen, dass Kohärenz in vielen Bereichen der Philosophie und anderen wissenschaftlichen Disziplinen eine zentrale Rolle spielt. Selbst wenn sich Kohärenztheorien der Rechtfertigung als hoffnungsloses Unterfangen und als Irrweg der Erkenntnistheorie entpuppen, können sich die Einsichten in Bezug auf den Kohärenzbegriff und dessen formale Modellierung nichtsdestotrotz für zahlreiche andere Gebiete als äußerst fruchtbar erweisen.

1.3 Das Verfahren der Explikation

Wenn es darum geht, einen Begriff wie denjenigen der Kohärenz formal zu charakterisieren, ist es wichtig sich zunächst Klarheit darüber zu verschaffen, auf welcher Grundlage eine solche Charakterisierung erfolgen soll und in welchem Fall sie als erfolgreich gilt. Der Ausgangspunkt eines solchen Unterfangens ist in der Regel ein vor-theoretischer Begriff, hier also derjenige der Kohärenz. Am Ende sollte im besten Fall ein präzises, formal charakterisiertes Modell stehen. Natürlich stellt sich hierbei die Frage, in welchem Zusammenhang dieses Modell zum Ausgangspunkt stehen sollte. Bei der Beantwortung dieser Frage bewegen wir uns gewissermaßen zwischen zwei Extrempunkten. Einerseits laufen wir Gefahr, im Prozess der Formalisierung jeglichen Bezug zum eigentlich zu modellierenden Begriff zu verlieren. Das Resultat im vorliegenden Fall wäre dann also ein womöglich formal sehr elegantes Modell, das allerdings keinen begründeten Zusammenhang zum Kohärenzbegriff aufweist. Andererseits besteht die Gefahr, durch den Wunsch nach einer möglichst genauen Modellierung aller Aspekte des Kohärenzbegriffs ein formales Modell zu entwickeln, das sich in einer Vielzahl von Fallunterscheidungen verliert und dadurch seine Fruchtbarkeit in der Anwendung einbüßt.

Der Fall der völligen Deckungsgleichheit von vor-theoretischem Begriff und resultierendem Modell ist das Ideal des Verfahrens der *Begriffsanalyse*. Hierbei werden einzeln notwendige und zusammengenommen hinreichende Bedingungen des vor-theoretischen Begriffs, dem *Analysandum*, ermittelt, sodass der neue Begriff, das *Analysans*, präziser aber unter allen Umständen deckungsgleich mit dem ersten ist. Auch wenn es dieses Verfahren zu großer Prominenz im Bereich der analytischen Philosophie gebracht hat, sind ironischerweise erfolgreiche Begriffsanalysen bis heute in erster Linie mit Begriffen wie dem des Junggesellen oder des Erpels assoziiert und keinesfalls mit philosophisch reichhaltigen Begriffen wie demjenigen der Kohärenz. Der Grund hierfür liegt wohl in erster Linie darin, dass unsere vor-theoretischen Begriffe häufig eher prototypisch strukturiert sind, sodass wir zwar eindeutige Anwendungsfälle kennen, in denen ein Begriff auf etwas zutrifft oder nicht zutrifft, allerdings zwischen diesen beiden Extremen eine je nach Begriff mehr oder weniger große Grauzone von Fällen liegt, bei denen die Anwendung des Begriffs keinesfalls klar ist.

Als Ausweg aus dieser Situation bietet sich das von Carnap vorgestellte Verfahren der *Begriffsexplikation* an. In seinen *Logical Foundations of Probability* beschreibt er dieses wie folgt:

> By the procedure of *explication* we mean the transformation of an inexact, prescientific concept, the *explicandum*, into a new exact concept, the *explicatum*. [...] The explicandum may belong to everyday language or to a previous stage in the development of scientific language. The explicatum must be given by explicit rules for its use, for example, by a definition which incorporates it into a well-constructed system of scientific either logico-mathematical or empirical concepts. (Carnap 1950, 3)

Eine Explikation besteht also darin, einen vor-theoretischen, verhältnismäßig ungenauen Begriff, das *Explikandum*, durch einen exakten Begriff, das *Explikat*, zu ersetzen, der innerhalb eines Systems präziser wissenschaftlicher Begriffe verortet ist. Dies deckt sich allerdings vollständig mit unserer bisherigen Idee und die Frage bleibt bestehen, in welchem Verhältnis Explikandum und Explikat zu stehen haben. Hierzu gibt Carnap eine Reihe von Kriterien an, die ein Explikat zu erfüllen hat, um als angemessen zu gelten:
1. Ähnlichkeit zum Explikandum
2. Exaktheit
3. Fruchtbarkeit, d. h. wissenschaftliche Nützlichkeit
4. Einfachheit

Dem zweiten Kriterium wird im Folgenden durch die Verwendung des mathematischen Rahmens der Wahrscheinlichkeitstheorie Rechnung getragen. Die Fruchtbarkeit der wahrscheinlichkeitstheoretischen Explikation ergibt sich daraus, dass mit ihrer Hilfe sehr viel präzisere Untersuchungen zu unterschiedlichen Graden der Kohärenz von Aussagemengen vorgenommen werden können. Darüber hinaus können epistemisch relevante Zusammenhänge wie diejenigen zwischen der Kohärenz einer Menge und ihrem Wahrheitsgehalt, oder der Kohärenz von Zeugenaussagen und deren Reliabilität einer genaueren Betrachtung unterzogen werden. Das Kriterium der Einfachheit sollte laut Carnap nicht als absolutes Kriterium angesehen werden, sondern lediglich in einem ausgewogenen Verhältnis zum ersten Kriterium, der Ähnlichkeit mit dem Explikandum, stehen. Als grundlegende Devise zur Modellierung sollte entsprechend gelten, dass angemessene Explikationen des Kohärenzbegriffs formal *so einfach wie möglich* und gleichzeitig *so kompliziert wie nötig* sein sollten.

Diese Devise steht handlungsleitend im Hintergrund vieler in den folgenden Kapiteln näher dargestellter Versuche, den Begriff der Kohärenz mit Hilfe der Wahrscheinlichkeitstheorie zu explizieren.

1.4 Formale Voraussetzungen und Notation

Bevor wir uns den bisherigen Vorschlägen zur Messung von Kohärenz widmen können, benötigen wir einige begriffliche Festlegungen und das nötige formale Handwerkszeug. Zu den begrifflichen Festlegungen gehört unter anderem die Festlegung der *Gegenstände* von Kohärenzurteilen, also eine Festlegung, die eine Antwort auf die Frage liefert, *was* wir in Hinblick auf seine Kohärenz beurteilen, wenn wir ein Kohärenzurteil fällen. Wir werden im Folgenden davon ausgehen, dass sich Kohärenzurteile auf endliche Mengen von Sätzen beziehen. Die Beschränkung auf endliche Mengen führt hierbei dazu, dass viele Kohärenzberechnungen vereinfacht werden, da keine unendlichen Konjunktionen oder Grenzwertbetrachtungen anfallen. Ferner werden wir uns ausschließlich mit Kohärenzberechnungen für Sätze einer aussagenlogischen Sprache beschäftigen. Zwar sind grundsätzlich Erweiterungen, insbesondere für prädikatenlogische Sprachen denkbar, jedoch werden die damit verbundenen formalen Komplikationen in unseren Augen in keiner Weise durch die gewonnenen zusätzlichen Einsichten aufgewogen. Somit legen wir folgende Charakterisierung einer Sprache als Grundlage für unsere Untersuchungen fest:

Definition 1.1 (Sprache). Sei A eine nicht-leere, endliche Menge atomarer Formeln, dann heißt eine Menge L Sprache über A genau dann, wenn gilt:
1. $A \subseteq L$
2. Wenn $x \in L$, dann $\bar{x} \in L$
3. Wenn $x_1, \ldots, x_n \in L$, dann $\bigvee_{i=1}^{n} x_i \in L$

L ist also eine Menge atomarer aussagenlogischer Variablen, die unter den Verknüpfungen der klassischen Logik abgeschlossen ist. Sind a_1 und a_2 beispielsweise atomare Sätze der Sprache L, so sind $\bar{a}_1$ („non-a_1") und $a_1 \vee a_2$ („a_1 oder a_2") komplexe Sätze; beliebige Elemente der Sprache L werden mit x, y, z, möglicherweise indiziert, bezeichnet. Mit L_c kennzeichnen wir die Menge der *kontingenten* Aussagen von L, d. h. x ist ein Element von L_c genau dann, wenn x weder logisch wahr noch logisch falsch ist. Sei mit $\vDash$ die klassische logische Folgerungsbeziehung bezeichnet, dann lässt sich dieser Punkt auch anders formulieren: $x \in L_c$ genau dann, wenn weder $\vDash x$ noch $\vDash \bar{x}$. Ist $x \in L$ entweder eine atomare Aussage oder die Negation einer atomaren Aussage, so heißt x *Literal*; Literale werden im Folgenden mit $\pm a_i$ bezeichnet, wobei $\pm$ für „nicht-negiert" oder „negiert" steht. Die Menge der Literale enthält auch die zwei propositionalen Konstanten $\top$ („Verum"), womit eine Tautologie bezeichnet wird, und $\bot$ („Falsum") zur Kennzeichnung einer Kontradiktion. Eine *Klausel* ist eine Disjunktion von Literalen $\pm a_{i_1} \vee \ldots \vee \pm a_{i_m}$, wobei $a_{i_j} \in A$ und $a_{i_j} \neq a_{i_k}$. Somit folgt, dass keine zwei verschiedenen Klauseln logisch äquivalent sind. Denn dafür müssten sie über die enthaltenen atomaren Aussagen die gleichen Informationen hinsichtlich ihres Wahrheitswerts enthalten und wären somit identisch. Insbesondere ist $a_i \vee \overline{a}_i$ keine Klausel. Sind zwei Aussagen x und y inkonsistent, d. h. gilt $x \wedge y \vDash \bot$, so schreiben wir auch $x \bot y$.

Mengen von Sätzen aus L werden mit X, Y, Z bezeichnet. Für jede Menge $X \subset L$ bezeichnen wir mit $|X|$ die Kardinalität von X und mit 2^X die Potenzmenge von X, d. h. $Y \in 2^X$ genau dann, wenn $Y \subseteq X$. Wenn wir uns nicht auf die Gesamtmenge aller Teilmengen von X beziehen wollen, sondern lediglich eine Teilmenge dieser Menge von Teilmengen betrachten, so verwenden wir zusätzlich die folgende Notation: sei $k \in \mathbb{N}$, dann steht $2^X_{\geq k}$ für die Menge aller Teilmengen von X mit mindestens k Elementen. Wollen wir nur diejenigen Teilmengen von X mit genau k Elementen herausgreifen, so verwenden wir $2^X_{=k}$. Die Konjunktion aller Elemente einer Menge $X \subset L$ bezeichnen wir mit $\bigwedge X$, die Disjunktion entsprechend mit $\bigvee X$. Ferner bezeichnen wir den *deduktiven Abschluss* einer Menge $X \subset L$, d. h. die Menge aller logischen Folgerungen von X mit $Ab(X)$, d. h. $Ab(X) = \{x \in L | X \vDash x\}$. Sei nun $X \in L$ eine beliebige Menge, dann bezeichnen wir die Menge aller von X logisch implizierten Klauseln mit $Kl(X)$. Es gilt offenbar, dass $Kl(X) \subset Ab(X)$. Wir erweitern ferner den Begriff der Ableitung wie folgt auf Mengen von Aussagen: $X \vDash Y$ genau dann, wenn $Ab(Y) \subseteq Ab(X)$. Entsprechend gelten zwei Mengen von Aussagen X und Y als logisch *äquivalent* genau dann, wenn gilt: $X \vDash Y$ und $Y \vDash X$.

Über einer aussagenlogischen Sprache L kann nun eine Funktion definiert werden, die allen Elementen der Sprache Wahrscheinlichkeiten zuordnet, ein sogenanntes Wahrscheinlichkeitsmaß (vgl. Kolmogorov 1956):

Definition 1.2 (Wahrscheinlichkeitsmaß). Sei L eine Sprache über einer nicht-leeren Menge A, dann ist eine Funktion $P : L \to \mathbb{R}$ ein Wahrscheinlichkeitsmaß über L genau dann, wenn gilt:
1. $0 \leq P(x) \leq 1$ für alle $x \in L$.
2. $P(x) = 1$, wenn $x \in L$ eine Tautologie ist.
3. $P(x \vee y) = P(x) + P(y)$, wenn $x, y \in L$ inkonsistent sind.

Die Menge aller Wahrscheinlichkeitsverteilungen über L bezeichnen wir im Folgenden mit **P**. Aussagen x aus L bezeichnen wir als *P-normal* genau dann, wenn gilt: $0 < P(x) < 1$ (vgl. Kuipers 2000).

Um im Folgenden eine einheitliche Darstellung von Wahrscheinlichkeitsmaßen zu gewährleisten, verwenden wir in Anlehnung an Fitelson (2008) sogenannte stochastische Wahrheitstabellen. Bei einer solchen Tabelle werden auf der linken Seite der Titelzeile die Aussagen $x_1, \ldots, x_n$ der zugrunde gelegten Sprache L aufgelistet. In den darunter liegenden Zeilen werden alle Booleschen Kombinationen dieser Aussagen aufgelistet, d. h. alle möglichen Zuordnungen der Werte 0 und 1, wobei es für n Aussagen genau 2^n solcher Kombinationen und damit Zeilen gibt. Auf der rechten Seite der Tabelle werden die Wahrscheinlichkeiten $p_1, \ldots, p_{2^n}$ der entsprechenden Kombinationen eingetragen. Da es sich um Wahrscheinlichkeiten handelt, muss für alle p_i gelten: $0 \leq p_i \leq 1$ und $\sum p_i = 1$. Die allgemeine Form einer stochastischen Wahrheitstabelle ist in Tabelle 1.1 dargestellt.

Tab. 1.1: Allgemeine Form einer stochastischen Wahrheittabelle

x_1	x_2	...	x_{n-1}	x_n	P
0	0	...	0	0	p_1
0	0	...	0	1	p_2
0	0	...	1	0	p_3
0	0	...	1	1	p_4
⋮	⋮	⋮	⋮	⋮	⋮
1	1	...	0	0	p_{2^n-3}
1	1	...	0	1	p_{2^n-2}
1	1	...	1	0	p_{2^n-1}
1	1	...	1	1	p_{2^n}

In einer solchen Tabelle ist der Index i einer Booleschen Kombination und ihrer entsprechenden Wahrscheinlichkeit p_i als binäre Expansion in der Zeile $b_{i,\cdot}$ angegeben. Die Korrespondenz zwischen Indizes und binärer Darstellung ist gegeben durch die Formel:

$$i = 1 + \sum_{j=1}^{n} b_{ij} \cdot 2^{j-1}$$

Eine solche Darstellungsweise hat zwei Vorteile. Zum einen lässt sich durch die Korrespondenz an einer Zeile b_{ij} die Wahrheitswertbelegung für alle Propositionen x_j ablesen. Zum anderen ist durch die Korrespondenz zwischen Indizes und Zeilen gewährleistet, dass die Tabelle für beliebige n stets eine kanonische Struktur hat. So entspricht die Zeile $b_{1,\cdot}$ stets einer Belegung, unter der alle Propositionen falsch und die Zeile $b_{2^n,\cdot}$ stets der Belegung, unter der alle Propositionen wahr sind. Desweiteren entspricht die Zeile $b_{2^{n-j}+1,\cdot}$ stets der Belegung, unter der x_j wahr und alle anderen Propositionen falsch und die Zeile $b_{n-2^{n-j}}$ der Belegung, unter der x_j falsch und alle anderen Propositionen wahr sind.

Als Folgerung aus den in Definition 1.2 angegebenen Axiomen lässt sich nun beispielsweise folgendes Theorem herleiten:

Theorem 1.1 (Negationsregel). *Sei $x \in L$, dann gilt: $P(\overline{x}) = 1 - P(x)$.*

In Worten: Die Wahrscheinlichkeit einer negierten Aussagen $\overline{x}$ ergibt sich aus der Differenz der maximalen Wahrscheinlichkeit 1 und der Wahrscheinlichkeit von x. Durch Umstellen der Gleichung erhalten wir: $P(x) + P(\overline{x}) = 1$. Desweiteren gilt Folgendes:

Theorem 1.2 (Allgemeine Additivität). *Seien $x, y \in L$, dann gilt: $P(x \vee y) = P(x) + P(y) - p(x \wedge y)$.*

Nach diesem allgemeinen Disjunktionsgesetz ergibt sich die Wahrscheinlichkeit einer Disjunktion $x \vee y$ aus der Summe der Wahrscheinlichkeiten der einelnen Disjunkte, wenn man davon die Wahrscheinlichkeit der Konjunktion $x \wedge y$ abzieht. Sind entsprechend x und y logisch unverträglich, so ist diese zuletzt genannte Wahrscheinlichkeit gleich Null und wir erhalten das oben im Rahmen der Axiomatisierung genannte spezielle Disjunktionsgesetz.

Ein weiterer wesentlicher Bestandteil unseres formalen Apparates ist die Definition der bedingten Wahrscheinlichkeit:

Definition 1.3 (Bedingte Wahrscheinlichkeit). *Seien $x, y \in L$ und $P(y) > 0$. Dann ist die bedingte Wahrscheinlichkeit von x gegeben y definiert als $P(x|y) = P(x \wedge y)/P(y)$.*

Aus dieser Definition ergibt sich ein weiteres bedeutendes Theorem:

Theorem 1.3 (Satz von Bayes). *Seien $x, y \in L$ P-normal, dann gilt:*

$$P(x|y) = \frac{P(y|x) \cdot P(x)}{P(y|x) \cdot P(x) + P(y|\overline{x}) \cdot P(\overline{x})}$$

Der *Satz von Bayes* gibt Auskunft über das Verhältnis der bedingten Wahrscheinlichkeiten $P(x|y)$ und $P(y|x)$. Diese sind nämlich keinesfalls identisch, sondern stehen in dem im Theorem genannten Zusammenhang.

Gemäß dem im nun folgenden Theorem genannten Satz von der totalen Wahrscheinlichkeit lässt sich der Nenner in Theorem 1.3 zu $P(y)$ vereinfachen. Hierdurch erhält man eine alternative, aber äquivalente Darstellung des Satzes von Bayes.

Theorem 1.4 (Satz der totalen Wahrscheinlichkeit). *Seien $x, y_1, \ldots, y_1 \in L$, sodass durch $y_1, \ldots, y_n$ eine Partition über L gebildet wird, d. h. jedes Paar von Aussagen $y_i \wedge y_j$ ist logisch falsch und $\bigvee_{1 \leq i \leq n} y_i$ logisch wahr, so gilt:*

$$P(x) = \sum_{1 \leq i \leq n} P(x \wedge y_i) = \sum_{1 \leq i \leq n} P(x|y_i) \cdot P(y_i)$$

Ein weiterer Grundbegriff der Wahrscheinlichkeitstheorie, der im Verlauf unseres Buchs immer wieder auftauchen wird, ist der Begriff der probabilistischen Abhängigkeit bzw. Unabhängigkeit:

Definition 1.4 (Probabilistische Abhängigkeit). Die Variablen $x_1, \ldots, x_n \in L$ heißen:
1. Unabhängig relativ zu P genau dann wenn gilt:
   $P(x_1 \wedge \ldots \wedge x_n) = P(x_1) \cdot \ldots \cdot P(x_n)$
2. Positiv abhängig relativ zu P genau dann wenn gilt:
   $P(x_1 \wedge \ldots \wedge x_n) > P(x_1) \cdot \ldots \cdot P(x_n)$
3. Negativ abhängig relativ zu P genau dann wenn gilt:
   $P(x_1 \wedge \ldots \wedge x_n) < P(x_1) \cdot \ldots \cdot P(x_n)$

Wie sich zeigen wird, gibt es zahlreiche äquivalente Formulierungen von probabilistischer Abhängigkeit bzw. Unabhängigkeit. Die Grundidee bleibt jedoch gleich: positiv abhängige Variablen machen sich gegenseitig wahrscheinlicher, unabhängige tun dies nicht und negativ abhängige Variablen machen sich gegenseitig weniger wahrscheinlich. Wir werden im Verlauf des Buchs sehen, dass diese Idee der Ausgangspunkt vieler Vorschläge für probabilistische Kohärenzmaße ist.

Vor dem Hintergrund des zuvor eingeführten formalen Apparates, können wir nun unseren Untersuchungsgegenstand genauer charakterisieren:

Definition 1.5 (Probabilistisches Kohärenzmaß). Sei L eine Sprache und **P** die Menge aller Wahrscheinlichkeitsmaße über L. Dann ist ein probabilistisches Kohärenzmaß eine möglicherweise partielle Funktion:[6]

$$\mathbf{coh} : 2^L \times L \times \mathbf{P} \to \mathbb{R}$$

Vereinfacht gesprochen ordnet ein Kohärenzmaß einem Tripel (X, z, P) eine reelle Zahl zu, die den Grad der Kohärenz der Menge $X \in 2^L$ vor dem Hintergrundwissen $z \in L$ relativ zum Wahrscheinlichkeitsmaß $P \in \mathbf{P}$ angibt. Der Ausdruck $\mathbf{coh}(X, z, P) = r$ liest sich also als „der Kohärenzgrad der Menge X vor der Hintergrundannahme z relativ zum Wahrscheinlichkeitsmaß P beträgt genau r". Ist kein relevantes Hintergrundwissen vorhanden, so werden wir annehmen, dass $z = \top$.

---

[6] Eine *partielle* Funktion kann im Gegensatz zu einer *vollständigen* Funktion Definitionslücken haben.

1.4 Formale Voraussetzungen und Notation

Aus Gründen der vereinfachten Lesbarkeit werden wir im Folgenden häufig sowohl auf den Bezug auf das Hintergrundwissen als auch auf das Wahrscheinlichkeitsmaß verzichten. Ausnahmen hierzu bilden Fälle, in denen beispielsweise der Vergleich zwischen den Graden der Bestätigung unter zwei verschiedenen Hintergrundannahmen und/oder Wahrscheinlichkeitsmaßen im Vordergrund steht.

Der Zusammenhang zwischen den quantitativen Urteilen des gewählten Kohärenzmaßes und einer qualitativen Bewertung ist durch folgende Zuordnung eines Schwellenwertes gegeben:

$$\mathbf{coh}(X, z, P) \begin{cases} > 0 & \text{wenn die Menge } X \text{ relativ zu } z \text{ und } P \text{ kohärent ist.} \\ < 0 & \text{wenn die Menge } X \text{ relativ zu } z \text{ und } P \text{ inkohärent ist.} \\ = 0 & \text{sonst} \end{cases}$$

Neben probabilistischen Kohärenzmaßen, die den zentrale Gegenstand unserer Untersuchung darstellen, werden wir uns auch mit sogenannten probabilistischen Bestätigungsmaßen befassen (für einen Überblick siehe Fitelson 2001). Diese haben ihren Ursprung in wissenschaftstheoretischen Analysen der Frage, welche wissenschaftliche Hypothese oder Theorie durch welche Art von Evidenz gestützt wird bzw. zu welchem Grad eine solche Hypothese oder Theorie gestützt wird. Insbesondere wenn es um die Frage geht, inwiefern eine bestimmte Evidenz y, beispielsweise das Resultat eines Experiments, eher die Hypothese x oder ihre rivalisierende Alternativhypothese x' stützt, ist es hilfreich, ein möglichst präzises Instrument zur Hand zu haben, das genaue Aussagen über Grade der Bestätigung tätigen kann. Solche Instrumente wurden erstmals im Laufe des 20. Jahrhunderts in Form sogenannter wahrscheinlichkeitstheoretischer Bestätigungsmaße entwickelt. Formal lassen sie sich folgendermaßen charakterisieren:

Definition 1.6 (Probabilistisches Bestätigungsmaß). Sei L eine Sprache und $\mathbf{P}$ die Menge aller Wahrscheinlichkeitsmaße über L. Dann ist ein probabilistisches Stützungsmaß eine möglicherweise partielle Funktion:

$$\mathbf{b}: L \times L \times L \times \mathbf{P} \to \mathbb{R}$$

Ein Stützungsmaß ist also eine Funktion, die einem Quadrupel (x, y, z, P) eine reelle Zahl zuordnet, die den Grad der Bestätigung angibt, den die Evidenz $y \in L$ der Hypothese $x \in L$ vor dem Hintergrundwissen bzw. der Hintergrundannahme z relativ zum Wahrscheinlichkeitsmaß $P \in \mathbf{P}$ verleiht. Der Ausdruck $\mathbf{b}(x, y, z, P) = r$ liest sich also als „die Hypothese x wird durch die Evidenz y vor der Hintergrundannahme z relativ zum Wahrscheinlichkeitsmaß P zum Grad r gestützt". Auch hier werden wir häufig auf den Bezug auf das Hintergrundwissen sowie das Wahrscheinlichkeitsmaß aus Gründen der vereinfachten Lesbarkeit verzichten.

Ausnahmen hierzu bilden Fälle, in denen beispielsweise der Vergleich zwischen den Graden der Bestätigung unter zwei verschiedenen Hintergrundannahmen und/oder Wahrscheinlichkeitsmaßen im Vordergrund steht.[7]

Ein Bestätigungsmaß besitzt in der Regel einen neutralen Punkt, der es ermöglicht, die quantitativen Werte des Maßes einer qualitativen Beurteilung zuzuordnen. So gilt im Folgenden:

$$\mathbf{b}(x, y, z, P) \begin{cases} > 0 & \text{wenn } y \text{ die Hypothese } x \text{ relativ zu } z \text{ und } P \text{ bestätigt.} \\ < 0 & \text{wenn } y \text{ die Hypothese } x \text{ relativ zu } z \text{ und } P \text{ unterminiert.} \\ = 0 & \text{sonst} \end{cases}$$

Da wir nun eine erste Idee davon erhalten haben, wie sich Kohärenz- und Bestätgungsmaße formal charakterisieren lassen, stellt sich die Frage, wann zwei gegebene Maße überhaupt sinnvollerweise als verschieden betrachtet werden sollten. Nehmen wir an, wir haben ein Bestätigungsmaß **b** und entwerfen nun auf dieser Grundlage ein neues Maß **b′**, das aus **b** dadurch entsteht, dass wir zum jeweiligen Wert von **b** jeweils die Zahl 1 hinzu addieren. Dann sind diese Maße zwar in einem gewissen Sinne unterschiedlich, wenn es allerdings um die Beurteilung der Frage geht, welche von zwei rivalisierenden Hypothesen durch eine gegebene Evidenz stärker gestützt wird, gibt es keinerlei Unterschied zwischen **b** und **b′**: Da wir lediglich einen konstanten Wert zum jeweiligen Urteil von **b** addieren, ändert sich am komparativen Urteil nichts. Die Maße **b** und **b′** sind daher nicht in einem philosophisch interessanten Sinne unterschiedlich.

Allgemein gelten Maße als unterschiedlich in relevanter Hinsicht, wenn sie sich nicht nur in ihren quantitativen Urteilen unterscheiden, sondern auch in ihren komparativen. Tun sie dies nicht, so heißen die Maße *ordinal äquivalent*. Formal ausbuchstabiert bedeutet dies, dass zwei Bestätigungsmaße **b** und **b′** ordinal äquivalent sind, wenn für alle Tripel von Aussagen (x_1, y_1, z_1) und (x_2, y_2, z_2) und alle Wahrscheinlichkeitsverteilungen P gilt, dass $\mathbf{b}(x_1, y_1, z_1, P) \geq \mathbf{b}(x_2, y_2, z_2, P)$ genau dann gilt, wenn $\mathbf{b'}(x_1, y_1, z_1, P) \geq \mathbf{b'}(x_2, y_2, z_2, P)$. Entsprechend sind zwei Kohärenzmaße **coh** und **coh′** ordinal äquivalent, wenn für alle Paare (X_1, y_1) und (X_2, y_2) und alle Wahrscheinlichkeitsverteilungen P gilt, dass $\mathbf{coh}(X_1, y_1, P) \geq \mathbf{coh}(X_2, y_2, P)$ genau dann gilt, wenn $\mathbf{coh'}(X_1, y_1, P) \geq \mathbf{coh'}(X_2, y_2, P)$ gilt.

Durch diese Überlegungen zu ordinal äquivalenten Maßen entsteht ein Problem in Bezug auf das oben genannte Kriterium zur Zuordnung des Schwellenwertes zu einzelnen Kohärenzmaßen. Nehmen wir an, wir haben ein Maß **coh**,

---

[7] Wie in der Literatur üblich, werden wir im Folgenden die Begriffe *Bestätigung* und *Stützung* als gleichbedeutend verwenden.

dessen Schwellenwert bei 0 angesetzt wird und ein dazu ordinal äquivalentes Maß **coh'**, wobei **coh'** sich nur dadurch vom Ausgangsmaß unterscheidet, dass **coh'**(X, z, P) = **coh**$(X, z, P) + 10$ gilt. Für das neue Maß **coh'** sollte natürlich sinnvollerweise nicht angenommen werden, dass dessen Neutralitätswert ebenfalls bei 0 liegt, da andernfalls Mengen, die unter **coh** als inkohärent bewertet werden, nun auf einmal einen positiven Kohärenzwert zugewiesen bekommen, obwohl beide Maße ordinal äquivalent sind. Allgemein lässt sich daher das folgende Kriterium zur Wahl des neutralen Punktes verwenden:

(NEW) *Neutralitätswert.*

Zwei Aussagen $x, y \in L$ sind genau dann weder kohärent noch inkohärent sind, falls alle Paare Boolescher Kombinationen (x, y), $(x, \overline{y})$, $(\overline{x}, y)$ und $(\overline{x}, \overline{y})$ gleich kohärent sind. Falls in solch einem Fall **coh**$(\{x, y\}, p) = r$ gilt, so ist r der neutrale Wert des Maßes **coh**.

Sowohl für Bestätigungsmaße als auch für Kohärenzmaße werden im Allgemeinen weitere Adäquatheitsbedingungen angenommen, die eine Funktion zu erfüllen hat, um sinnvollerweise als Bestätigungs- bzw. Kohärenzmaß betrachtet werden zu können. Für die Menge der zu betrachtenden Bestätigungsmaße werden wir zwei solche Bedingungen in Kapitel 2 kennenlernen, für die im Vordergrund stehenden Kohärenzmaße werden wir uns in Kapitel 4 mit einer ganzen Reihe von Bedingungen beschäftigen. Ferner werden wir in Kapitel 2 einen Überblick über die im Laufe der Jahrzehnte gemachten konkreten Vorschläge für Bestätigungs- und Kohärenzmaße darlegen. Bevor wir dazu kommen, wollen wir uns zunächst aber einen Überblick über die verschiedenen Interpretationen des Begriffs der Wahrscheinlichkeit jenseits der formalen Definition verschaffen.

1.5 Interpretationen von Wahrscheinlichkeit

Während wir im letzten Kapitel eine formale Charakterisierung des Wahrscheinlichkeitsbegriffs auf der Grundlage der sogenannten Kolmogorov-Axiome kennengelernt haben, lässt sich darüber hinaus sinnvollerweise die Frage stellen, was genau mit einer Aussage der Form „Die Wahrscheinlichkeit von x beträgt $0{,}7$" eigentlich gemeint ist. Die Beantwortung dieser Frage nach der *Interpretation* des Begriffs der Wahrscheinlichkeit hat naturgemäß auch Auswirkungen darauf, was mit Hilfe eines wahrscheinlichkeitstheoretisch modellierten Begriffs wie demjenigen der Bestätigung oder demjenigen der Kohärenz überhaupt gemessen wird. Handelt es sich bei Wahrscheinlichkeiten beispielsweise um etwas subjektives, das vom jeweiligen Betrachter abhängt, so würde dies auch für den entsprechend modellierten Begriff der Bestätigung bzw. der Kohärenz gelten. Oder handelt es sich vielmehr um etwas objektives, das unabhängig von einem Betrachter feststeht? Auch dies hätte wiederum Einfluss auf den auf Grundlage der Wahrscheinlichkeitstheorie modellierten Begriff.[8]

Wie wir in diesem Abschnitt sehen werden, sind hierzu im Laufe der Jahre eine ganze Reihe von Interpretationsvorschlägen gemacht worden. Wir werden im Folgenden die bekanntesten dieser Vorschläge vorstellen und hinsichtlich ihrer Auswirkungen auf die wahrscheinlichkeitstheoretischen Kohärenzmodelle evaluieren. Als einer der großen Vorteile der Modelle wird sich dabei herausstellen, dass sie gewissermaßen *neutral* gegenüber der Interpretation der Wahrscheinlichkeiten und dadurch universell einsetzbar sind: unabhängig davon, ob man es in einem gegebenen Kontext eher mit subjektiven oder eher mit objektiven Wahrscheinlichkeiten zu tun hat, kann die Kohärenz einer entsprechend gegebenen Menge von Aussagen berechnet werden. Lediglich die Interpretation des aus der Berechnung resultierenden Kohärenzgrades ist dann relativ zu diesem Wahrscheinlichkeitsbegriff zu verstehen. Bevor wir uns aber genauer mit dieser Konsequenz beschäftigen, wollen wir zunächst einen Überblick über einige der bekanntesten Interpretationen gewinnen.

1. Die *klassische Interpretation* der Wahrscheinlichkeit (oder auch *Laplace-Interpretation*) nimmt ihren Ausgangspunkt bei prototypischen Situationen wie dem Würfelwurf (vgl. Laplace 1902). Geht man davon aus, dass man auf das Resultat eines Würfelwurfs wetten soll, so gibt es unter idealisierenden Annahmen sechs mögliche Ausgänge, welche den sechs Ziffern des Würfels entsprechen. Die Aussage „Der Würfel landet auf der Zahl 2" hat dementsprechend eine Wahrscheinlichkeit von 1/6, da es 6 mögliche Ereignisse gibt, von denen eines ein für den Wettenden günstiges Ereignis ist. Wahrscheinlichkeiten drücken der klassischen Interpretation gemäß immer das Verhältnis von günstigen zu möglichen Fällen in Situationen mit verschiedenen „gleich-möglichen" Resultaten aus. Damit tritt aber auch schon einer der zahlreichen Schwachpunkte dieser Interpretation offen zutage. Zum einen setzt diese Situation zu ihrer Anwendbarkeit immer Situationen mit „gleich-möglichen" Ereignissen voraus. Zum anderen lässt sich der Begriff der „Gleich-Möglichkeit" wohl nicht anders interpretieren als mit Hilfe des Begriffs der Wahrscheinlichkeit: Zwei Ereignisse sind gleich-möglich genau dann, wenn sie gleichermaßen wahrscheinlich sind. Damit ist diese Interpretation des Wahrscheinlichkeitsbegriffs offenbar zirkulär.[9]

---

[8] Einen detaillierteren Überblick über die verschiedenen Interpretation von Wahrscheinlichkeiten liefern beispielsweise Gillies (2000) und Schurz (2015).
[9] Auch der mögliche Ausweg über das sogenannte „Indifferenzprinzip" scheint einer ähnlichen Problematik ausgesetzt zu sein (vgl. Hájek 2012).

2. Diesem Problem der Zirkularität entgeht die sogenannte *logische Interpretation* von Wahrscheinlichkeit, wie sie insbesondere von Carnap in den *Logical Foundations of Probability* (1950) entwickelt wurde. Ausgangspunkt ist hier die Idee, Wahrscheinlichkeiten immer auf der Grundlage einer logischen Sprache zu definieren. Zur Illustration gehen wir von einer prädikatenlogischen Sprache *PL* mit zwei Individuenkonstanten *c* und *d* sowie zwei einstelligen Prädikaten *F* und *G* aus. In dieser Sprache lassen sich 16 maximal spezifische Aussagen bilden, sogenannte *Zustandsbeschreibungen* **Z**, die jedem Individuum genau eine Eigenschaft zu- bzw. abschreiben. Beispiele für solche Zustandsbeschreibungen sind $Fc \wedge Fd \wedge Gc \wedge Gd$, $Fc \wedge \overline{Fd} \wedge Gc \wedge \overline{Gd}$ oder auch $\overline{Fc} \wedge \overline{Fd} \wedge \overline{Gc} \wedge \overline{Gd}$. Geht man davon aus, dass aufgrund von Symmetrie-Überlegungen alle diese Zustandsbeschreibungen gleich wahrscheinlich sind, so gilt also für jede Zustandsbeschreibung z: $P(z) = 1/16$. Jede komplexe Aussage innerhalb von *PL* ist nun offensichtlich äquivalent zu einer Disjunktion von Zustandsbeschreibungen; beispielsweise ist die Aussage $Fc \wedge Gc$ äquivalent zur Disjunktion aus den Zustandsbeschreibungen $Fc \wedge Fd \wedge Gc \wedge Gd$, $Fc \wedge \overline{Fd} \wedge Gc \wedge Gd$, $Fc \wedge Fd \wedge Gc \wedge \overline{Gd}$ und $Fc \wedge \overline{Fd} \wedge Gc \wedge \overline{Gd}$. Entsprechend lassen sich die Wahrscheinlichkeiten einer beliebigen Aussage $x \in PL$ wie folgt charakterisieren:

$$P(x) = \sum_{z \in \mathbf{Z}, z \models x} P(z)$$

Aufgrund der Annahme über die gleich-verteilten Ausgangswahrscheinlichkeiten handelt es sich hierbei um sogenannte *a priori* Wahrscheinlichkeiten, also um solche, die unabhängig von irgendwelchen Erfahrungen determiniert sind. Ein Problem, das mit dieser Art der Zuweisung von Wahrscheinlichkeiten zu Zustandsbeschreibungen verbunden ist, ist, dass hierdurch die Modellierung eines Lernens aus Erfahrung unmöglich ist. Wie sich zeigen lässt, gilt auf der Grundlage dieses Modells stets $P(Fc|Fd) = P(Fc)$, sodass die Information, dass ein Objekt die Eigenschaft *F* hat, keinerlei Informationen darüber bereithält, dass ein anderes Objekt ebenfalls diese Eigenschaft besitzt. Dies gilt sogar unabhängig davon, wie viele Objekte erwiesenermaßen die Eigenschaft *F* besitzen. Um Lernen aus Erfahrung modellieren zu können, hat Carnap alternative Wahrscheinlichkeitsfunktionen auf der Grundlage von sogenannten *Strukturbeschreibungen* entwickelt. Wir können uns hier leider nicht näher mit dieser Thematik auseinandersetzen. Doch es bleibt festzuhalten, dass eine solche Modellierung mit Hilfe von a priori-Wahrscheinlichkeiten über logischen Sprachen möglich ist. Sie ist jedoch offenbar an das Vorhandensein einer solchen Sprache geknüpft und nur sinnvoll anwendbar, wenn Gründe für die Annahme einer Gleich-Verteilung der Wahrscheinlichkeiten über Zustands- oder Strukturbeschreibungen bestehen. Würde man

Wahrscheinlichkeiten entsprechend beschränken, wären dem mit ihrer Hilfe modellierten Begriff der Kohärenz zu enge Grenzen hinsichtlich seiner Anwendbarkeit gesetzt. In vielen dem Alltag entnommenen Situationen, in denen wir Kohärenzurteile modellieren wollen, sind diese Annahmen beispielsweise nicht erfüllt.

3. Ausgehend von dem obigen Würfelbeispiel lässt sich eine weitere Interpretation motivieren, die sogenannte *frequentistische Interpretation*. Einer ihrer bekanntesten Vertreter ist Venn (1963). Gemäß dieser Interpretation sind Wahrscheinlichkeiten Werte, die den relativen Häufigkeiten des Eintretens eines Ereignisses in einem wiederholten Experiment unter identischen Bedingungen entsprechen. Dass in obigem Beispiel die Wahrscheinlichkeit dafür, dass der Würfel auf der Zahl 2 landet, bei 1/6 liegt, bedeutet einfach, dass bei oftmaliger Wiederholung des Experiments „Würfelwurf" in 1/6 der Fälle der Würfel so landet, dass die Zahl 2 oben liegt. Kritisch lässt sich hier natürlich einwenden, dass dies in realen Experimenten nicht zwangsläufig der Fall ist. Nichts spricht dagegen selbst bei 1000-facher Wiederholung des Experiments niemals die 2 zu würfeln. Trotzdem würden wir daraus nicht schließen, dass die Wahrscheinlichkeit dafür, mit einem fairen Würfel eine 2 zu würfeln, unterhalb von 1/6 liegen würde. Was hier der Erläuterung bedarf, ist die Frage, wie groß eine solche Serie von Wiederholungen zu sein hat, damit die relativen Häufigkeiten als Wahrscheinlichkeiten interpretierbar sind. Für gewöhnlich geht man davon aus, dass diese Übereinstimmung zwischen Wahrscheinlichkeiten und relativen Häufigkeiten nur als Grenzwert einer unendlichen Reihe von hypothetischen Wiederholungen eines Ereignisses besteht. Die Wahrscheinlichkeit wird in diesem Fall mit dem Grenzwert der relativen Häufigkeiten identifiziert (vgl. Von Mises 1957). Auch diese Interpretation ist mit Schwierigkeiten verbunden: Im sogenannten „Referenzklassenproblem" wird beispielsweise thematisiert, welche Klasse von Ereignissen jeweils als Referenzklasse für die Wiederholung eines Experiments herangezogen werden sollten. Im Extremfall wäre es denkbar, dass mehrere gleich-plausible Referenzklassen existieren, die dem in Frage stehenden Ereignis eine unterschiedliche relative Häufigkeit und damit unterschiedliche Wahrscheinlichkeiten zuordnen. Daneben wird häufig das sogenannte „Problem der Einzelfall-Wahrscheinlichkeit" diskutiert, das in Frage stellt, inwiefern im Rahmen einer frequentistischen Interpretation eine sinnvolle Zuordnung von Wahrscheinlichkeiten zu singulären Ereignissen, also Ereignissen, die insofern einzigartig sind, als sie nicht sinnvollerweise einer Referenzklasse zugeordnet werden können, erfolgen kann. Eine mögliche Konsequenz dieses Problems wäre entsprechend, dass die Referenzklasse lediglich aus dem singulären Ereignis als solchem besteht und damit dieses

Ereignis eine relative Häufigkeit, und damit auch eine Wahrscheinlichkeit von 1 zugewiesen bekommt. Dies erscheint wenig plausibel. Nichtsdestotrotz finden frequentistische Interpretationen in ihren weiterentwickelten Varianten auch heute noch zahlreiche Vertreter und sie können nach wie vor als *die* Interpretationen schlechthin in naturwissenschaftlichen Kontexten angesehen werden. In Bezug auf den Kohärenzbegriff lässt sich feststellen, dass sich objektive Wahrscheinlichkeiten zwar durchaus als Rahmen eignen, allerdings ist es fraglich, ob solche frequentistischen Daten in allen Fällen vorliegen, in denen sinnvollerweise Kohärenzurteile gefällt werden können.

4. Die sogenannte *Propensitäteninterpretation* besagt, dass Wahrscheinlichkeiten objektive Tendenzen von Situationen sind, bestimmte singuläre Ereignisse hervorzubringen. Diese Interpretation wurde insbesondere von Popper (1959b) vertreten. Laut dieser Interpretation bedeutet die Aussage, dass ein fairer Würfel mit hoher Wahrscheinlichkeit auf der Zahl 2 landet, dass die experimentellen Bedingungen, unter denen der Wurf stattfindet, eine starke Tendenz besitzen, eben dieses Ereignis hervorzubringen. Diese Tendenz manifestiert sich in Form von relativen Häufigkeiten: wenn die experimentellen Bedingungen, unter denen der Wurf stattfindet, eine Tendenz eines bestimmten Grades besitzen, das Ereignis hervorzubringen, dass der Würfel auf der Zahl 2 landet, dann wird sich nach einer großen Anzahl von Würfen die relative Häufigkeit dieses Ereignisses genau diesem Grad nähern. Auch diese Interpretation ist zahlreichen Einwänden ausgesetzt. Einer der Haupteinwände ist das sogenannte Humphreys-Paradox: für die bedingte Wahrscheinlichkeit eines Ereignisses gegeben ein anderes Ereignis gilt, dass sie genau dann existiert und ungleich Null ist, wenn die bedingte Wahrscheinlichkeit, bei der die beiden Ereignisse vertauscht sind existiert. Propensitäten scheinen diese Eigenschaft jedoch nicht immer zu erfüllen: starkes Rauchen mag eine starke Tendenz haben, Lungenkrebs hervorzurufen, doch Lungenkrebs scheint keine Tendenz zu besitzen, starkes Rauchen hervorzurufen (vgl. Humphreys 1985). Für eine ausführliche Kritik an der Propensitäteninterpretation siehe auch Eagle (2004).

5. Während die bisherigen Interpretationen von Wahrscheinlichkeiten objektiv waren, wenden wir uns nun *subjektiven* Interpretationen zu. Der prominenteste Vertreter solcher Interpretationen ist der sogenannte *Bayesianismus*. Grundlegend ist hier die Ansicht, dass Wahrscheinlichkeiten mit *rationalen Glaubensgraden* gleichgesetzt werden können. Die Aussage, dass die Wahrscheinlichkeit dafür, dass ein fairer Würfel auf der Zahl 2 landet, bei 1/6 liegt, bedeutet entsprechend, dass ein Glaubensgrad von 1/6 für rational ist. Doch woher kommen diese präzisen Werte? Wie sollte man entscheiden, ob der

Glaubensgrad für eine Überzeugung nun bei 0,7 oder bei 0,74 liegt? Auf der Grundlage von diesbezüglichen Überlegungen von Frank P. Ramsey (1926) geht man häufig davon aus, dass Überzeugungsgrade über das Wettverhalten eines Individuums ermittelt werden können. Grundlegend gilt, dass der Grad der Überzeugung genau dann bei $r \in [0,1]$ liegt, wenn $r€$ der Einsatz ist, den das Individuum bei einer 0-1-Wette auf x für fair hält. Hierbei ist eine 0-1-Wette dadurch gekennzeichnet, dass jemand 1€ erhält, falls x wahr ist, und 0€ sonst. Nun lässt sich folgender Zusammenhang formal nachweisen: Weist ein Individuum einer Menge von Aussagen Wahrscheinlichkeiten zu, die mindestens eines der Axiome für Wahrscheinlichkeitsmaße verletzen, so lässt sich gegen dieses Individuum ein System von Wetten schmieden, die je für sich genommen fair erscheinen, die jedoch mit einem sicheren monetären Verlust für das Individuum einhergehen. Dies ist der eine Teil des sogenannten *Dutch Book-Theorems*. Der andere Teil dieses Theorems besagt nun in umgekehrter Richtung, dass gilt: wenn die Überzeugungsgrade in Übereinstimmung mit diesen Axiomen zugewiesen werden, dann lässt sich kein solches System von Wetten aufstellen (vgl. Kemeny 1955). Entsprechend sind rationale Glaubensgrade solche, die in Übereinstimmung mit den Axiomen für Wahrscheinlichkeitsmaße vergeben werden. Der *subjektive Bayesianismus* zeichnet sich nun durch die Annahme aus, dass Wahrscheinlichkeiten rationale Glaubensgrade sind und gemäß einer bestimmten Regel („Konditionalisierung") im Lichte neuer Informationen angepasst werden sollten. Gegenüber dieser rein subjektiven Interpretation gibt es noch weitere Formen des Bayesianismus, die objektive Elemente mit in die Zuweisung von Wahrscheinlichkeiten einspielen lassen. So ist der subjektive Bayesianismus häufig dem Vorwurf ausgesetzt, dass die Ausgangswahrscheinlichkeiten willkürlich angesetzt werden können, so lange sie nur in Übereinstimmung mit den entsprechenden Axiomen stehen. Stärkere Einschränkungen sind mit Hilfe von sogenannten „Experten-Funktionen" möglich. Am anderen Ende des Spektrums steht der sogenannte *objektive Bayesianismus*, der davon ausgeht, dass Rationalitätskriterien eine weitestgehende Einschränkungen von Ausgangswahrscheinlichkeiten beinhalten (vgl. Williamson 2010).

Da Kohärenzmaße häufig im Rahmen der sogenannten *Bayesianischen Erkenntnistheorie* diskutiert werden, wird in der Literatur häufig davon ausgegangen, dass die zugrunde gelegten Wahrscheinlichkeiten subjektiv zu interpretieren sind (vgl. Bovens und Hartmann 2003a). Doch wie wir bereits mehrfach angemerkt haben, ist dies nicht zwingend nötig. Zwar haben wir mit den subjektiven Interpretationen ein Werkzeug zur Hand, das uns plausible Interpretationen für Wahrscheinlichkeiten in vielen verschiedenen Situationen liefert, allerdings sind die Kohärenzmaße völlig unabhängig von der jeweiligen Interpretation anwendbar. Insbesondere gilt für die von uns diskutierten Testfälle, dass bereits ausreichend objektive wahrscheinlichkeitstheoretische Informationen vorhanden sind. Auf der Grundlage von *diesen* Wahrscheinlichkeiten hat dann eine Berechnung zu erfolgen, deren Ergebnis dann natürlich auch immer relativ zu der entsprechenden Wahrscheinlichkeitsverteilung zu interpretieren ist.

1.6 Alternative formale Ansätze

In der Literatur finden sich neben den von uns behandelten probabilistischen Kohärenzmaßen weitere Ansätze zur formalen Charakterisierung von Kohärenz. Hierzu zählt insbesondere der von Paul Thagard vertretene *konnektionistische* Ansatz zur Erklärungs-Kohärenz, den er in zahlreichen Publikationen für verschiedene Bereiche der Philosophie und Psychologie fruchtbar gemacht hat (vgl. Thagard 1989, 1992, 2000, Thagard und Verbeurgt 1998). Dreh- und Angelpunkt dieses Ansatzes ist sein sogenanntes *constraint-satisfaction-Modell*, bei dem es allerdings im Gegensatz zu den in diesem Buch im Vordergrund stehenden Kohärenzmaßen nicht primär darum geht, den Grad der Kohärenz einer Menge von Informationen zu bemessen; stattdessen dienen die Kohärenzurteile dazu, eine gegebene Menge von Informationen zu unterteilen in solche, die akzeptabel sind und solche, die es nicht sind. Diese Unterteilung basiert entscheidend auf den einzelnen Verbindungen, sogenannte *constraints*, die diese Informationen untereinander haben:

> We want to perform this partition in a way that takes into account the local coherence and incoherence relations. [...] Intuitively, if two elements are positively constrained, we want them either to be both accepted or both rejected. On the other hand, if two elements are negatively constrained, we want one to be accepted and the other rejected. (Thagard und Verbeurgt 1998, 3)

Die von Thagard betrachteten constraints sind nun verschiedene Kohärenz-stiftende oder Kohärenz-mindernde Faktoren. Zu den ersten zählen beispielsweise Erklärungs- und Ableitbarkeitsbeziehungen, zu den letzten verschiedene Inkompatibilitätsbeziehungen, insbesondere die der logischen Inkonsistenz. Genauer sind diese constraints in den folgenden Prinzipien der Erklärungskohärenz gefasst:

EK1. Erklärungskohärenz ist eine symmetrische Relation.
EK2. (a) Eine Hypothese ist kohärent mit dem von ihr Erklärten, was wiederum entweder eine Evidenz oder wiederum eine Hypothese sein kann. (b) Hypothesen, die gemeinsam eine weitere Hypothese erklären, sind unterein-

ander kohärent. (c) Je mehr Hypothesen notwendig sind, um etwas zu erklären, desto geringer ist ihr Grad der Kohärenz.

EK3. Ähnliche Hypothesen, die ähnliche Evidenzen erklären, sind kohärent.

EK4. Aussagen, die die Resultate von Beobachtungen beschreiben, sind für sich genommen stets zu einem gewissen Grad akzeptabel.

EK5. Widersprüchliche Aussagen sind inkohärent.

EK6. Wenn zwei Hypothesen x und y eine Aussage erklären und x und y untereinander nicht in einem erklärungstheoretischen Sinne verbunden sind, so sind sie inkohärent.

EK7. Die Akzeptanz einer Aussage innerhalb einer Menge von Aussagen ist abhängig davon, inwiefern die Aussage mit den anderen Aussagen zusammen passt.

EK1 ist ein allgemeines Kriterium, das Erklärungskohärenz als eine symmetrische Relation ausweist: wenn also eine bestimmte Aussage x eine andere Aussage erklärt, so passen diese beiden Aussagen zusammen. Genauere Informationen zum Zusammenhang von Kohärenz und Erklärung liefert EK2, nach dem nicht nur eine Hypothese kohärent mit der von ihr erklärten Evidenz ist, sondern auch Hypothesen weisen sich als untereinander kohärent aus, wenn sie gemeinsam dazu verwendet werden können, eine andere Aussage innerhalb des Systems von Aussagen zu erklären; analog gilt ein verwandtes Kriterium für ähnliche Hypothesen. Das Kriterium EK4 hat zunächst einmal nichts mit dem Begriff der Kohärenz oder der Erklärungs-Kohärenz zu tun; es ist stattdessen einfach der Tatsache geschuldet, dass Thagards Fokus auf der Aufteilung von Aussagen in eine Akzeptanz- und eine Ablehnungsmenge besteht. EK4 sorgt in diesem Rahmen dafür, dass empirische Aussagen, die die Resultate von Beobachtungen beschreiben, tendenziell eher im Bereich der Akzeptanzmenge liegen und diese damit einen Bezug zur Realität hat. EK5 gibt den zuvor bereits kurz genannten negativen Zusammenhang zwischen Kohärenz und Inkonsistenz wieder: wenn zwei Aussagen widersprüchlich sind, dann sind sie in Thagards- System auch zwangsläufig inkohärent. Das Kriterium EK6 konzentriert sich nun im Gegensatz zu EK2 auf solche Situationen, in denen eine Aussage z von zwei rivalisierenden Hypothesen x und y jeweils erklärt wird, wobei diese selbst in keinem erklärungstheoretischen Zusammenhang stehen. In diesem Fall werden x und y in Thagards Modell als inkohärent bewertet. Schließlich gibt EK7 den allgemeinen Rahmen von Thagards Modell der Erklärungskohärenz wieder, nach der die Einteilung in Akzeptanz- und Ablehnungsmenge von den jeweiligen Kohärenz-stiftenden und -minimierenden Faktoren abhängt. So gilt grundsätzlich, dass zwei Aussagen, zwischen denen eine Kohärenz-stiftende Relation besteht, entweder beide in die Akzeptanzmenge oder aber beide in die Ablehnungsmenge sortiert werden sollten; demgegenüber sollte ein Paar von Aussagen, zwischen dem eine kohärenz-minimierende Relation besteht, getrennt in die jeweiligen Mengen eingeordnet werden.

Thagard hat diesen Kriterienkatalog nun auf der Grundlage eines neuronalen Netzwerks in Form seines Programms ECHO implementiert.[10] Mit Hilfe dieses Programms ist es möglich, Beispielmengen von Aussagen mit ihren jeweiligen constraints einzufüttern und auf der Grundlage mehrerer Iterationen des Systems die Akzeptanzmenge herauszufiltern. Hierzu sind allerding nicht nur die constraints als solche notwendig, sondern insbesondere die jeweiligen *Gewichtungen*, mit denen die Stärke der constraints näher spezifiziert wird. Hierdurch ist es darüber hinaus möglich, einen Wert für die Kohärenz der Aussagenmenge zu erhalten, indem man die Gewichte der jeweiligen erfüllten constraints addiert und gegebenenfalls eine Normalisierung vornimmt.

Hier zeigen sich allerdings auch schon die Probleme des Thagardschen Ansatzes in Bezug auf unser Anliegen der Bemessung von Kohärenz für Mengen von Aussagen. Nach Thagard können Mengen einen hohen Grad von Kohärenz zugewiesen bekommen, obgleich sie hochgradig widersprüchliche Informationen erhalten, sofern es möglich ist, die jeweils widersprüchlichen Informationen in Akzeptanz- und Ablehnungsmenge zu separieren. Da dadurch alle vorhandenen negativen constraints erfüllt werden, berücksichtigt die Auswertung alle mit ihnen assoziierten Gewichte und kann so unter Umständen einen hohen Kohärenzwert generieren. Dies liegt natürlich daran, dass Thagards Modell von einem anderen Fokus ausgeht, und die Kohärenzberechnungen allein auf die erfüllten bzw. nicht-erfüllten constraints bezieht, wodurch der Kohärenzwert letzlich nur dem Grad der Kohärenz der Akzeptanzmenge entspricht.[11]

Neben diesem konnektionistischen Ansatz gibt es auch einen alternativen probabilistischen Ansatz, welcher vor einigen Jahren von Herzberg (2014) vorgestellt wurde. Wir können hier leider nicht im Detail auf die verschiedenen mathematischen Aspekte seiner Theorie eingehen. Doch die Grundidee dieses Ansatzes ist der Versuch einer direkten Mathematisierung der von BonJour aufgestellten Kohärenzkriterien (siehe Abschnitt 1.1). Entsprechend wird die Kohärenz einer Überzeugungsmenge X mit Hilfe eines Vektors $v(X) = \langle v_1(X), v_2(X), v_3(X), v_4(X) \rangle$ dargestellt, dessen einzelne Komponenten jeweils bestimmte Aspekte von Kohärenz quantifizieren. So steht $v_1(X)$ für die logische Konsistenz der Überzeugungsmenge X und gibt als Eintrag im Kohärenzvektor entweder den Wert 1 für konsistente Mengen oder 0 für inkonsistente Mengen aus. Die zweite Komponente $v_2(X)$

---

10 Siehe hierzu beispielsweise Thagard (1989, 1992). Eine Java-Anwendung der Software findet sich unter http://cogsci.uwaterloo.ca/JavaECHO/echoApplet.html.
11 Weiterentwicklungen des Thagard-Modells finden sich beispielsweise bei Bartelborth (1996) und Schoch (2000).

bemisst die probabilistische Konsistenz der Überzeugungsmenge, die einfach dadurch bemessen wird, ob es eine Wahrscheinlichkeitsfunktion für das gegebene Überzeugungssystem gibt oder nicht (vgl. hierzu Abschnitt 1.4). Auch diese Komponente ist damit binär und weist entweder den Wert 1 zu, wenn es mindestens eine solche Funktion gibt, oder den Wert 0, falls nicht.[12] $v_3(X)$ wiederum markiert den Grad der Konnektivität von X, der in Form eines Vektors angibt, welche Überzeugungen in X durch welche anderen gestützt werden und wie stark der Grad der Stützung jeweils ist. Hierzu verwendet er als eine Komponente wiederum einen Vektor, der für alle Paare von Elementen der Algebra über X angibt, wie stark sie sich gegenseitig stützen, wobei Stützung hier durch eines der klassischen Bayesianischen Stützungsmaße bemessen wird. $v_4(X)$ schließlich gibt an, ob die Überzeugungsmenge X Subsysteme enthält, deren Elemente zwar untereinander, nicht jedoch mit den restlichen Elementen der Überzeugungsmenge zusammenhängen. Diese Komponente ist, wie $v_3(X)$, nicht-binär, sondern gibt den Grad der Konnektivität an, bei dem das Überzeugungssystem graphentheoretisch verstanden wird und alle möglichen stützungsbasierten Verbindungen zwischen den Elementen ins Verhältnis gesetzt werden zu den tatsächlich existierenden.

Das kohärenztheoretische Modell von Herzberg ist mathematisch elegant und durch die unmittelbare Anknüpfung an BonJours Kriterienkatalog auch gut motiviert. Im Vergleich zu den in diesem Buch dargestellten probabilistischen Kohärenzmaßen kann allerdings in Frage gestellt werden, inwiefern es einen tatsächlichen Mehrwert gegenüber diesen Modellen liefert. Ein grundlegendes Problem des Ansatzes liegt schon in der Darstellung von Kohärenz mit Hilfe eines Vektors, wodurch es in vielen Fällen nicht möglich sein wird, die Grade von Kohärenz verschiedener Überzeugungsmengen miteinander zu vergleichen. Nehmen wir beispielsweise zwei Überzeugungsmengen X und Y gleicher Kardinalität mit entsprechenden Vektoren $v(X)$ und $v(Y)$ an, sodass zwar $v_i(X) = v_i(Y)$ für $i = 1, 2$, aber $v_{3j}(X) > v_{3j}(Y)$ für alle j (wobei v_{3j} für den j-ten Eintrag im v_3-Vektor steht) und $v_4(X) < v_4(Y)$; in solch einem Fall können die Kohärenzgrade von X und Y nicht miteinander verglichen werden. Auch bleibt unklar, wie Mengen verschiedener Kardinalität miteinander verglichen werden sollen, wenn deren v_3-Vektoren beispielsweise (gravierend) unterschiedliche Längen haben. Wünschenswert wäre stattdessen ein Vorschlag, wie die verschiedenen Komponenten des Vektors mit Hilfe einer Gewichtung zu einem *Maß* für die Kohärenz einer Überzeugungsmenge aggregiert werden können. Die von uns in Kapitel 2 betrachteten Kohärenzmaße

---

[12] Herzberg (2014, 852) gibt in zwei Exkursen auch Hinweise darauf, wie abgestufte Versionen der Komponenten $v_1(X)$ und $v_2(X)$ aussehen könnten, das von ihm vertretene Modell bleibt aber explizit bei diesen binären Komponenten.

sind genau hierzu in der Lage: nicht nur berücksichtigen Sie die Anzahl und die Stärke der zwischen den einzelnen Aussagen bestehenden Stützungsbeziehungen, sondern sie errechnen daraus eine konkrete Maßzahl, die den Grad der Kohärenz einer gegebenen Überzeugungsmenge vor dem Hintergrund einer Wahrscheinlichkeitsverteilung angibt. Zudem ist es mit Hilfe dieser Maße möglich, sehr viel detaillierter auf die unterschiedlichen Grade von logischer Inkonsistenz verschiedener Überzeugungsmengen einzugehen (vgl. hierzu Abschnitt 6.3).

Zuletzt sei noch kurz erwähnt, dass auch der von Herzberg erwähnte Vorteil seines Ansatzes in Form eines angemesseneren Verständnisses dessen, was ein Überzeugungssystem ausmacht, aufgrund der von Leitgeb (2013) und anderen Autoren erzielten Resultate relativiert werden muss: Während es bis vor kurzem noch unklar war, in welcher Form ein Zusammenhang zwischen dem qualitativen Überzeugungsbegriff und der quantitativen Theorie der Grade der Überzeugung bestehen kann, und zahlreiche Paradoxien zeigten, dass dieser Zusammenhang weit weniger einfach zu sein scheint, als zuvor angenommen, konnte Leitgeb ein sehr elegantes Modell entwickeln, dass es ermöglicht, ein qualitatives Modell von Überzeugungen aus einem quantitativen Modell von Graden der Überzeugung herauszudestillieren. Auf dieser Grundlage können also auch Vertreter eines probabilistischen Kohärenz-Ansatzes ein genaueres Verständnis von Überzeugungssystemen zugrunde legen.

1.7 Ziel und Aufbau des Buches

Ziel dieses Buches ist, den Leserinnen und Lesern einen Überblick über den aktuellen Forschungsstand der Debatte um die wahrscheinlichkeitstheoretische Modellierung des Kohärenzbegriffs zu geben. Der Aufbau des Buches ist dabei folgender:
1. In Kapitel 2 werden wir die verschiedenen in der Literatur diskutierten probabilistischen Kohärenzmaße einführen und jeweils eine kurze Motivation des Aufbaus sowie eine exemplarische Behandlung eines Testfalls vorstellen. Wir unterscheiden hierbei drei Konzeptionen von Kohärenz: Kohärenz als *Abweichung von probabilistischer Unabhängigkeit*, als *relative mengentheoretische Überlappung* und als *durchschnittliche gegenseitige Stützung*. In diesem Zusammenhang wird ebenfalls die von Bovens und Hartmann (2003a) entwickelte Kohärenz-Quasi-Ordnung thematisiert, die streng genommen kein Kohärenzmaß sondern eine Relation ist, aber dennoch eine nicht unwichtige Rolle in der Kohärenzliteratur spielt.
2. Anschließend wenden wir uns in Kapitel 3 dem Begriff der Kohärenz zu, verstanden als binäre Relation zwischen zwei Aussagen. Wir betrachten ver-

schiedene Varianten dieser Relation, darunter qualitative, komparative und quantitative. Unser Hauptaugenmerk liegt dabei auf den strukturellen Eigenschaften der entsprechenden Relationen und auf ihrem Verhalten unter logischen Verknüpfungen.

3. Letzteres Kapitel bereitet den Übergang zu Kapitel 4 vor, das sich einzelnen Adäquatheitsbedingungen für Kohärenzmaße und ihren jeweils geltenden logischen Beziehungen untereinander widmet. Dieses Kapitel schließt mit einer Auswertung aller von uns betrachteten Kohärenzmaße in Hinblick auf die diskutierten Adäquatheitsbedingungen. Eines der zentralen Ergebnisse ist ein sogenanntes Unmöglichkeitsresultat, das als Argument für einen Pluralismus in Bezug auf die probabilistische Modellierung von Kohärenz verstanden werden kann.

4. Nach dieser theoretischen Auswertung der Maße wenden wir uns in Kapitel 5 einigen in der Literatur diskutierten Testfällen für Kohärenzmaße zu. Das Kapitel stellt zunächst die Auswertung aller von uns betrachteter Kohärenzmaße vor dem Hintergrund dieser Testfälle vor. Im Anschluss werden die Resultate einer empirischen Untersuchung zu diesem Thema vorgestellt, bei der in einem psychologischen Experiment zunächst die Kohärenzurteile von Probanden in Bezug auf die genannten Testfälle ermittelt und anschließend mit den Ergebnissen der verschiedenen Kohärenzmaße verglichen wurden. Hierbei zeigt sich, das ein bestimmtes Maß ein besonders guter Prädiktor für die quantitativen Kohärenzurteile der Probanden ist.

5. In Kapitel 6 verlassen wir das Gebiet der reinen Modellierung von Kohärenz und wenden uns verschiedenen Zusammenhängen zwischen Kohärenz und anderen erkenntnistheoretisch relevanten Begriffen zu. Hierbei steht zunächst der Zusammenhang zwischen Kohärenz und Wahrheit im Vordergrund: wir gehen der Frage nach, inwiefern Kohärenz wahrheitsförderlich im Sinne der Kohärenztheorie der Rechtfertigung ist. Anschließend widmen wir uns der Frage, ob kohärente Aussagen ein Indikator für die Verlässlichkeit der jeweiligen Quellen sind. Schließlich rücken wir den Zusammenhang zwischen Inkohärenz und Inkonsistenz in den Fokus. Hierbei untersuchen wir, ob probabilistische Kohärenzmaße in der Lage sind, ein differenziertes Urteil zur Kohärenz inkonsistenter Mengen von Aussagen abzugeben und ob ein Zusammenhang zwischen dem Grad der Inkonsistenz einer Menge von Aussagen und ihrem Grad der Inkohärenz besteht.

6. Abschließend widmen wir uns in Kapitel 7 Einwänden, die gegen probabilistische Kohärenzmaße bzw. die generelle Idee, Kohärenz auf der Grundlage von Wahrscheinlichkeitstheorie zu quantifizieren, vorgebracht wurden. Zunächst thematisieren wir das Problem der Individuierung von Überzeugungen und stellen mögliche Lösungen vor. Danach steht eine Intuition für Kohärenzma-

ße im Mittelpunkt, nach der es möglich sein sollte, die Kohärenz einer Menge von Aussagen durch Hinzufügen weiterer Aussagen zu erhöhen. Wir zeigen, dass diese Bedingung wider Erwarten *nicht* von allen von uns behandelten Kohärenzmaßen erfüllt wird. Im Anschluss geht es darum, ob sich Kohärenzmaße sinnvoll auf Mengen anwenden lassen, die nur eine einzelne Aussage enthalten. Schließlich stellen wir ein Problem vor, das bestimmte Kohärenzmaße in Fällen gemeinsamer Ursachen haben. Sodann beschäftigen wir uns mit einem Desideratum für Kohärenzmaße, das auf der Idee beruht, dass sich der Grad der Kohärenz einer Menge von Aussagen erhöhen sollte, wenn wir ein Element hinzufügen, das alle einzelnen Elemente der Ausgangsmenge bestätigt. Abschließend gehen wir auf ein allgemeines Argument gegen die Möglichkeit der probabilistischen Modellierung von Kohärenz auf der Grundlage der Wahrscheinlichkeitstheorie ein, welches den Zusammenhang zwischen Kohärenz und Erklärung ins Zentrum der Argumentation stellt.

2 Probabilistische Kohärenzmaße

In diesem Kapitel geben wir einen Überblick über existierende probabilistische Kohärenzmaße. Hierzu werden wir die Maße einerseits formal vorstellen, andererseits werden wir ihre Anwendung anhand eines exemplarischen Falles veranschaulichen. Betrachtet werden soll hierzu eine Situation, bei der in einer Gerichtsverhandlung acht Verdächtige vorgeführt werden, von denen Folgendes bekannt sei: Einerseits sei erwiesenermaßen der Täter unter den Verdächtigen, nur sei nicht bekannt, welcher Verdächtige nun der Täter sei; andererseits wird angenommen, dass alle Verdächtigen mit der gleichen Wahrscheinlichkeit als Täter in Frage kommen. Um nun den Täter zu ermitteln, werden zwei Zeugen befragt, die wiederum als gleich-zuverlässig eingestuft werden. Nummerieren wir die Verdächtigen einfach durch, so lassen sich die Aussagen der Zeugen in der ersten von uns betrachteten Situation wie folgt darstellen:

(z_{11}) Der Täter ist einer der Verdächtigen 1, 2 oder 3.
(z_{12}) Der Täter ist einer der Verdächtigen 1, 2 oder 4.

Sei nun die Menge der Zeugenaussagen in der ersten Situation mit Z_1 bezeichnet, also $Z_1 = \{z_{11}, z_{12}\}$, so ist diese Menge intuitiv als einigermaßen kohärent zu beurteilen: von den jeweils drei pro Zeugen in Frage kommenden Verdächtigen, stimmen die Zeugen in Zweien überein, während lediglich im Hinblick auf den in Frage kommenden dritten Verdächtigen Uneinigkeit besteht.

Vergleichen wir diese Situation nun mit einer weiteren, in der bei gleichem Rahmen wiederum zwei Zeugen befragt werden. Diesmal lassen sich ihre Aussagen wie folgt darstellen:

(z_{21}) Der Täter ist einer der Verdächtigen 1, 2 oder 3.
(z_{22}) Der Täter ist einer der Verdächtigen 1, 4 oder 5.

Offenbar herrscht in dieser Situation eine vergleichsweise größere Uneinigkeit zwischen den Zeugen: Während nun im Hinblick auf zwei mögliche Täter Uneinigkeit besteht, sind sich die Zeugen lediglich darin einig, dass der Verdächtige 1 als Täter in Frage kommt. Sei nun $Z_2 = \{z_{21}, z_{22}\}$ die entsprechende Menge von Zeugenaussagen in Situation 2, so gilt im Hinblick auf die Kohärenz der Zeugenaussagen in beiden Situationen offenbar, dass Z_1 kohärenter als Z_2 ist. Entsprechend sollte von einem beliebigen Kohärenzmaß **coh** auch gefordert werden, dass die bei der Bewertung dieser beiden Situationen zugewiesenen Werte sich dahingehend unterscheiden, dass **coh**(Z_1) > **coh**(Z_2). Dass dies auch für alle von uns betrachteten Kohärenzmaße der Fall ist, wird sich in den folgenden Abschnitten zeigen.

Zu beachten ist zunächst, dass aufgrund der Annahmen des gegebenen Testfalls bereits eine Wahrscheinlichkeitsverteilung implizit vorhanden ist. Da beispielsweise jeder der acht Verdächtigen mit der gleichen Wahrscheinlichkeit als Täter in Frage kommt, gilt $P(z_{1i}) = P(z_{2i}) = 3/8$ für $i = 1,2$; darüber hinaus wissen wir, dass $P(z_{11}|z_{12}) = P(z_{12}|z_{11}) = 2/3$, während $P(z_{21}|z_{22}) = P(z_{22}|z_{21}) = 1/3$ ist. Mit diesen Wahrscheinlichkeiten ist bereits eine vollständige Verteilung über der durch die jeweiligen Aussagen gebildeten Algebra vorhanden. Entsprechend können wir im Folgenden eine Auswertung dieser Situation mit Hilfe der einzelnen Kohärenzmaße durchführen.

2.1 Abweichung von Unabhängigkeit

Ein erster Vorschlag zur Bemessung von Kohärenz wurde von Tomoji Shogenji (1999) gemacht. Ausgangspunkt seiner Überlegungen ist die Idee, dass sich Kohärenz als Abweichung von probabilistischer Unabhängigkeit messen lässt. Dabei heißt eine Menge X von Aussagen $x_1, \ldots, x_n$ probabilistisch unabhängig unter einer Wahrscheinlichkeitsverteilung P genau dann, wenn gilt: $P(x_1 \wedge \ldots \wedge x_n) = P(x_1) \cdot \ldots \cdot P(x_n)$ (vgl. Kolmogorov 1956, §I.5). Entsprechend ist eine Abweichung von Unabhängigkeit in zwei Richtungen möglich: negative Abhängigkeit, wenn der Term auf der linken Seite der Gleichung kleiner ist als der Term auf der rechten Seite, positive Abhängigkeit, wenn der Term auf der linken Seite größer ist als der Term auf der rechten. Ein einfaches Maß der Kohärenz im Sinne der Abweichung von probabilistischer Unabhängigkeit erhalten wir dementsprechend, wenn wir den Quotienten der beiden Terme betrachten:[13]

Definition 2.1 (Abweichungsmaß). Sei $X \in L$ eine Menge von Propositionen unter einer Wahrscheinlichkeitsverteilung $P \in \mathbf{P}$. Dann ist das abweichungsbasierte Kohärenzmaß folgendermaßen definiert:

$$\mathcal{D}^r(X, P) = \log \left[\frac{P(\bigwedge X)}{\prod_{x_i \in X} P(x_i)} \right]$$

Wie unschwer zu erkennen ist, nimmt Shogenji's Maß den Wert 0 genau dann an, wenn die Aussagen $x_1, \ldots, x_n$ der Menge X probabilistisch unabhängig sind.[14] Dieser Schwellenwert wird daher auch als Neutralitätswert bezüglich Kohärenz interpretiert: Wird einer Menge X unter der Wahrscheinlichkeitsverteilung P durch das Maß der Wert 0 zugewiesen, so ist sie weder kohärent noch

---

13 Wir bezeichnen Abweichungsmaße mit $\mathcal{D}$, da diese im Englischen *deviation-Maße* heißen.
14 Shogenji (1999) hat eine nicht-logarithmierte Version dieses Maßes vorgeschlagen; aus Gründen der leichteren Vergleichbarkeit wollen wir allerdings im Rahmen dieser Monographie aus-

inkohärent. Hingegen gelten Werte, die unter dem Schwellenwert und damit im Intervall $(-\infty, 0)$ liegen als Grade von Inkohärenz und Werte, die darüber und damit im Intervall $(0, \infty)$ liegen als Grade von Kohärenz.

Betrachten wir nun das oben von uns vorgestellte Zeugenbeispiel, so gilt: $P(z_{11} \wedge z_{12}) = 1/4$, $P(z_{21} \wedge z_{22}) = 1/8$ und entsprechend erhalten wir:

$$\mathcal{D}^r(Z_1, P) \approx 0{,}250 > -0{,}051 \approx \mathcal{D}^r(Z_2, P)$$

Dies bedeutet nun zweierlei: einerseits erhalten wir das gewünschte komparative Urteil, dass die Zeugenaussagen in der ersten Situation kohärenter sind als diejenigen in der zweiten Situation. Andererseits erhalten wir aber auch eine qualitative Differenz: Während die Menge der Zeugenaussagen Z_1 gemäß diesem Maß kohärent ist, ist die entsprechende Menge Z_2 *in*kohärent.

Das verhältnisbasierte Abweichungsmaß meistert also unseren ersten Testfall erfolgreich. Allerdings entstehen Probleme bei einer Erweiterung des Falles. In der ersten Situation gehen wir nun von drei befragten Zeugen aus, die folgende Aussagen tätigen:

(z_{11}) Der Täter ist einer der Verdächtigen 1, 2 oder 3.
(z_{12}) Der Täter ist einer der Verdächtigen 1, 2 oder 4.
(z_{13}) Der Täter ist einer der Verdächtigen 1, 3 oder 4.

Demgegenüber erhalten wir in der zweiten Situation folgende Zeugenaussagen:

(z_{21}) Der Täter ist einer der Verdächtigen 1, 2 oder 3.
(z_{22}) Der Täter ist einer der Verdächtigen 1, 4 oder 5.
(z_{23}) Der Täter ist einer der Verdächtigen 1, 6 oder 7.

Wiederum scheinen die Zeugenaussagen in der ersten Situation kohärenter zu sein als diejenigen in der zweiten: Während in $Z'_1 = \{z_{11}, z_{12}, z_{13}\}$ paarweise eine Übereinstimmung in zwei von drei Verdächtigen besteht, gilt dies in $Z'_2 = \{z_{21}, z_{22}, z_{23}\}$ nur noch für einen Verdächtigen. Betrachten wir nun aber das Urteil des obigen Abweichungsmaßes, so erhalten wir:

$$\mathcal{D}^r(Z'_1, P) = \mathcal{D}^r(Z'_2, P) \approx 0{,}375$$

Mit Hilfe dieses Beispiels hat Jonah Schupbach (2011) dafür plädiert das Shogenji-Maß zu verfeinern. Seiner Ansicht nach entsteht das Problem dadurch, dass die zugrundeliegende Idee der Abweichung von probabilistischer Unabhängigkeit lediglich auf der Ebene der gesamten Menge betrachtet wird, nicht

---

schließlich Kohärenzmaße betrachten, deren neutraler Wert bei 0 liegt; entsprechend verwenden wir die logarithmierte Version des Abweichungsmaßes. Dies entspricht dem Vorgehen von Schupbach (2011).

aber für ihre jeweiligen Teilmengen. Dies lässt sich leicht anhand des Beispiels zeigen. Auf der Ebene der gesamten Mengen besteht kein Unterschied zwischen Z'_1 und Z'_2: Pro Zeuge werden 3 Verdächtige genannt, eine Übereinstimmung gibt es insgesamt jeweils nur insofern, als alle Zeugen den ersten Verdächtigen als möglichen Täter identifizieren. Was allerdings den Unterschied in der Begründung unseres obigen intuitiven Kohärenzurteils machte, waren die weiteren partiellen Übereinstimmungen auf der Ebene der zwei-elementigen Teilmengen in der ersten Situation. Entsprechend schlägt Schupbach eine Weiterentwicklung des Abweichungsmaßes vor, das die durch $\mathcal{D}^r$ gemessene Kohärenz der Gesamtmenge verrechnet mit derjenigen aller Teilmengen, die mindestens zwei Elemente enthalten. Dadurch ist der resultierende Grad der Kohärenz einer Menge X zusätzlich abhängig von den Kohärenzgraden all ihrer mindestens zwei-elementigen Teilmengen. Konkret besteht Schupbachs Vorschlag darin, das obige Abweichungsmaß auf alle mindestens zwei-elementigen Teilmengen von X anzuwenden und die erhaltenen Kohärenzwerte dann abhängig von einer bestimmten Gewichtung zu einem durchschnittlichen Wert der Kohärenz für X zu aggregieren.

Zur formalen Darstellung des Maßes benötigen wir noch Angaben über die Gewichtung der einzelnen Kohärenzwerte der Teilmengen. Wir betrachten hierzu für eine n-elementige Menge X alle Elemente von $2^X_{\geq 2}$, d. h. alle mindestens zwei-elementigen Teilmengen von X, wobei die Kardinalität von $2^X_{\geq 2}$ bei $m = 2^n - (n+1)$ liegt. Sei nun $(\omega_2, \ldots, \omega_m)$ eine Menge von Gewichten, wobei $\omega_i \geq 0$ für alle $2 \leq i \leq m$ und $\sum_{2 \leq i \leq m} \omega_i = 1$, dann lässt sich die Kohärenz von X gemäß Schupbachs Vorschlag wie folgt bemessen:

$$\mathcal{D}^r_T(X, P) = \sum_{2 \leq k \leq m} \sum_{Y \in 2^X_{=k}} \omega_k \cdot \mathcal{D}^r(Y, P) \qquad (2.1)$$

Schupbach selbst diskutiert mehrere mögliche Gewichtungen, die beispielsweise den jeweiligen Einfluss der Teilmengen-Kohärenz auf die Kohärenz der gesamten Menge mit steigender Kardinalität der Menge steigen oder fallen lassen. Wir beschränken uns hier auf ein einfaches arithmetisches Mittel, d. h. wir nehmen im Folgenden an, dass $\omega_i = (m)^{-1}$ für alle $1 \leq i \leq n$.

Wie auch beim einfachen Abweichungsmaß $\mathcal{D}^r$ liegen die Werte für Grade von Inkohärenz im Intervall $(-\infty, 0)$, die Werte für Grade von Kohärenz im Intervall $(0, \infty)$; der neutrale Wert liegt wiederum bei 0. Ferner gilt offenbar, dass $\mathcal{D}^r$ und $\mathcal{D}^r_T$ sowohl in ihren komparativen als auch in ihren absoluten Kohärenzurteilen für zwei-elementige Mengen übereinstimmen. Entsprechend ist es nicht verwunderlich, dass $\mathcal{D}^r_T$ ebenfalls das obige einfache Zeugenszenario meistert:

$$\mathcal{D}^r_T(Z_1, P) \approx 0{,}250 > -0{,}051 \approx \mathcal{D}^r_T(Z_2, P)$$

Darüber hinaus besteht es aber auch das erweiterte Zeugenszenario; hier gilt:

$$\mathcal{D}^r_T(Z'_1, P) \approx 0{,}281 > 0{,}055 \approx \mathcal{D}^r_T(Z'_2, P)$$

In diesem Sinne stellt die von Schupbach vorgeschlagene Teilmengen-sensitive Verfeinerung des ursprünglichen Shogenji-Maßes eine klare Verbesserung dar.

Eine weitere Möglichkeit Kohärenz als Abweichung von probabilistischer Unabhängigkeit zu messen, wurde von Koscholke (2017) vorgeschlagen. Im Gegensatz zu Shogenjis Maß betrachtet dieses Abweichungsmaß nicht das Verhältnis zwischen der Wahrscheinlichkeit der Konjunktion $P(x_1 \wedge \ldots \wedge x_n)$ und dem Produkt der Randwahrscheinlichkeiten $P(x_1) \cdot \ldots \cdot P(x_n)$, sondern deren Differenz:[15]

$$\mathcal{D}^d(X, P) = P\left(\bigwedge X\right) - \prod_{x_i \in X} P(x_i) \qquad (2.2)$$

Analog zu Shogenjis Maß ergibt sich auch bei diesem Maß ein Schwellenwert von 0 genau dann, wenn die Aussagen $x_1 \ldots, x_n$ der Menge X probabilistisch unabhängig sind. Wie zuvor werden negative Werte als Grade von Inkohärenz und positive Werte als Grade von Kohärenz interpretiert. Auch für das Differenz-basierte Abweichungsmaß $\mathcal{D}^d$ erhalten wir das gewünschte Ergebnis im einfachen Zeugenszenario:

$$\mathcal{D}^d(Z_1, P) \approx 0{,}109 > -0{,}016 \approx \mathcal{D}^d(Z_2, P)$$

Auf der anderen Seite meistert auch diese Version des Abweichungsmaßes das erweiterte Zeugenszenario *nicht*:

$$\mathcal{D}^d(Z_1, P) = \mathcal{D}^d(Z_2, P) \approx 0{,}072$$

Dementsprechend hat Koscholke auch für dieses Maß eine im Sinne Schupbachs verfeinerte, Teilmengen-sensitive Variante angegeben:

$$\mathcal{D}^d_T(X, P) = \sum_{2 \leq k \leq m} \sum_{Y \in 2^X_{=k}} \omega_k \cdot \mathcal{D}^d(Y, P) \qquad (2.3)$$

Diese verfeinerte Version und die ursprüngliche Version des verallgemeinerten Relevanzmaßes besitzen denselben Schwellenwert. Wie im Falle ihrer Verhältnis-basierten Gegenstücke gibt es auch hier einen engen Zusammenhang der Maße für zwei-elementige Mengen von Aussagen, da auch diese Maße für zwei-elementige Mengen von Aussagen identisch sind. Ferner meistert auch $\mathcal{D}^d_T$ das erweiterte

---

15 Dieses Maß kann als Verallgemeinerung des von Carnap (1950) vorgeschlagenen symmetrischen Relevanzmaßes verstanden werden; siehe hierzu die Erläuterungen in Koscholke (2017).

Zeugenszenario, denn es gilt:[16]

$$\mathcal{D}_T^d(Z_1', P) \approx 0{,}100 > 0{,}006 \approx \mathcal{D}_T^d(Z_2', P)$$

Mit den Abweichungsmaßen haben wir damit eine erste Klasse von Kohärenzmaßen kennengelernt, die einerseits auf einer klaren Intuition zur Modellierung von Kohärenz beruhen und andererseits in ihren verfeinerten Varianten erste Testfälle bewältigen. Weitere Analysen der Vor- und Nachteile dieser Maße werden in späteren Kapiteln folgen. Zuvor wollen wir uns aber im nächsten Abschnitt mit einer weiteren Klasse von Kohärenzmaßen beschäftigen.

2.2 Relative mengentheoretische Überlappung

Kohärenz als Abweichung von probabilistischer Unabhängigkeit zu verstehen mag zwar einleuchtend erscheinen, doch es gibt eine weitere ebenso plausible Art, Kohärenz wahrscheinlichkeitstheoretisch zu fassen. Die Grundidee ist hierbei folgende: Wenn kohärente Aussagen sich dadurch auszeichnen, dass sie zusammenhängen, dann sollte doch auch gelten, dass die Wahrscheinlichkeit hoch ist, dass sie alle wahr sind, wenn man weiß, dass mindestens eine von ihnen wahr ist. Entsprechend könnte man die bedingte Wahrscheinlichkeit, dass alle in X enthaltenen Aussagen wahr sind, gegeben, dass mindestens eine von ihnen wahr ist, als Maß der Kohärenz der Menge X betrachten, d. h. $P(\bigwedge X | \bigvee X)$. Wie sich leicht zeigen lässt, ist diese bedingte Wahrscheinlichkeit identisch zu einem Kohärenzmaß, das unabhängig voneinander von David H. Glass (2002) und Erik J. Olsson (2002) vorgeschlagen wurde:[17]

Definition 2.2 (Überlappungsmaß). Sei $X \in L$ eine Menge von Propositionen unter einer Wahrscheinlichkeitsverteilung $P \in \mathbf{P}$. Dann ist das überlappungsbasierte Kohärenzmaß folgendermaßen definiert:

$$\mathcal{OV}(X, P) = \frac{P(\bigwedge X)}{P(\bigvee X)}$$

Mengentheoretisch betrachtet kann die Konjunktion $x_1 \wedge \ldots \wedge x_n$ der Elemente von X auch als absolute überlappende Fläche der entsprechenden Aussagen

---

[16] Für alle weiteren Maße werden wir das erweiterte Zeugenszenario in Abschnitt 5.8 betrachten und uns bei der Präsentation der Maße auf das einfache Zeugenszenario beschränken.
[17] Angelehnt an den in der Literatur gebräuchlicheren englischen Begriff des *overlap-Maßes* verwenden wir $\mathcal{OV}$ bzw. $\mathcal{O}$ zur Bezeichnung der Überlappungsmaße.

interpretiert werden und die Disjunktion $x_1 \vee \ldots \vee x_n$ als ihre totale Fläche. Setzen wir nun diese Flächen miteinander ins Verhältnis, so erhalten wir die relative überlappende Fläche aller Aussagen.

Wie unschwer zu erkennen ist, liegen die Werte des einfachen Überlappungsmaßes im geschlossenen Intervall [0,1]. Seinen maximalen Wert 1 nimmt das Maß genau dann an, wenn die absolute überlappende Fläche der Aussagen $x_1, \ldots, x_n$ der zu betrachtenden Menge X mit ihrer totalen Fläche zusammenfällt. Seinen minimalen Wert 0 hingegen nimmt das Maß genau dann an, wenn es keine absolute überlappende Fläche gibt, die totale Fläche allerdings nicht leer ist. Schwieriger zu beantworten ist für dieses Maß allerdings die Frage, ob es einen Neutralitätspunkt besitzt, also einen Wert, der einer Menge von Aussagen genau dann zugewiesen wird, wenn diese weder kohärent noch inkohärent sind. Für gewöhnlich verwendet man in der Literatur hierfür den Mittelpunkt des Intervalls, also $r = 1/2$. Nach dem in Abschnitt 1.4 aufgeführten Kriterium zur Wahl des Neutralitätswerts werden wir allerdings dafür plädieren, diesen bei $r = 1/3$ anzusetzen, da dies der Wert ist, den das Überlappungsmaß in Fällen zuweist, in denen alle Booleschen Kombinationen zweier Aussagen x und y denselben Kohärenzwert zugewiesen bekommen.

Das einfache Überlappungsmaß $\mathcal{OV}$ verletzt offenbar unsere Forderung aus Abschnitt 1.4, dass der neutrale Wert eines Kohärenzmaßes aus Gründen der leichteren Vergleichbarkeit der Ergebnisse bei 0 zu liegen habe; daher werden wir statt $\mathcal{OV}$ das folgende ordinal äquivalente Maß $\mathcal{O}$ betrachten:

$$\mathcal{O}(X, P) = \mathcal{OV}(X, P) - 1/3 \qquad (2.4)$$

Diese Version des Überlappungsmaßes besitzt offenbar 0 als neutralen Wert und liegt im geschlossenen Intervall $[-1/3, 2/3]$. Ferner meistert $\mathcal{O}$ sowohl das obige einfache als auch das erweiterte Zeugenszenario ohne Probleme. Für das einfache Szenario erhalten wir das folgende Ergebnis:

$$\mathcal{O}(Z_1, P) = 0{,}167 > -0{,}133 = \mathcal{O}(Z_2, P)$$

Es gibt aber ein anderes Beispiel, das dem einfachen Überlappungsmaß zum Verhängnis wurde. Dieses wurde ursprünglich von Bovens und Hartmann (2003a) vorgeschlagen und anschließend von Meijs (2005) aufgegriffen, um für eine Verfeinerung des einfachen Überlappungsmaßes zu plädieren. In diesem Beispiel geht es um folgende Situation: Wir haben zunächst eine Menge von Informationen, die die folgenden zwei Elemente enthält:

(x_1) Tweety ist ein Vogel.
(x_2) Tweety ist ein Bodenbewohner (*ground dweller*).

Da Vögel normalerweise fliegen können, ist die dazugehörige Informationsmenge $X = \{x_1, x_2\}$ zu einem gewissen Grade inkohärent. Nun erhält man zusätzlich die folgende Information:

(x_3) Tweety ist ein Pinguin.

Durch Hinzufügen der Information x_3 zu X gelingt es, die zwischen x_1 und x_2 bestehende Spannung zu lösen. Entsprechend ist die resultierende Menge $X' = \{x_1, x_2, x_3\}$ kohärenter als die ursprüngliche Menge X. Dies sollte sich daher auch bei gegebener Wahrscheinlichkeitsverteilung in den Urteilen der einzelnen Maße widerspiegeln. Die von Bovens und Hartmann (2003a) verwendete Verteilung ist in Tabelle 2.1 gegeben.

Tab. 2.1: Wahrscheinlichkeitsverteilung im Tweety-Beispiel

x_1	x_2	x_3	P
0	0	0	0,01
0	0	1	0,00
0	1	0	0,49
0	1	1	0,00
1	0	0	0,49
1	0	1	0,00
1	1	0	0,00
1	1	1	0,01

Diese Verteilung soll eine Situation widerspiegeln, in der es einige Vögel gibt, die fliegen können und keine Pinguine sind; und ebenso gibt es einige Tiere, die nicht fliegen können, aber weder Vögel noch Pinguine sind; und schließlich gibt es einige wenige Tiere, die weder Vögel noch Pinguine sind, aber trotzdem fliegen können und einige nicht-fliegende Pinguine. Diese Verteilung unterstreicht das obige intuitive Kohärenzurteil: Die erweiterte Menge X' ist kohärenter als ihre Ausgangsmenge X. Es lässt sich allerdings nachweisen, dass das Verhältnis von absoluter überlappender Fläche zur totalen Fläche für beide Mengen identisch ist; entsprechend urteilt das einfache Überlappungsmaß wie folgt:

$$\mathcal{O}(X, P) = \mathcal{O}(X', P) \approx -0,323$$

Beide Mengen bekommen also einen identischen Kohärenzwert zugewiesen und dieser liegt nahe am Punkt maximaler Inkohärenz, der bei $\mathcal{O}$ bei -1/3 liegt. Beide Teilergebnisse sind hochgradig unplausibel.

Meijs' Weiterentwicklung dieses Maßes sieht nun analog zur obigen Verfeinerung des Abweichungsmaßes vor, dass der Grad der Kohärenz einer Menge sich aus den Kohärenzgraden all ihrer mindestens zwei-elementigen Teilmengen ergeben sollte. Entsprechend erhalten wir:[18]

$$\mathcal{O}_T(X, P) = \sum_{2 \leq k \leq m} \sum_{Y \in 2^X_{=k}} \omega_k \cdot \mathcal{O}(Y, P) \qquad (2.5)$$

Ebenso wie beim verfeinerten Abweichungsmaß beschränken wir uns auch hier auf ein einfaches arithmetisches Mittel, d. h. $\omega_i = (m)^{-1}$ für alle $2 \leq i \leq m$, wobei mit m wiederum die Anzahl aller mindestens zwei-elementigen Teilmengen von X repräsentiert sei. Die Werte dieses Maßes liegen im geschlossenen Intervall $[-1/3, 2/3]$. Wie schon bei den Abweichungsmaßen gibt es auch hier einen engen Zusammenhang zwischen dem einfachen und dem verfeinerten Überlappungsmaß für den Fall von zwei-elementigen Mengen; auch hier besteht in diesem Spezialfall eine Identität, sodass $\mathcal{O}_T$ ebenfalls das einfache Zeugenszenario meistert. Im Vergleich zu $\mathcal{O}$ schneidet es hingegen vergleichsweise besser im Tweety-Fall ab. Hier erhalten wir auf der Grundlage der obigen Wahrscheinlichkeitsverteilung die folgenden Kohärenzwerte:

$$\mathcal{O}_T(X, P) \approx -0{,}323 < -0{,}318 \approx \mathcal{O}_T(X', P)$$

$\mathcal{O}_T$ stimmt somit darin überein, dass die Kohärenz durch Hinzufügen der Information, dass Tweety ein Pinguin ist, steigt; nichtsdestotrotz urteilt auch $\mathcal{O}_T$, dass die erweiterte Menge immer noch hochgradig inkohärent ist.

Mit diesem Ergebnis beenden wir unsere Darstellung der Überlappungsmaße. Weitere Analysen zu den jeweiligen Vor- und Nachteilen dieser Maße folgen in späteren Abschnitten. Insbesondere werden wir in Abschnitt 7.2 sehen, dass diese Maße mit einem grundsätzlichen Problem konfrontiert sind, das ihre Adäquatheit als Kohärenzmaße in Frage stellt.

2.3 Durchschnittliche gegenseitige Stützung

Im Gegensatz zu allen bisher vorgestellten Ansätzen haben Douven und Meijs (2007) keine einzelne Funktion zur Bemessung von Kohärenz, sondern eine ganze Familie von solchen Funktionen vorgebracht, die sich mit Hilfe eines einfachen Rezepts erzeugen lassen. Die Grundidee ist dabei folgende: Wie wir im Abschnitt 1.1 in Bezug auf die von BonJour vorgeschlagenen Kohärenzkriterien erläutert haben, steht der Grad der Kohärenz einer Menge von Aussagen in engem

---

[18] Die von Meijs (2006) vorgeschlagene Verfeinerung bezieht sich auf das ursprüngliche Überlappungsmaß $\mathcal{OV}$; wir verwenden aus den bekannten Gründen wiederum die oben vorgeschlagene Variante $\mathcal{O}$.

Zusammenhang zu der Anzahl und der Stärke der unter den Elementen der Menge vorhandenen inferentiellen Beziehungen. Ein erster Ansatz, diese Idee wahrscheinlichkeitstheoretisch auszubuchstabieren, wurde von Lewis vorgeschlagen. Wie oben bereits erläutert, fordert er von einer kohärenten Menge, dass die Wahrscheinlichkeit eines jeden Elementes der Menge steigt, wenn der Rest der Menge als gegebene Prämisse angenommen wird (vgl. Lewis 1946).

Douven und Meijs (2007) erweitern diese Idee nun in zweierlei Hinsicht. Zum einen schlagen sie ein qualitatives Kohärenzkriterium vor, das gewissermaßen als eine Teilmengen-sensitive Erweiterung der Lewis'schen Idee angesehen werden kann. Nach diesem Kriterium sollte bei der Frage nach der Kohärenz einer Menge nicht nur berücksichtigt werden, inwiefern die Wahrscheinlichkeit eines Elementes $x \in X$ steigt, wenn die Konjunktion aller Elemente in $X \setminus \{x\}$ als gegebene Prämisse angenommen wird; stattdessen sollten auch Teilmengen von $X \setminus \{x\}$ hinsichtlich ihres wahrscheinlichkeitstheoretischen Einflusses auf x berücksichtigt werden. Zudem sollte nicht nur beachtet werden, inwiefern einzelne Elemente aus X wahrscheinlichkeitstheoretisch beeinflusst werden, sondern auch deren Konjunktionen sollten Berücksichtigung finden. Ihr qualitatives Kohärenzkriterium fragt entsprechend danach, ob die Wahrscheinlichkeit jeder beliebigen Teilmenge $X' \subset X$ erhöht wird, falls eine beliebige Teilmenge von $X \setminus X'$ als gegebene Prämisse angenommen wird. Entsprechend erhalten wir das folgende qualitative Kohärenzkriterium:

(Q$^\Rightarrow$) *Qualitatives Kohärenzkriterium (hinreichend).*
Die Menge X ist kohärent, falls für jede nicht-leere Teilmenge $X' \subset X$ und jede nicht-leere Menge $X'' \in (X \setminus X')$ gilt: $P(\bigwedge X' | \bigwedge X'') > P(\bigwedge X')$.

Dieses Kriterium sollte allerdings nur als *hinreichende* Bedingung für Kohärenz betrachtet werden; als notwendige Bedingung ist es zu stark, da es beispielsweise nicht berücksichtigt, dass ein minimal negativer wahrscheinlichkeitstheoretischer Einfluss zwischen zwei Teilmengen von X kompensiert werden kann durch einen stark positiven Einfluss zwischen zwei anderen Teilmengen von X.

Um diese Kompensation zu modellieren, schlagen Douven und Meijs eine zusätzliche Erweiterung der Lewis'schen Idee vor: Die in (Q$^\Rightarrow$) verwendete wahrscheinlichkeitstheoretische Ungleichung wird im Rahmen der wissenschaftstheoretischen Diskussion um den Begriff der „Bestätigung" dazu verwendet, ein qualitatives Kriterium zu erarbeiten, das angibt, ob eine gegebene Hypothese durch bestimmte Daten gestützt wird oder nicht. Darauf aufbauend gibt es in der dazugehörigen Literatur zahlreiche Vorschläge dafür, wie ein entsprechender *Grad* der Stützung bemessen werden kann. Sei nun zunächst **b** ein Maß für diesen Grad der Bestätigung, dann lässt sich das obige Kriterium auch wie folgt reformulieren:

($\mathbf{Q_b^{\Rightarrow}}$) *Verfeinertes qualitatives Kohärenzkriterium (hinreichend).*
Die Menge X ist kohärent, falls für jede nicht-leere Teilmenge $X' \subset X$ und jede nicht-leere Menge $X' \in (X \setminus X')$ gilt: $\bigwedge X'$ wird durch $\bigwedge X''$ bestätigt, d. h. $\mathbf{b}(\bigwedge X', \bigwedge X'') > 0$.

Auch ($\mathbf{Q_b^{\Rightarrow}}$) ist nach wie vor nur als hinreichendes Kriterium für Kohärenz zu interpretieren. Um nun zu einem hinreichenden und notwendigen Kriterium zu gelangen, sollte man laut Douven und Meijs das arithmetische Mittel aller in ($\mathbf{Q_b^{\Rightarrow}}$) genannten Stützungswerte betrachten. Dieses arithmetische Mittel $\mathcal{C}_\mathbf{b}$ bildet gleichzeitig ein Maß für den Grad der Kohärenz der Menge.

($\mathbf{Q_b^{\Leftrightarrow}}$) *Qualitatives Kohärenzkriterium (notwendig und hinreichend).*
Die Menge X ist genau dann kohärent, wenn gilt: $\mathcal{C}_\mathbf{b}(X, P) > 0$.

Zur formalen Darstellung des arithmetischen Mittels der Stützungswerte sei $[X]$ die Menge aller Paare von nicht-leeren, disjunkten Teilmengen von X, d. h. das Paar von Mengen (X', X'') ist genau dann ein Element von $[X]$, wenn $X', X'' \neq \emptyset$ und $X' \cap X'' = \emptyset$. Die Kardinalität von $[X]$ sei mit k bezeichnet, d. h. $k = |[X]| = 3^{|X|} - 2^{|X|+1} + 1$ (vgl. Roche 2013). Damit erhalten wir:

Definition 2.3 (Gegenseitiges Stützungsmaß). Sei $X \in L$ eine Menge von Propositionen unter einer Wahrscheinlichkeitsverteilung $P \in \mathbf{P}$. Dann ist das auf gegenseitiger Stützung basierende Kohärenzmaß folgendermaßen definiert:

$$\mathcal{C}_\mathbf{b}(X, P) = (k)^{-1} \cdot \sum_{(X', X'') \in [X]} \mathbf{b}\left(\bigwedge X', \bigwedge X''\right)$$

Zur Illustration des Verfahrens betrachten wir die Menge $X = \{x_1, x_2, x_3\}$. Stellen wir die wechselseitige Stützung zwischen zwei Elementen von X nun durch einen Doppelpfeil dar, so erhalten wir das Diagramm in Abbildung 2.1.

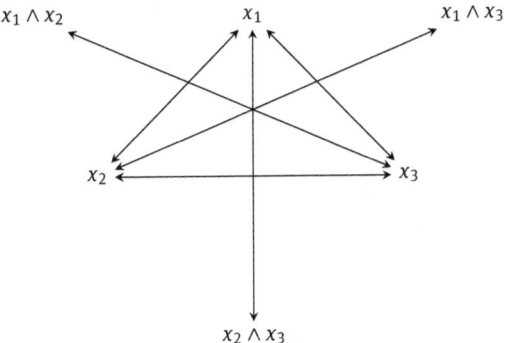

Abb. 2.1: Wechselseitige Bestätigung im $\mathcal{C}$-Verfahren

Zur Berechnung des Kohärenzwertes dieser Menge X hat man demgemäß nun zunächst ein Bestätigungsmaß **b** zu wählen, um dann die im Diagramm angezeigten Bestätigungsgrade zu quantifizieren. Es ergibt sich entsprechend als Maß für die Kohärenz der Menge ein arithmetisches Mittel aus insgesamt 12 Bestätigungsgraden, darunter $\mathbf{b}(x_1, x_2)$, $\mathbf{b}(x_2, x_1)$, $\mathbf{b}(x_3, x_2)$, $\mathbf{b}(x_1 \wedge x_2, x_3)$ und $\mathbf{b}(x_2, x_1 \wedge x_3)$.

Alle weiteren Fragen hinsichtlich der Adäquatheit eines bestätigungsbasierten Kohärenzmaßes hängen nun natürlich entscheidend davon ab, welches Bestätigungsmaß wir verwenden. Hierzu ist zunächst eine wichtige Unterscheidung zwischen zwei verschiedenen Stützungsbegriffen zu berücksichtigen. Der Unterschied zwischen diesen beiden Begriffen kann anhand des folgenden Beispiels erläutert werden. Gehen wir davon aus, dass ein fairer Würfel geworfen wurde und wir das Resultat bisher nicht kennen. Die Hypothese x_1, die wir nun aufstellen, sei, dass die gewürfelte Augenzahl strikt kleiner als 3 sei; offenbar gilt $P(x_1) = 1/3$. Nun erhalten wir die Information x_2, dass die Augenzahl auf jeden Fall strikt kleiner als 5 ist und fragen uns, inwiefern diese Information unsere Hypothese stützt. Da offenbar gilt, dass x_1 im Lichte von x_2 wahrscheinlicher ist als vorher ($P(x_1|x_2) = 1/2$), können wir davon sprechen, dass die Information die Hypothese in einem *inkrementellen* Sinne stützt:

Definition 2.4 (Inkrementelle Stützung). Seien $x, y \in L$, dann stützt y x im inkrementellen Sinne relativ zur Wahrscheinlichkeitsverteilung $P \in \mathbf{P}$ genau dann, wenn $P(x|y) > P(x)$.

Trotzdem ist die Aussage x_1 aber selbst bei gegebener Information x_2 noch genauso wahrscheinlich wie ihre Negation $\overline{x}_1$. Entsprechend stehen wir mit unserer Hypothese zwar nun etwas besser da als ohne diese Information; trotzdem liegen wir mit gleicher Wahrscheinlichkeit auch falsch. Dieser Aspekt der Stützung wird in einem zweiten Stützungsbegriff berücksichtigt, der sogenannten *absoluten* Stützung:

Definition 2.5 (Absolute Stützung). Seien $x, y \in L$, dann stützt y x im absoluten Sinne relativ zur Wahrscheinlichkeitsverteilung $P \in \mathbf{P}$ genau dann, wenn $P(x|y) > P(\overline{x}|y)$, bzw. wenn $P(x|y) > 1/2$.[19]

Als Komplement zum Begriff der Bestätigung lässt sich der Begriff der *Unterminierung* wie folgt charakterisieren: y unterminiert x im inkrementellen/absoluten

---

[19] Hier wird häufig eine weitere Differenzierung vorgenommen, indem gefordert wird, dass $P(x|y) > r$ für ein $r \geq 1/2$. So erhält man unendlich viele verschiedene Begriffe der absoluten Stützung. Wir werden auf diese Unterscheidungen in späteren Kapiteln zurückkommen.

Sinne genau dann, wenn gilt: y bestätigt $\overline{x}$ im inkrementellen/absoluten Sinne. Ferner verhält sich y neutral zu x im inkrementellen/absoluten Sinne, falls y weder x bestätigt noch unterminiert im inkrementellen/absoluten Sinne.

Wenden wir uns nun der Frage nach dem Grad der inkrementellen oder absoluten Stützung zu. Im Laufe der Jahrzehnte sind hierzu zahlreiche Maße vorgeschlagen worden. Um im Folgenden einen Überblick über einige der wichtigsten dieser Stützungsmaße zu geben, gehen wir zunächst von der folgenden wohlbekannten Äquivalenz für den Fall der inkrementellen Stützung aus:

Beobachtung 2.1. Seien $x, y \in L_c$, $P \in \mathbf{P}$, dann sind folgende Ungleichungen äquivalent:
1. $P(x|y) > P(x)$
2. $P(x|y) > P(x|\overline{y})$
3. $P(y|x) > P(y)$
4. $P(y|x) > P(y|\overline{x})$

Für kontingente Aussagen gilt also, dass jede einzelne dieser Ungleichungen genau dann erfüllt ist, wenn auch die anderen erfüllt sind. Entsprechendes gilt auch für den Fall der Unterminierung und den der Unabhängigkeit. Zur Bemessung des *Grades* der Stützung betrachten wir daher im Folgenden jeweils die Differenz und das Verhältnis zwischen dem linken und dem rechten Term der obigen Ungleichungen. Auf diesem Wege erhalten wir die folgenden Stützungsmaße, für deren Bezeichnung wir griechische Buchstaben verwenden. Wie zuvor betrachten wir bei den Verhältnis-basierten Maßen jeweils eine ordinal äquivalente Version, die garantiert, dass der neutrale Punkt aller betrachteten Maße bei 0 liegt. Daher können wir die folgende Eigenschaft aller inkrementellen Stützungsmaße festhalten, die analog zu dem bereits in Abschnitt 1.4 aufgeführten Kriterium ist:

$$\mathbf{b}(x, y, P) \begin{cases} > 0 & \text{falls } x \text{ durch } y \text{ relativ zu } P \text{ bestätigt wird.} \\ = 0 & \text{falls } x \text{ und } y \text{ prob. unabhängig relativ zu } P \text{ sind.} \\ < 0 & \text{falls } x \text{ durch } y \text{ relativ zu } P \text{ unterminiert wird.} \end{cases} \quad (2.6)$$

Hier folgt nun eine erste Liste von Maßen:[20]

---

[20] Das Differenzmaß α wird beispielsweise von Gillies (1986) vertreten, das entsprechende Pendant α' von Mortimer (1988). β wird beispielsweise von Keynes (1921) befürwortet, β' ist der Favorit von Kuipers (2000). Christensen (1999) präsentiert Argumente für γ, während das entsprechende Gegenstück γ' von Nozick (1981) vertreten wird. Schließlich wurde δ von Joyce (2008) vorgeschlagen, während δ' gemeinhin Good (1984) zugeschrieben wird. Weitere Informationen zu Bestätigungsmaßen bieten beispielsweise Brössel (2013), Crupi et al. (2007), Festa (2012) und Fitelson (1999).

$$\alpha(x, y, P) = P(x|y) - P(x) \qquad \alpha'(x, y, P) = P(y|x) - P(y)$$
$$\beta(x, y, P) = [P(x|y)/P(x)] - 1 \qquad \beta'(x, y, P) = [P(y|x)/P(y)] - 1$$
$$\gamma(x, y, P) = P(x|y) - P(x|\overline{y}) \qquad \gamma'(x, y, P) = P(y|x) - P(y|\overline{x})$$
$$\delta(x, y, P) = [P(x|y)/P(x|\overline{y})] - 1 \qquad \delta'(x, y, P) = [P(y|x)/P(y|\overline{x})] - 1$$

Während es sich bei diesen Maßen um acht verschiedene Bestätigungsmaße handelt, fällt schnell auf, dass die sich daraus ergebende Anzahl verschiedener Kohärenzmaße auf der Grundlage des obigen Rezeptes geringer ist. Dies liegt daran, dass das $\mathcal{C}$-Verfahren für die jeweils betrachteten Paare von Teilmengen die *wechselseitige* Bestätigung betrachtet. Füttert man nun aber beispielsweise das Differenzmaß α in das $\mathcal{C}$-Rezept ein und betrachtet die wechselseitige Bestätigung für das Paar (x, y), so ist $\alpha(x, y, P)$ offenbar zu demjenigen Wert identisch, den man erhält, wenn man stattdessen $\alpha'(y, x, P)$ betrachtet hätte. Umgekehrt gilt auch $\alpha(y, x, P) = \alpha'(x, y, P)$. Entsprechende Gleichungen gelten auch für die anderen Paare von Maßen aus der obigen Liste. Insgesamt reduziert sich die Liste auf vier in relevanter Hinsicht unterschiedliche Bestätigungsmaße, denn es gilt für alle kontingenten Aussagen $x, y \in L$ und alle Bestätigungsmaße aus der obigen Liste: $\mathbf{b}(x, y, P) = \mathbf{b}'(y, x, P)$. Im Folgenden beschränken wir unsere Betrachtungen daher auf die jeweils in jeder Zeile zuerst genannten vier Maße, d. h. auf α, β, γ und δ.

Darüber hinaus betrachten wir noch ein Verfahren zur Normalisierung dieser Maße, das die besondere Rolle von deduktiven inferentiellen Beziehungen bei der Bemessung von Graden der Bestätigung berücksichtigt. Da diese auch bei der Bemessung von Kohärenz eine wichtige Sonderrolle einnehmen (vgl. Abschnitt 4.2), ergänzen wir unsere obige Liste um diese Maße. Das entsprechende Verfahren wurde von Crupi et al. (2007) vorgeschlagen und basiert auf der folgenden Idee: Um ein Bestätigungsmaß zu erhalten, das den maximalen bzw. minimalen Wert der Bestätigung in dem Fall zuweist, in dem die Hypothese durch die Evidenz logisch impliziert bzw. widerlegt wird, normalisieren wir die entsprechenden Bestätigungsmaße so, dass dieses Desideratum garantiert erfüllt ist. Das dabei verwendete Normalisierungs-Schema sieht wie folgt aus: Sei $\mathbf{b}(\vDash)$ der Wert, den das Bestätigungsmaß $\mathbf{b}$ in dem Fall zuweist, in dem die Evidenz y die Hypothese x logisch impliziert, und $\mathbf{b}(\bot)$ entsprechend der Wert, den $\mathbf{b}$ im Falle der logischen Widerlegung zuweist, so erhalten wir das normalisierte Maß $\mathbf{b}^\vDash$ wie folgt:

$$\mathbf{b}^\vDash(x, y, P) = \begin{cases} \mathbf{b}(\vDash)^{-1} \cdot \mathbf{b}(x, y, P) & \text{falls } P(x|y) \geq P(x) \\ \mathbf{b}(\bot)^{-1} \cdot \mathbf{b}(x, y, P) & \text{falls } P(x|y) < P(x) \end{cases}$$

Für die obigen Maße erhalten wir die folgenden Werte für $\mathbf{b}(\vDash)$ und $\mathbf{b}(\bot)$:

Tab. 2.2: Bestätigungswerte für $\mathbf{b}(\vDash)$ und $\mathbf{b}(\bot)$ für $\mathbf{b} \in \{\alpha, \beta, \gamma, \delta\}$

Bestätigungsmaß	$\mathbf{b}(\vDash)$	$\mathbf{b}(\bot)$
$\alpha(x, y, P)$	$P(\overline{x})$	$-P(x)$
$\beta(x, y, P)$	$P(\overline{x})/P(x)$	-1
$\gamma(x, y, P)$	$P(\overline{x})/P(\overline{y})$	$-P(x)/P(\overline{y})$
$\delta(x, y, P)$	$P(\overline{x}|\overline{y})/P(x|\overline{y})$	-1

Normalisiert man nun die genannten Maße entsprechend dem obigen Schema für $\mathbf{b}^{\vDash}$, so lässt sich zeigen, dass erstaunlicherweise gilt (vgl. Crupi et al. 2007):

$$\alpha^{\vDash}(x, y, P) = \beta^{\vDash}(x, y, P) = \gamma^{\vDash}(x, y, P) = \varepsilon(x, y, P),$$

wobei sich das resultierende Maß ε wie folgt darstellen lässt:[21]

$$\varepsilon(x, y, P) = \begin{cases} \frac{P(x|y)-P(x)}{1-P(x)} & \text{falls } P(x|y) \geq P(x) \\ \frac{P(x|y)-P(x)}{P(x)} & \text{falls } P(x|y) < P(x) \end{cases}$$

Auf der anderen Seite entsteht durch die Normalisierung von δ ein weiteres Bestätigungsmaß (vgl. Schippers 2014c):

$$\zeta(x, y, P) = \begin{cases} \frac{P(x|y)-P(x|\overline{y})}{1-P(x|\overline{y})} & \text{falls } P(x|y) \geq P(x) \\ \frac{P(x|y)-P(x|\overline{y})}{P(x|\overline{y})} & \text{falls } P(x|y) < P(x) \end{cases}$$

Damit ist die Liste der von uns im Folgenden betrachteten inkrementellen Stützungsmaße vollständig. Wenden wir uns nun den Maßen der absoluten Stützung zu. Als mögliche naheliegende Kandidaten kommen hier die folgenden Maße in Frage:

$$\eta(x, y, P) = P(x|y) - P(\overline{x}|y)$$
$$\theta(x, y, P) = [P(x|y)/P(\overline{x}|y)] - 1$$

Wie sich allerdings leicht zeigen lässt, sind sich diese beiden Maße sehr ähnlich:

Beobachtung 2.2. Die Maße η und θ sind ordinal äquivalent.

Entsprechend beschränken wir uns in unseren weiteren Betrachtungen auf das Maß η. Damit haben wir also für die weiteren Kapitel insgesamt sieben Bestätigungsmaße zur Verfügung, sechs davon als Maße der inkrementellen Bestätigung und ein Maß der absoluten Bestätigung. Wir schließen diesen Abschnitt mit einer Auswertung des obigen einfachen Zeugenszenarios für diese sieben Maße:

---

[21] Dieses Maß ist in der Literatur als „relative distance measure" oder auch als Z-Maß bekannt (vgl. Crupi et al. 2007).

Tab. 2.3: Auswertung des einfachen Zeugenszenarios für die einzelnen $\mathcal{C}$-Maße

$\mathcal{C}$-Maß	$\coh(Z_1, P)$	$\coh(Z_2, P)$
$\mathcal{C}_\alpha$	0,292	−0,042
$\mathcal{C}_\beta$	0,778	−0,111
$\mathcal{C}_\gamma$	0,467	−0,067
$\mathcal{C}_\delta$	2,333	−0,167
$\mathcal{C}_\varepsilon$	0,467	−0,111
$\mathcal{C}_\zeta$	0,583	−0,167
$\mathcal{C}_\eta$	0,333	−0,333

Wie der Tabelle zu entnehmen ist, stimmen alle $\mathcal{C}$-Maße mit unserem intuitiven Kohärenzurteil überein. Anhand des Vorzeichens ist ebenfalls leicht zu erkennen, dass alle diese Maße die erste Menge von Zeugenaussagen als kohärent, die zweite hingegen als (geringfügig) inkohärent bewerten. Bevor wir uns nun im Folgenden mit den Vor- und Nachteilen der einzelnen Maße beschäftigen, führen wir im nächsten Abschnitt den von Bovens und Hartmann (2003a) gemachten Vorschlag zur indirekten Bemessung von Kohärenz ein.

2.4 Bovens und Hartmanns Quasi-Ordnung

Zwar bilden Kohärenz*maße* den Hauptgegenstand unserer Untersuchung, dennoch möchten wir an entsprechend geeigneten Stellen auch auf das von Bovens und Hartmann (2003a) vorgeschlagene indirekte Verfahren zum Vergleich der Kohärenz zweier Mengen eingehen. Grundidee dieses Verfahrens ist es, die Kohärenz einer Menge von Zeugenaussagen als einen Faktor neben anderen zu berücksichtigen, der unsere Zuversicht darin, dass die Zeugenaussagen wahr sind, beeinflusst. Ein komparatives Kohärenzurteil gewinnen wir entsprechend dadurch, dass wir beim Vergleich zweier Mengen von Zeugenaussagen alle anderen Zuversichts-beeinflussenden Faktoren konstant halten; dann, so die Idee, sollte ein sich hinsichtlich des Grades der Zuversicht ergebender Unterschied zwischen den Mengen auf deren unterschiedliche Grade von Kohärenz zurückzuführen sein.

An dieser Stelle treten bereits zwei markante Unterschiede zwischen den obigen Kohärenzmaßen und dem Verfahren von Bovens und Hartmann deutlich hervor: Einerseits erhalten wir durch die obigen Kohärenzmaße quantitative Kohärenzurteile, während Bovens und Hartmanns Verfahren lediglich komparative Urteile liefert; andererseits gilt obiges Verfahren ganz allgemein für beliebige Mengen von Aussagen, während die indirekte Bemessung lediglich für Mengen von Zeugenaussagen zur Verfügung steht, d. h. in Situation, in denen jede Aussa-

2.4 Bovens und Hartmanns Quasi-Ordnung

ge einer Menge, deren Kohärenz zu beurteilen ist, mit einem mit einer bestimmten Zuverlässigkeit versehenen Zeugen assoziiert ist.

Sei nun $X = \{x_1, \ldots, x_n\}$ eine Menge von Aussagen, dann nehmen wir im Folgenden an, dass es eine dazugehörige Menge $E(X) = \{E(x_1), \ldots, E(x_n)\}$ von Zeugenaussagen gibt, wobei $E(x_i)$ die vom Zeugen i gemachte Aussage mit dem Inhalt x_i ist und r ein unten näher charakterisierter Reliabilitätsparameter, der die Zuverlässigkeit der Zeugen angibt. Jeder Zeuge ist zunächst mit einer bestimmten Zuverlässigkeit in seinen Berichten assoziiert, die zum einen die Wahrscheinlichkeit beinhaltet, dass der Zeuge einen Bericht zu x_i abgibt, falls x_i wahr ist, d. h. $q_i = P(E(x_i)|x_i)$; und zum anderen mit der Wahrscheinlichkeit, dass ein Bericht im Falle der Falschheit von x_i abgegeben wird, d. h. $q'_i = P(E(x_i)|\bar{x}_i)$. In ihrem Modell nehmen Bovens und Hartmann nun an, dass die Zeugen unabhängig und zu einem gewissen Grad zuverlässig sind, indem sie fordern, dass $q_i > q'_i > 0$ für alle $i = 1, \ldots, n$. Darüber hinaus nehmen sie an, dass alle Zeugen zum gleichen Grade zuverlässig sind, d. h. dass gilt $q_i = q_j$ und $q'_i = q'_j$ für alle $i, j = 1, \ldots, n$. Der Einfachheit halber bezeichnen wir diese Parameter daher mit $\mathbf{q}$ und $\mathbf{q'}$. Als Maß für die Zuverlässigkeit der Zeugen verwenden Bovens und Hartmann nun den folgenden Reliabilitätsparameter $r = 1 - \mathbf{q'}/\mathbf{q}$.

Für die Menge X lassen sich vollständige Konjunktionen $\pm x_1 \wedge \ldots \wedge \pm x_n$ bilden, bei denen die Variable $\pm x_i$ entweder den positiven Wert x_i oder den negativen Wert $\bar{x}_i$ annehmen kann; diese werden häufig *Konstituenten* genannt. Sei nun mit g_i die Summe der Wahrscheinlichkeiten aller Konstituenten mit i negativen und $n - i$ positiven Werten bezeichnet, dann gilt offenbar: $\sum_{i=0}^{n} g_i = 1$.

Zur Illustration sei $n = 3$, dann ist beispielsweise $g_0 = P(x_1 \wedge x_2 \wedge x_3)$ und $g_2 = P(x_1 \wedge \bar{x}_2 \wedge \bar{x}_3) + P(\bar{x}_1 \wedge x_2 \wedge \bar{x}_3) + P(\bar{x}_1 \wedge \bar{x}_2 \wedge x_3)$. Wie Bovens und Hartmann zeigen, lässt sich die bedingte Wahrscheinlichkeit, dass alle x_i wahr sind, gegeben die Zeugenaussagen $E(x_i)$, wie folgt darstellen:

$$P\left(\bigwedge X \middle| \bigwedge E(X)\right) = \frac{g_0}{\sum_{i=0}^{n} g_i (1-r)^i}$$

Hinsichtlich der zu berücksichtigenden Faktoren bei der Frage, was den Grad der Zuversicht in eine Aussagenmenge X beeinflusst, unterscheiden Bovens und Hartmann die folgenden Faktoren:
1. Wie hoch ist der Grad der Zuversichtlichkeit in X unabhängig von den Zeugenaussagen?
2. Wie hoch ist der Grad der Zuverlässigkeit der Zeugen?
3. Wie kohärent sind die erhaltenen Aussagen?

Modelliert man den in Punkt 1 genannten Faktor über die Ausgangswahrscheinlichkeit g_0 und den Faktor in Punkt 2. als r, so ist die obige Darstellung der bedingten Wahrscheinlichkeit offensichtlich von beiden diesen Faktoren abhängig. Um nun aber den alleinigen Einfluss von Kohärenz auf die Zuversichtlichkeit zu bestimmen, sollten die anderen Einflussfaktoren konstant gehalten werden. Durch den fest gewählten Reliabilitätsparameter r ist uns dies bereits für Punkt 2 gelungen; um den Einfluss von Punkt 1 ebenfalls herauszufiltern, setzen Bovens und Hartmann die obige bedingte Wahrscheinlichkeit ins Verhältnis zur Ausgangswahrscheinlichkeit und vergleichen den Einfluss der de facto erhaltenen Informationen mit demjenigen, den die Informationen im Falle maximaler Kohärenz gehabt hätten. Dieser Fall maximaler Kohärenz wiederum wird bei ihnen als logische Äquivalenz interpretiert und so erhalten sie die folgende Darstellung für χ_r, d. h. den aktuellen durch die Aussagen $E(X)$ erhaltenen Zuverlässigkeitszuschuss im Vergleich zum maximal möglichen Zuverlässigkeitszuschuss im Falle äquivalenter Aussagen:

$$\chi_r(X, P) = \frac{g_0 + (1 - g_0)(1 - r)^n}{\sum_{i=0}^{n} g_i(1 - r)^i} \qquad (2.7)$$

Mit Hilfe dieser Funktion vergleichen sie nun die Kohärenzgrade zweier Aussagenmengen X und Y wie folgt:

Definition 2.6 (Kohärenz-Quasi-Ordnung). X ist mindestens so kohärent wie Y genau dann, wenn gilt: $\chi_r(X, P) \geq \chi_r(Y, P)$ für alle Werte des Reliabilitätsparameters $r \in (0, 1)$.

Wenn also für alle Werte des Reliabilitätsparameters r es stets so ist, dass unter sonst gleichen Bedingungen der relative Zuverlässigkeitszuschuss im Kontext der einen Menge X stets größer ist als der entsprechende Zuschuss im Kontext der Menge Y, so ist dieser Unterschied zurückzuführen auf die unterschiedlichen Kohärenzgrade von X und Y. Zu beachten ist allerdings, dass im Unterschied zu Kohärenzmaßen durch Definition 2.6 keine Ordnung, sondern lediglich eine *Quasi-Ordnung* über der Menge aller Paare von Aussagenmengen $(X, Y) \in 2^L \times 2^L$ definiert wird: entweder die in der Definition genannte Ungleichung ist für alle r erfüllt, dann lässt sich die komparative Kohärenzaussage treffen; oder sie ist nicht erfüllt, und dann lässt sich mit Hilfe der Definition auch nichts über die unterschiedlichen Grade von Kohärenz der entsprechenden Mengen aussagen.

Mit dieser kurzen Darstellung des Verfahrens zur komparativen Kohärenzbemessung von Bovens und Hartmann beenden wir unser Kapitel zu probabilistischen Kohärenzmaßen und gehen zu einer eingehenden Analyse der einzelnen Maße über. Hierzu beginnen wir im nächsten Kapitel mit einer Liste von strukturellen Bedingungen und untersuchen, welche dieser Bedingungen von den jeweiligen Maßen erfüllt, und welche von ihnen verletzt werden. Hierdurch werden die unterschiedlichen Eigenschaften der Maße deutlicher zutage treten.

3 Kohärenz als Relation

In diesem Kapitel wollen wir einen ersten Überblick über die Eigenschaften der zuvor eingeführten Kohärenzmaßen geben. Hierzu empfiehlt es sich, vorerst die Komplexität weitestgehend zu reduzieren und sich zunächst mit Kohärenz als einer binären Relation zu beschäftigen. Dies entspricht im Kontext der obigen Maße dem Fall, in dem die jeweils zugrundeliegende Menge von Aussagen nur zwei Elemente enthält. Im Verlauf dieses Kapitels werden wir die Komplexität stückweise erhöhen: wir beginnen in Abschnitt 3.1, indem wir Kohärenz zunächst als eine rein qualitative Relation betrachten, in Abschnitt 3.2 als komparative Relation und in Abschnitt 3.3 als quantitative Relation. Im Fokus stehen dabei die strukturellen Eigenschaften wie beispielsweise Reflexivität, Symmetrie und Transitivität.

Als Ausgangspunkt der Überlegungen führen wir in Abschnitt 3.1.1 drei verschiedene qualitative Kohärenzrelationen ein, die sich aus den in den im vorherigen Abschnitt eingeführten $\mathcal{C}$-Modellen verwendeten Stützungsbegriffen entwickeln lassen. Wie wir zeigen werden, berücksichtigen wir auf dieser Grundlage nicht nur die auf welchselseitiger Bestätigung beruhenden $\mathcal{C}$-Modelle selbst, sondern ebenfalls die durch die Abweichungs- und Überlappungsintuitionen motivierten Modelle. Sodann werden wir in Abschnitt 3.1.2 eine Reihe von strukturellen Bedingungen einführen und untersuchen, welche dieser Bedingungen von welchen der qualitativen Kohärenzrelationen erfüllt werden. Zudem werden wir in den Abschnitten 3.1.3–3.1.5 das Verhalten der Kohärenzrelationen unter den logischen Operatoren Negation, Konjunktion und Disjunktion betrachten. Nach der Betrachtung der qualitativen Kohärenzrelationen beschäftigen wir uns in Abschnitt 3.2 mit verschiedenen komparativen Kohärenzrelationen. Allen gemein ist der Fokus auf einen kontrastiven Ansatz, d. h. wir betrachten nicht die Relation „x_1 passt besser mit y_1 zusammen als x_2 mit y_2"; stattdessen wird die kontrastive Relation „x passt besser mit y zusammen als mit z" im Fokus stehen. Abschließend betreten wir in Abschnitt 3.3 dann den eigentlichen Bereich der Kohärenzmaße und erweitern die Relation zu einer quantitativen: „x passt mit y zum Grade r zusammen". Auch diese Relation wird einer eingehenden Untersuchung mit dem Schwerpunkt auf verschiedenen Symmetrie-Bedingungen unterzogen.

3.1 Kohärenz als qualitative Relation

3.1.1 Drei qualitative Kohärenzrelationen

Wenn wir uns mit Kohärenz als qualitativer Relation beschäftigen wollen, so steht die Frage im Vordergrund, was es heißen soll, dass eine Aussage mit einer anderen zusammenpasst. Wir haben im vorigen Kapitel bereits einige probabilistische Kohärenzmaße kennengelernt, mit deren Hilfe wir diese Frage nun zufriedenstellend beantworten könnten. So könnten wir beispielsweise das Stützungsmaß α wählen und festlegen, dass x und y relativ zu einer Verteilung $P \in \mathbf{P}$ zusammenpassen, falls das auf α basierende $\mathcal{C}$-Maß einen positiven Kohärenzwert unter P zuweist. Da dies genau dann gilt, falls die bedingte Wahrscheinlichkeit von x gegeben y oberhalb der Ausgangswahrscheinlichkeit von x liegt, können wir aufgrund des von allen inkrementell-basierten $\mathcal{C}$-Maßen erfüllten Kriteriums 2.6 schließen, dass auch alle anderen $\mathcal{C}$-Maße basierend auf inkrementellen Stützungsmaßen x und y einen positiven Kohärenzwert zuweisen würden. Dementsprechend können wir in einer Abstraktion von den konkreten Maßen die folgende *inkrementelle Kohärenzrelation* $\sim_{i,P} \subseteq L \times L$ explizieren:

Definition 3.1 (Inkrementelle Kohärenzrelation). Seien $x, y \in L$. Dann gilt $x \sim_{i,P} y$ genau dann, wenn $P(x|y) > P(x|\overline{y})$ und $P(y|x) > P(y|\overline{x})$.

Darüber hinaus gilt ebenfalls, dass die in Definition 3.1 genannte Bedingung notwendig und hinreichend für einen positiven Kohärenzwert der obigen Abweichungsmaße ist. Das bedeutet, dass aus der Tatsache, dass zwei Aussagen x und y in der Relation $x \sim_{i,P} y$ stehen, folgt, dass sowohl alle inkrementellen Kohärenzmaße im $\mathcal{C}$-Schema, also $\mathcal{C}_\alpha$, $\mathcal{C}_\beta$, $\mathcal{C}_\gamma$, $\mathcal{C}_\delta$, $\mathcal{C}_\varepsilon$ und $\mathcal{C}_\zeta$, als auch alle vier Abweichungsmaße, also $\mathcal{D}^r$, $\mathcal{D}^r_T$, $\mathcal{D}^d$ und $\mathcal{D}^d_T$, einen positiven Kohärenzwert zuweisen würden, und umgekehrt.

Entsprechendes gilt aber *nicht* für das $\mathcal{C}$-Maß basierend auf dem absoluten Stützungsbegriff. Für diesen besteht beispielsweise die Möglichkeit, dass $\mathcal{C}_\eta$ einem Paar von Aussagen zwar einen positiven Kohärenzwert zuweist, dieses aber nicht kohärent im Sinne unserer qualitativen Kohärenzrelation basierend auf dem absoluten Stützungsbegriff ist. Um zu klären, woran das liegt, führen wir zunächst die *absolute Kohärenzrelation* $\sim_{a,P} \subseteq L \times L$ ein:

Definition 3.2 (Absolute Kohärenzrelation). Seien $x, y \in L$. Dann gilt $x \sim_{a,P} y$ genau dann, wenn $P(x|y) > P(\overline{x}|y)$ und $P(y|x) > P(\overline{y}|x)$.

Man sieht sehr schnell, dass es nun Paare von Aussagen geben kann, die *nicht* kohärent im Sinne von $\sim_{a,P}$ sind, da beispielsweise die erste Ungleichung zwar erfüllt ist, die zweite aber nicht; trotzdem kann es in diesen Fällen sein, dass das im Falle des Maßes $\mathcal{C}_\eta$ betrachtete arithmetische Mittel der Differenz der beiden Werte positiv ist und $\mathcal{C}_\eta$ somit einen positiven Kohärenzwert zuweist. Aufgrund der Symmetrie zum obigen Fall von $\sim_i$ werden wir trotzdem die Relation $\sim_{a,P}$ so verwenden, wie in Definition 3.2 eingeführt. Dies hat zudem einen weiteren Vorteil: Es lässt sich zeigen, dass $\sim_{a,P}$ nicht nur eine hinreichende Bedingung für Kohärenz im Sinne von $\mathcal{C}_\eta$ darstellt, sondern ebenfalls eine hinreichende Bedingung für Kohärenz im Sinne von $\mathcal{O}$. Letzteres lässt sich leicht mit Hilfe der folgenden äquivalenten Darstellung von $\mathcal{O}$ für den Fall von zwei Aussagen nachweisen (vgl. Glass 2005):

$$\mathcal{O}(\{x, y\}, P) = \left[P(x|y)^{-1} + P(y|x)^{-1} - 1\right]^{-1} - 1/3$$

Entsprechend erhalten wir die beiden folgenden Beobachtungen:

Beobachtung 3.1. Seien $x, y \in L_c$ mit $x \sim_{i,P} y$, dann gilt $\mathbf{coh}(\{x, y\}, P) > 0$ für alle Maße $\mathbf{coh} \in \{\mathcal{D}^r, \mathcal{D}^d, \mathcal{D}^r_T, \mathcal{D}^d_T, \mathcal{C}_\alpha, \mathcal{C}_\beta, \mathcal{C}_\gamma, \mathcal{C}_\delta, \mathcal{C}_\varepsilon, \mathcal{C}_\zeta\}$.

Beobachtung 3.2. Seien $x, y \in L_c$ mit $x \sim_{a,P} y$, dann gilt $\mathbf{coh}(\{x, y\}, P) > 0$ für alle Maße $\mathbf{coh} \in \{\mathcal{O}, \mathcal{O}_T, \mathcal{C}_\eta\}$.

Darüber hinaus können wir auch eine strengere Kohärenzrelation auf der Grundlage einer Kombination der beiden vorigen Relationen definieren. Gemäß dieser Relation sind zwei Aussagen genau dann kohärent, wenn sie sowohl im Sinne von $\sim_i$ als auch im Sinne von $\sim_a$ kohärent sind. Entsprechend erhalten wir:

Definition 3.3 (Strenge Kohärenzrelation). Seien $x, y \in L$. Dann gilt $x \sim_{s,P} y$ genau dann, wenn $x \sim_{i,P} y$ und $x \sim_{a,P} y$.

Für diese Relation erhalten wir entsprechend die folgende Beobachtung:

Beobachtung 3.3. Seien $x, y \in L$ mit $x \sim_{s,P} y$, dann gilt $\mathbf{coh}(\{x, y\}, P) > 0$ für alle in Kapitel 2 betrachteten Kohärenzmaße.

Im Folgenden werden wir auf die Angabe der jeweils zugrunde liegenden Wahrscheinlichkeitsverteilung im Index von $\sim$ aus Gründen der leichteren Lesbarkeit verzichten, sofern sich der Bezug eindeutig aus dem Kontext ergibt.

Zur Illustration der unterschiedlichen Relationen betrachten wir einen fairen Würfel, der so gewürfelt wird, dass die gewürfelte Augenzahl verdeckt ist. Hierzu werden die folgenden Hypothesen aufgestellt:

(x_1) Die gewürfelte Augenzahl ist strikt kleiner als 5.
(x_2) Die gewürfelte Augenzahl ist strikt kleiner als 2.

Offenbar liegt die bedingte Wahrscheinlichkeit von x_1 gegeben x_2 (=1) oberhalb der bedingten Wahrscheinlichkeit von x_1 gegeben $\bar{x}_2$ (=3/5). Zudem ist x_2 wahrscheinlicher im Lichte von x_1 (=1/4) als im Lichte von $\bar{x}_1$ (=0). Entsprechend gilt zwar $x_1 \sim_i x_2$ aufgrund der Ungleichungen, aber weder $x_1 \sim_a x_2$ noch $x_1 \sim_s x_2$, da die Hypothese x_2 weniger wahrscheinlich im Lichte von x_1 ist als ihre Negation $\bar{x}_2$ (=3/4). Betrachten wir nun eine zweite Situation mit den folgenden Hypothesen:

(x_3) Die gewürfelte Augenzahl ist ungleich 1.
(x_4) Die gewürfelte Augenzahl ist strikt kleiner als 6.

In diesem Fall liegt die bedingte Wahrscheinlichkeit von x_3 gegeben x_4 (=4/5) unterhalb der bedingten Wahrscheinlichkeit von x_3 gegeben $\overline{x}_4$ (=1); daher gilt weder $x_3 \sim_i x_4$ noch $x_3 \sim_s x_4$. Da aber sowohl x_3 im Lichte von x_4 wahrscheinlicher ist als $\overline{x}_3$ (1/5) als auch x_4 unter der Bedingung x_3 eine größere Wahrscheinlichkeit besitzt als $\overline{x}_4$, gilt $x_3 \sim_a x_4$.

Schließlich betrachten wir das folgende Paar von Beispielhypothesen:
(x_5) Die gewürfelte Augenzahl ist strikt größer als 2.
(x_6) Die gewürfelte Augenzahl ist 2,3,4 oder 5.

Da nun sowohl die bedingte Wahrscheinlichkeit von x_5 gegeben x_6 (=3/4) höher ist als diejenige von x_5 gegeben $\overline{x}_6$ (=1/2) als auch diejenige von x_6 unter der Bedingung x_5 (=3/4) höher ist als unter $\overline{x}_5$ (1/2), folgt $x_5 \sim_i x_6$. Da ebenfalls beide bedingten Wahrscheinlichkeiten für x_5 und x_6 höher sind als ihre entsprechend negierten Gegenstücke, gilt zudem $x_5 \sim_a x_6$ und somit auch $x_5 \sim_s x_6$.

Nach diesen erläuternden Beispielen kommen wir nun zu einem Vergleich der strukturellen Eigenschaften der einzelnen Relationen. Hierbei unterteilen wir die Untersuchung in mehrere Abschnitte: Abschnitt 3.1.2 beschäftigt sich mit den basalen Eigenschaften *Reflexivität*, *Symmetrie* und *Transitivität*; Abschnitt 3.1.3 mit dem Verhalten der Kohärenzrelationen unter Negationen, Abschnitt 3.1.4 mit Konjunktionen und Disjunktionen und Abschnitt 3.1.5 mit Implikationen und Äquivalenzen.

3.1.2 Reflexivität, Symmetrie und Transitivität

Eine Relation ist *reflexiv* genau dann, wenn jedes Element in dieser Relation zu sich selbst steht. Übertragen auf die Kohärenzrelation bedeutet dies entsprechend, dass diese reflexiv ist, wenn jede Aussage mit sich selbst zusammenpasst. Dies scheint intuitiv zunächst der Fall zu sein. Darüber hinaus scheint es sogar so zu sein, dass dies ein Fall maximaler Kohärenz ist, denn wenn man sich fragt, welche Information am besten zu einer bestimmten Aussage x passt, dann kommt vermutlich als erstes x selbst in den Sinn.

Ein Problem entsteht dann, wenn man versucht die Kohärenzrelation über den Umweg der Kohärenzmaße zu charakterisieren. Denn wenn man davon ausgeht, dass $x \sim y$ nichts anderes bedeutet, als dass **coh**($\{x, y\}$) > 0 für ein bestimmtes Maß **coh**, dann hat man es bei $x \sim x$ mit einem Fall von „Selbst-Kohärenz" zu tun, bei dem die zu betrachtende Menge nur ein Element enthält, nämlich x. Dies steht aber im Widerspruch zu der häufig geteilten Ansicht, dass Kohärenz eine Eigenschaft ist, die man sinnvollerweise nur Mengen mit mindestens zwei Elementen zuschreiben kann. So schreibt beispielsweise Rescher: „Coherence is

[...] a feature that propositions cannot have in isolation but only in groups containing several – i.e. at least two – propositions" (Rescher 1973, 32). Akiba (2000) und Fitelson (2003) diskutieren den Fall der Selbst-Kohärenz vor dem Hintergrund der Debatte über Kohärenzmaße und zumindest Fitelson nimmt an, dass es sich hierbei zumindest bei kontingenten Aussagen sogar um einen Fall maximaler Kohärenz handelt. Wir wollen an dieser Stelle die Frage nach dem Grad der Selbst-Kohärenz von einzelnen Aussagen unbeantwortet lassen und Selbst-Kohärenz in einem qualitativen Sinne als „degenerierte" Art von Kohärenz zulassen.[22] Entsprechend erhalten wir die folgende Charakterisierung:
(REF) *Reflexivität.*
Für alle $x \in L_C$: $x \sim x$

Demgegenüber unzweifelhaft ist es, dass Kohärenz eine *symmetrische* Relation ist, d. h., dass aus der Tatsache, dass x mit y zusammenpasst, auch gefolgert werden kann, dass dies in umgekehrter Richtung gilt. Entsprechend erhalten wir:
(SYM) *Symmetrie.*
Für alle $x, y \in L_C$: Wenn $x \sim y$, dann $y \sim x$

Etwas schwieriger ist da schon die Frage, ob Kohärenz auch *transitiv* ist. Allgemein gilt zunächst, dass eine Relation transitiv ist, falls aus der Tatsache, dass x und y in dieser Relation stehen und ebenfalls y und z auch gefolgert werden kann, dass x und z in dieser Relation stehen. Auf den ersten Blick scheint dies auch für die Kohärenzrelation zu gelten: Beispielsweise passt die Information, dass Tweety ein Vogel ist mit der Information zusammen, dass Tweety Flügel hat; diese Information wiederum passt damit zusammen, dass Tweety fliegen kann. Da aber ebenso gilt, dass die erste Information darüber, dass Tweety ein Vogel ist mit der letzten Information darüber, dass Tweety fliegen kann, zusammenpasst, scheint Kohärenz zumindest in diesem Fall transitiv zu sein.

Wenn man nun aber das gewählte Tweety-Beispiel nur geringfügig verändert, stellt man schnell fest, dass dies nicht im Allgemeinen erfüllt ist: Obwohl die Information, dass Tweety ein Pinguin ist mit der Information zusammenpasst, dass Tweety ein Vogel ist, und diese wiederum mit der Information, dass Tweety fliegen kann, können Pinguine nun einmal nicht fliegen; entsprechend ist Kohärenz in diesem Fall *nicht* transitiv. Daher sollten auch die oben wahrscheinlichkeitstheoretisch motivierten Kohärenzrelationen im Allgemeinen *nicht* transitiv sein. Dies schließt aber nicht aus, dass es Sonderfälle gibt, in denen Kohärenz zumindest für einige der Explikationen zu einer transitiven Relation wird. Bevor wir einige die-

---
22 Für weitere Informationen zu Selbst-Kohärenz vgl. auch Kapitel 7.3.

ser Sonderfälle thematisieren, halten wir zunächst die formale Charakterisierung der allgemeinen Transitivitätsbedingung fest:

(TRA) *Transitivität.*
Für alle $x, y, z \in L_c$: Wenn $x \sim y$ und $y \sim z$, dann $x \sim z$.

Tabelle 3.1 enthält die Auswertung der drei bisher betrachteten Bedingungen für die drei qualitativen Kohärenzrelationen „$\sim_i$", „$\sim_a$" und „$\sim_s$". Es zeigt sich eine vollständige Übereinstimmung mit den in der obigen Diskussion herausgestellten „gewünschten" Eigenschaften einer Kohärenzrelation: zwar sind alle Relationen reflexiv und symmetrisch, allerdings ist keine von ihnen im Allgemeinen transitiv.

Tab. 3.1: Resultate für Reflexivität, Symmetrie und Transitivität

	$\sim_i$	$\sim_a$	$\sim_s$
REF	+	+	+
SYM	+	+	+
TRA	–	–	–

Wie bereits angemerkt, soll dieses letzte Resultat aber keinesfalls nahelegen, dass Kohärenz unter keinen Bedingungen transitiv sein sollte. Im Rest dieses Abschnitts werden wir uns nun einer Reihe von solchen Bedingungen zuwenden, um zu überprüfen, ob Kohärenz in eingeschränkten Kontexten zu einer transitiven Relation wird.

Ein erster Kandidat für eine solche Bedingung wird in der Literatur häufig unter dem Begriff der „Abschirmung" diskutiert. Diskussionen hierzu finden sich sowohl in der Literatur zum Bestätigungsbegriff (vgl. Douven 2011, Roche und Shogenji 2014, Shogenji 2003) als auch in der sehr viel älteren Literatur zu probabilistischen Explikationen von Kausalität (vgl. Reichenbach 1956). Im Bereich der sogenannten probabilistischen Kausaltheorien, die versuchen, den Begriff der Verursachung mit Hilfe der Wahrscheinlichkeitstheorie zu rekonstruieren, dient der Begriff der Abschirmung dazu, nicht-kausale Korrelationen von echten Kausalbeziehungen zu unterscheiden; während letztere im Allgemeinen als transitiv angesehen werden, sind erstere häufig nicht-transitiv.

Auch die Bestätigungsrelation ist im Allgemeinen nicht transitiv, wie sich anhand des obigen Tweety-Beispiels zeigen lässt: Die Aussage, dass Tweety ein Pinguin ist, bestätigt die Aussage, dass er ein Vogel ist; diese wiederum bestätigt

die weitere Aussage, dass Tweety fliegen kann; nichtsdestotrotz bestätigt die erste Aussage, dass Tweety ein Pinguin ist, die letzte Aussage, dass Tweety fliegen kann, eben gerade *nicht*, sondern unterminiert sie. Shogenji (2003) hat daraufhin die folgende klassische Abschirmungs-Bedingung in Hinblick auf die Transitivität probabilistischer Bestätigungsmaße analysiert:
(**ABS**$_=$) *Abschirmung.*
 $P(z|x \wedge y) = P(z|y)$ und $P(z|x \wedge \overline{y}) = P(z|\overline{y})$

Gemäß dieser Bedingung ist der probabilistische Einfluss, den die Konjunktion von x und y bzw. x und $\overline{y}$ auf die Aussage z hat, beschränkt auf den jeweiligen Einfluss von y bzw. $\overline{y}$; mit anderen Worten, y und $\overline{y}$ schirmen den Einfluss von x auf z ab. Wie Shogenji zeigen konnte, genügt (**ABS**$_=$) um inkrementelle Bestätigung transitiv zu machen, d. h., wenn erstens y durch x bestätigt wird, zweitens z ebenfalls durch y und drittens die Bedingung (**ABS**$_=$) erfüllt ist, so gilt auch, dass z durch x bestätigt wird.

Roche (2012) hat später darauf hingewiesen, dass hierzu bereits die folgende schwächere Bedingung ausreicht, auf die wir uns im Folgenden beziehen werden:
(**ABS**$_\geq$) *Schwache Abschirmung.*
 $P(z|x \wedge y) \geq P(z|y)$ und $P(z|x \wedge \overline{y}) \geq P(z|\overline{y})$

Gemäß (**ABS**$_\geq$) ist es also nicht erforderlich, dass die genannten Wahrscheinlichkeiten strikt identisch sind, sondern die jeweils x als zusätzliche Bedingung enthaltenden Wahrscheinlichkeiten dürfen nur nicht kleiner als ihre entsprechenden Gegenstücke sein. Mit Hilfe der obigen Notationskonventionen lässt sich diese Bedingung auch einfach als $P(z|x \wedge \pm y) \geq P(z|\pm y)$ ausdrücken. Auf der Grundlage von (**ABS**$_\geq$) lässt sich die folgende eingeschränkte Variante der obigen Transitivitätsbedingung für qualitative Kohärenzrelationen formulieren:
(**TRA**$_\geq$) *Schwache Transitivität.*
 Für alle $x, y, z \in L_C$: Wenn $x \sim y$, $y \sim z$ und (**ABS**$_\geq$), dann $x \sim z$.

Wie sich zeigen lässt, genügt die Bedingung (**ABS**$_\geq$), um die Relation der inkrementellen Kohärenz transitiv zu machen; d. h. $\sim_i$ erfüllt (**TRA**$_\geq$). Dies gilt allerdings nicht für die Relation der absoluten Kohärenz $\sim_a$ und folglich auch nicht für deren Kombination $\sim_s$ (vgl. Schippers 2014d).

Im Anschluss an Roches (2012) Ergebnisse haben Roche und Shogenji (2014) die Möglichkeit der weiteren Einschränkung der Transitivitätsbedingung diskutiert; insbesondere betrachten sie den Fall, in dem nicht nur (**ABS**$_\geq$) gilt, sondern zudem z auch durch y logisch impliziert wird. Wie sie zeigen können, führt diese

Hinzunahme der Implikations-Bedingung dazu, dass auch die Relation der absoluten Bestätigung transitiv wird. Übertragen auf den Begriff der Kohärenz erhalten wir entsprechend die folgende eingeschränkte Variante der obigen Abschirmungs-Bedingung (**ABS$_\geq$**):

(**ABS$_\vDash$**) *Eingeschränkte Abschirmung.*
$P(z|x \wedge \pm y) \geq P(z| \pm y)$ und $y \vDash z$.

Die dazugehörige Transitivitäts-Bedingung, bei der zusätzlich zu der vorherigen Abschirmungs-Bedingung nun auch die logische Implikation angenommen wird, lautet wie folgt:

(**TRA$_\vDash$**) *Eingeschränkte Transitivität.*
Für alle $x, y, z \in L_C$: Wenn $x \sim y$, $y \sim z$ und (**ABS$_\vDash$**), dann $x \sim z$.

Offenbar muss $\sim_i$ auch diese Transitivitäts-Bedingung erfüllen, da sie im Vergleich zur vorherigen logisch stärker ist, d. h. alle Maße, die (**TRA$_\geq$**) erfüllen, erfüllen zwangsläufig auch (**TRA$_\vDash$**). Spannender ist dementsprechend die Frage, wie nun die anderen Kohärenzrelationen $\sim_a$ und $\sim_s$ abschneiden. Leider ist das Ergebnis nach wie vor negativ: Es lässt sich zeigen, dass auch diese Einschränkung nicht genügt, um Kohärenz im Sinne dieser beiden Relationen transitiv zu machen (vgl. Schippers 2014d).

Nichtsdestotrotz gibt es eine Möglichkeit diese letzte Bedingung (**ABS$_\vDash$**) weiter zu verschärfen, um Kohärenz im Sinne *aller* obigen Relationen transitiv werden zu lassen; hierzu muss allerdings zusätzlich zur eigentlichen probabilistischen Abschirmung und der logischen Implikations-Beziehung zwischen y und z ferner noch angenommen werden, dass z auch x von y zumindest *partiell* abschirmt, d. h.:[23]

(**ABS$_\vDash^*$**) *Partielle Abschirmung.*
$P(z|x \wedge \pm y) \geq P(z| \pm y)$, $y \vDash z$ und $P(y|x \wedge z) = P(y|z)$.

Auch für diese Bedingung geben wir der Vollständigkeit halber wieder die dazugehörige Transitivitäts-Bedingung an:

(**TRA$_\vDash^*$**) *Partielle Transitivität.*
Für alle $x, y, z \in L_C$: Wenn $x \sim y$, $y \sim z$ und (**ABS$_\vDash^*$**), dann $x \sim z$.

Unter dieser Bedingung sind nun alle von uns diskutierten Kohärenzrelationen transitiv, d. h. sowohl $\sim_i$ als auch $\sim_a$ und $\sim_s$ erfüllen (**TRA$_\vDash^*$**) (vgl Schippers 2014d).

---

[23] Das Konzept der partiellen Abschirmung wird von Atkinson und Peijnenburg (2013) in Bezug auf die Transitivität von Bestätigung und Unterminierung diskutiert.

Diese Abschirmungs-Bedingung fordert nun allerdings auch eine ganze Reihe von Einschränkungen hinsichtlich der Kontexte, in denen Kohärenz transitiv ist. Es lässt sich aber zeigen, dass es eine sehr viel einfachere, wenn auch nicht weniger stark einschränkende Bedingung gibt, die Kohärenz ebenfalls transitiv werden lässt. Diese fordert schlicht, dass y und z logisch äquivalent sind und lässt sich damit als eine auf den Kontext der Kohärenz angepasste Variante der obigen Implikations-Forderung von Roche und Shogenji ansehen:

(**ABS$_\equiv$**) *Abschirmung durch Äquivalenz.*
y und z sind logisch äquivalent.

Dass die folgende Transitivitäts-Bedingung nun ebenfalls von allen Kohärenzrelationen erfüllt wird, ist nicht weiter verwunderlich, wenn man beachtet, dass Wahrscheinlichkeiten extensionale Funktionen sind, die logisch äquivalenten Argumenten dieselben Wahrscheinlichkeiten zuordnen.

(**TRA$_\equiv$**) *Transitivität durch Äquivalenz.*
Für alle $x, y, z \in L_C$: Wenn $x \sim y$, $y \sim z$ und (**ABS$_\equiv$**), dann $x \sim z$.

Zusammenfassend erhalten wir die folgende tabellarische Auswertung der einzelnen Kohärenzrelationen hinsichtlich der verschiedenen Transitivitäts-Bedingungen:

Tab. 3.2: Resultate für Abschirmungs-Varianten von (**TRA**)

	$\sim_i$	$\sim_a$	$\sim_s$
TRA$_\geq$	+	−	−
TRA$_\models$	+	−	−
TRA$_\models^*$	+	+	+
TRA$_\equiv^*$	+	+	+

Auf den ersten Blick ist die inkrementelle Kohärenzrelation $\sim_i$ damit in höherem Maße transitiv als die beiden anderen Relationen, insofern alle von uns diskutierten einschränkenden Bedingungen $\sim_i$ transitiv werden lassen. Dabei ist allerdings zu beachten, dass diese Einschätzung mit Vorsicht zu genießen ist, da insbesondere die Ausgangsbedingung (**TRA$_\geq$**) von ihrem Ursprung her bereits für inkrementelle Maße ausgelegt ist. Daher mag es weitere Bedingungen geben, die allein $\sim_a$ und nicht $\sim_i$ transitiv werden lassen. Wir halten daher zunächst fest, dass die qualitativen Kohärenzrelationen als solche im Allgemeinem nicht transitiv sind, dass es für jede der von uns bstrachteten Relationen aber Bedingungen gibt, unter denen Kohärenz transitiv ist.

3.1.3 Kohärenz und Negationen

In diesem Abschnitt beschäftigen wir uns mit dem Verhalten der Kohärenzrelationen unter Negationen. Beginnen wollen wir dabei mit einem einfachen Zusammenhang zwischen einer Aussage x und ihrer Negation $\overline{x}$. Während wir oben die Selbstkohärenz einer Aussage thematisiert haben, geht es nun darum, dass keine Aussage mit ihrer eigenen Negation zusammenpasst:
(INK) *Inkonsistenz.*
  Für alle $x \in L_c$: $x \not\sim \overline{x}$

Diese naheliegende Inkonsistenz-Eigenschaft sollte von jeder plausiblen Kohärenzrelation erfüllt sein; sollte eine dieser Relationen die Möglichkeit einräumen, dass eine Aussage mit ihrer eigenen Negation zusammenpasst, können wir sie getrost ignorieren. Dies ist zum Glück nicht der Fall, und Gleiches gilt auch für die folgende allgemeinere Inkonsistenz-Bedingung:
(INK$_\perp$) *Allgemeine Inkonsistenz.*
  Für alle $x, y \in L_c$: Wenn $x \perp y$, dann $x \not\sim y$.

Nach dieser Bedingung sollten also nicht nur alle Aussagen nicht mit ihrer eigenen Negation zusammenpassen, sondern es sollte grundsätzlich gelten, dass zwei inkonsistente Aussage nicht zusammenpassen können. Was ist aber, wenn man ein kohärentes Paar (x, y) von Aussagen und das Paar ihrer jeweiligen Negationen $(\overline{x}, \overline{y})$ betrachtet? Passen die Negationen aller Paare von Aussagen zusammen, die ihrerseits kohärent sind? Hier folgt zunächst die Bedingung der Negations-Symmetrie:
(NES) *Negations-Symmetrie.*
  Für alle $x, y \in L_c$: Wenn $x \sim y$, dann $\overline{x} \sim \overline{y}$.

Hier urteilen die obigen Kohärenzrelationen unterschiedlich. Wenn man Kohärenz im Sinne der inkrementellen Variante $\sim_i$ versteht, so ist dies stets der Fall. Dies ist auch insofern nachvollziehbar, als die zugrundeliegende Explikation des Begriffs der inkrementellen Bestätigung selbst in diesem Sinne symmetrisch ist: Wenn x für y probabilistisch relevant ist, dann auch $\overline{x}$ für $\overline{y}$ (und umgekehrt). Auf der anderen Seite gilt dies nicht für der Relation $\sim_a$ zugrunde liegenden Begriff der absoluten Bestätigung, d. h. selbst wenn $P(x|y) > P(\overline{x}|y)$ und $P(y|x) > P(\overline{y}|x)$ gilt, sind die Werte von $P(\overline{x}|\overline{y})$ und $P(\overline{y}|\overline{x})$ in keiner Weise determiniert. Zur Illustration betrachten wir ein Poker-Kartendeck mit 52 Karten, aus dem zufällig eine Karte gezogen wird. x sei die Hypothese, dass die gezogene Karte kein Ass sei, y die Hypothese, dass die gezogene Karte entweder eine der Zahlkarten 2,3,...,10, oder ein Ass sei. Nun gilt $P(x|y) = 9/10$, $P(y|x) = 3/4$ und $P(y|\overline{x}) = 1$, sodass zwar $x \sim_a y$, aber weder $x \sim_i y$ noch $x \sim_s y$. Auf der anderen Seite ist aber $\overline{x}$ die Aussage, dass die gezogene Karte ein Ass ist, während $\overline{y}$ die Aussage ist, dass die gezogene Karte eine Bildkarte ist. Dieses Aussagenpaar ist offenbar inkonsistent und folglich gilt $x \not\sim_a y$. Anhand dieses Beispiels lässt sich zeigen, warum $\sim_a$ (**NES**) verletzen sollte. Gleiches lässt sich nicht in Bezug auf $\sim_i$ folgern, da im Beispiel $x \not\sim_i y$ gilt.

Übereinstimmung erhält man hingegen im Hinblick auf die folgende Konsistenz-Bedingung, die ihrerseits als Erweiterung der obigen Inkonsistenz-Bedingungen angesehen werden kann. Nach dieser Bedingung sollte keine Aussage gleichzeitig mit einer anderen Aussage und mit deren Negation zusammenpassen, genauer:

(**KON**) *Konsistenz.*
   Für alle $x, y \in L_C$: Wenn $x \sim y$, dann $x \not\sim \overline{y}$.

Auch diese Bedingung lässt sich wiederum verallgemeinern, indem nicht das Verhalten von x gegenüber einer Aussage y und ihrer eigenen Negation betrachtet wird, sondern x im Hinblick ein beliebiges Paar inkonsistenter Aussagen hin überprüft wird. Diese verallgemeinerte Konsistenzforderung lautet entsprechend:

(**KON$_\perp$**) *Allgemeine Konsistenz.*
   Für alle $x, y, z \in L_C$: Wenn $x \sim y$ und $y \perp z$, dann $x \not\sim z$.

Gemäß (**KON$_\perp$**) sollte es also so sein, dass keine Aussage x gleichzeitig mit zwei anderen Aussagen y und z zusammenpassen kann, wenn letztere untereinander inkonsistent sind. Diese Bedingung wird von $\sim_a$ und $\sim_s$ erfüllt, die inkrementellbasierte Kohärenzrelation $\sim_i$ aber verletzt (**KON$_\perp$**). Dies ist aber insofern nicht weiter verwunderlich, da die Verletzung des bestätigungstheoretischen Gegenstücks dieser Bedingung in der Literatur zu probabilistischen Bestätigungsmaßen inzwischen zum Allgemeinplatz geworden ist (vgl. Crupi und Tentori 2015).

Eine Zusammenfassung aller Resultate zum Verhältnis von Kohärenz und Negationen ist in Tabelle 3.3 enthalten. Bei weitgehender Übereinstimmung zwischen den Relationen bestehen klare Unterschiede bei den Kriterien (**NES**) und

Tab. 3.3: Resultate für Negations-Bedingungen

	$\sim_i$	$\sim_a$	$\sim_s$
INK	+	+	+
INK$_\perp$	+	+	+
NES	+	−	−
KON	+	+	+
KON$_\perp$	−	+	+

(KON$_\perp$). Diese Unterschiede wollen wir hier so verstehen, dass sie nicht eine defizitäre Explikation von Kohärenz in der einen oder anderen Weise aufzeigen; stattdessen nehmen wir dies als Indiz für die unterschiedliche „Grammatik" der wahrscheinlichkeitstheoretischen Modelle von Kohärenz (siehe hierzu auch Kapitel 4).

3.1.4 Kohärenz, Konjunktionen und Disjunktionen

In diesem Abschnitt geht es um das Zusammenspiel von Kohärenz mit Konjunktionen und Disjunktionen. Da es im Folgenden für jede betrachtete Konjunktions-Bedingung ein Gegenstück für die Disjunktion gibt, werden wir beide Operatoren gemeinsam behandeln. Die ersten zu betrachtenden Bedingungen werden manchmal als „schwache $\wedge$-Komposition" bzw. „schwache $\vee$-Komposition" bezeichnet; die grundlegende Idee ist jeweils, dass in allen Fällen, in denen eine Aussage x mit einer anderen Aussage y zusammenpasst, x auch mit der Konjunktion $x \wedge y$ bzw. der Disjunktion $x \vee y$ zusammenpasst. Entsprechend erhalten wir das folgende Paar von Bedingungen:

(SK$_\wedge$) *Schwache Komposition für Konjunktion.*
   Für alle $x, y \in L_c$: Wenn $x \sim y$, dann $x \sim x \wedge y$.
(SK$_\vee$) *Schwache Komposition für Disjunktion.*
   Für alle $x, y \in L_c$: Wenn $x \sim y$, dann $x \sim x \vee y$.

Dies ist ein für den Begriff der Kohärenz hochgradig plausibles Paar von Bedingungen: Wenn x und y zusammenpassen, sollte dies natürlich auch erhalten bleiben, wenn man zu y jeweils x als Konjunkt bzw. Disjunkt ergänzt. Glücklicherweise sind diese beiden Bedingungen von allen von uns betrachteten Kohärenzrelationen erfüllt.

Wie aber steht es um die konversen Gegenstücke zu diesen Bedingungen? Sollte ebenfalls gelten, dass auch die einzelnen Konjunkte bzw. Disjunkte zusammenpassen, wenn x mit der Konjunktion $x \wedge y$ bzw. der Disjunktion $x \vee y$ zusammenpasst? Dies scheint zunächst nicht der Fall zu sein, denn dass x beispielsweise mit der Konjunktion $x \wedge y$ zusammenpasst, kann intuitiv auch einzig und allein daran liegen, dass x einen hohen Grad der Selbstkohärenz aufweist und einen geringen Grad der Inkohärenz mit y. Würde man diese beiden miteinander verrechnen, käme man auf einen positiven Grad von Kohärenz für die Konjunktion, trotzdem würden x und y nicht zusammenpassen.[24] Die beiden sich ergebenden

---

[24] Ein gänzlich anderes Bild würde sich aber ergeben, wenn man stattdessen den in Abschnitt 7.1 eingeführten Begriff der „genuinen" Kohärenz zugrundelegt. Für diesen würde $x \sim x \wedge y$ genau dann gelten, wenn $x \sim y$.

Bedingungen werden dementsprechend auch von allen von uns betrachteten Kohärenzrelationen verletzt:

(SF$_\wedge$) *Konverse schwache Komposition für Konjunktion.*
Für alle $x, y \in L_c$: Wenn $x \sim x \wedge y$, dann $x \sim y$.

(SF$_\vee$) *Konverse schwache Komposition für Disjunktion.*
Für alle $x, y \in L_c$: Wenn $x \sim x \vee y$, dann $x \sim y$.

Ein wenig direkter stellen die beiden folgenden Bedingungen ganz allgemein die Behauptung auf, dass für jedes Paar von kontingenten Aussagen x, y mindestens eine der beiden Aussagen mit deren Konjunktion bzw. Disjunktion zusammenpassen. Die entsprechenden „entweder-oder"-Bedingungen lauten wie folgt:

(EO$_\wedge$) *Entweder-oder schwache Komposition für Konjunktion.*
Für alle $x, y \in L_c$: Entweder $x \sim x \wedge y$, oder $y \sim x \wedge y$ (oder beides).

(EO$_\vee$) *Entweder-oder schwache Komposition für Disjunktion.*
Für alle $x, y \in L_c$: Entweder $x \sim x \vee y$, oder $y \sim x \vee y$ (oder beides).

Mit Bezug auf das Erfüllt-sein dieser Kriterien besteht Uneinigkeit zwischen den einzelnen von uns betrachteten Kohärenzrelationen; während beide von $\sim_i$ erfüllt werden, werden sie sowohl von $\sim_a$ als auch von $\sim_s$ verletzt. Im inkrementellen Sinne ist es einfach so, dass die Anwesenheit einer deduktiven inferentiellen Beziehung dazu führt, dass im probabilistischen Sinne ebenfalls eine inferentielle Beziehung vorhanden ist, welche ihrerseits symmetrisch ist. Entsprechend können wir beispielsweise aus der Tatsache, dass x die Disjunktion $x \vee y$ logisch impliziert, schließen, dass $P(x \vee y|x) > P(x \vee y|\overline{x})$ und damit ebenfalls $P(x|x \vee y) > P(x|\overline{(x \vee y)})$. Gleiches gilt allerdings nicht für den Begriff der absoluten Bestätigung: Obwohl $P(x \vee y|x) = 1 > P(\overline{x \vee y}|x)$ muss keinesfalls auch gelten, dass $P(x|x \vee y) > P(\overline{x}|x \vee y)$. Daher verletzen $\sim_a$ und $\sim_s$ die obigen Bedingungen.

Als Zwischenfazit dieses Abschnitts hält die folgende Tabelle 3.4 alle bisherigen Ergebnisse zum Verhältnis von Kohärenz, Konjunktionen und Disjunktionen fest.

Tab. 3.4: Resultate für Konjunktions- und Disjunktions-Bedingungen

	$\sim_i$	$\sim_a$	$\sim_s$
SK$_\wedge$	+	+	+
SK$_\vee$	+	+	+
SF$_\wedge$	−	−	−
SF$_\vee$	−	−	−
EO$_\wedge$	+	−	−
EO$_\vee$	+	−	−

Wir kommen nun zu einer Reihe von Bedingungen, die das Verhalten gegenüber einer zusätzlichen Aussage z betrachten, wenn bekannt ist, dass x und y kohärent sind. Allgemein kann man zunächst untersuchen, was passiert, wenn man zu beiden Aussagen eine weitere beliebige Aussage z per Konjunktion bzw. Disjunktion ergänzt. Dadurch erhält man die folgenden Bedingungen:

(BE$_\wedge$) *Beidseitige Ergänzung für Konjunktion.*
Für alle $x, y, z \in L_C$: Wenn $x \sim y$, dann $x \wedge z \sim y \wedge z$.

(BE$_\vee$) *Beidseitige Ergänzung für Disjunktion.*
Für alle $x, y, z \in L_C$: Wenn $x \sim y$, dann $x \vee z \sim y \vee z$.

Auch im Hinblick auf diese Bedingung lassen sich Unterschiede bei den einzelnen Kohärenzrelationen feststellen; zunächst fällt das Urteil zur konjunktiven Ergänzung eindeutig aus, da keine der Relationen (**BE$_\wedge$**) erfüllt. Dass diese Einordnung sinnvoll ist, verdeutlicht das folgende Beispiel: Stellen Sie sich eine Situation vor, in der ein fairer Würfel geworfen wird und in der Hypothesen über den Ausgang dieses Wurfs aufgestellt werden sollen. Die erste Hypothese x lautet, dass der Würfel entweder auf den Zahlen 2,3 oder 5 landet; die zweite Hypothese y behauptet demgegenüber, dass es entweder eine 3, eine 5, oder eine 6 werden wird. Diese beiden Hypothesen passen erst einmal gut zusammen, da von jeweils drei insgesamt genannten Zahlen zwei übereinstimmen. Dies deckt sich auch mit den Urteilen der drei betrachteten Kohärenzrelationen, da hier $x \sim_s y$ und damit auch $x \sim_i y$ und $x \sim_a y$ gelten. Fügt man nun allerdings die Information z hinzu, dass der Würfel auf einer geraden Zahl gelandet ist, verschwindet die Kohärenz zwischen x und y augenscheinlich, da $x \wedge z$ die Hypothese ist, dass der Würfel auf der 2 landet, während er nach $y \wedge z$ auf der 6 landet. Damit sind die konjunktiven Hypothesen inkonsistent und somit inkohärent. Demgegenüber sieht die absolute Kohärenzrelation $\sim_a$ als einzige die disjunktive Ergänzung als Kohärenz-erhaltend an, d. h. $\sim_a$ erfüllt (**BE$_\vee$**), während weder $\sim_i$ noch $\sim_s$ diese Bedingung erfüllen.

Eine Frage, die sich nun stellt, ist natürlich, ob auch diese Art von Kohärenz-Erhaltung bei disjunktiver Ergänzung für $\sim_a$ generalisiert werden kann. Die Grundidee ist dabei folgende: Wir wissen bereits, dass alle von uns betrachteten qualitativen Kohärenzrelationen reflexiv sind, sodass $z \sim z$ für alle $z \in L_C$ gilt. Die Bedingungen (**BE$_\wedge$**) und (**BE$_\vee$**) thematisieren entsprechend, ob es erlaubt sein soll, zwei kohärente Paare von Aussagen $x \sim y$ und $z \sim z$ durch Konjunktion oder Disjunktion zu vereinigen. Während die Antwort im inkrementellen Fall von Kohärenz immer „Nein" lautet, ist disjunktive Vereinigung im Fall absoluter Kohärenz erlaubt. Aber hängt diese Erlaubnis davon ab, dass das zweite Paar von Aussagen aufgrund der Reflexivität von $\sim_a$ als kohärent bewertet wird? Anders gefragt: Muss

$z \sim z$ als zweites Antezendens angenommen werden, oder kann man auch ein beliebiges Paar von Aussagen $z, z' \in L_C$ mit $z \sim z'$ verwenden? Die dazugehörigen Bedingungen lauten wie folgt:

(**BE**$_\wedge^*$) *Allgemeine beidseitige Ergänzung für Konjunktion.*
   Für alle $x, y, z, z' \in L_C$: Wenn $x \sim y$ und $z \sim z'$, dann $x \wedge z \sim y \wedge z'$.

(**BE**$_\vee^*$) *Allgemeine beidseitige Ergänzung für Disjunktion.*
   Für alle $x, y, z, z' \in L_C$: Wenn $x \sim y$ und $z \sim z'$, dann $x \vee z \sim y \vee z'$.

Die Antwort hier ist ein allgemeines „Nein"; keine der obigen Kohärenzrelationen erfüllt eine dieser Bedingungen und das aus gutem Grunde: Betrachten wir beispielsweise die Paare $(x, \overline{y})$ und $(\overline{x}, y)$ und nehmen wir an, dass $x \sim \overline{y}$ und $y \sim \overline{x}$. Nach (**BE**$_\wedge^*$) sollte nun gelten, dass $x \wedge y \sim \overline{x} \wedge \overline{y}$; dies widerspricht jedoch der oben besprochenen Bedingung (**INK**$_\perp$), nach der inkonsistente Aussagen niemals kohärent sein können. Auch für $\sim_a$ lässt sich nachweisen, dass es Fälle gibt, in denen diese Bedingung verletzt ist.

Zuletzt werden wir uns in diesem Abschnitt mit einem Spezialfall der letzten beiden Bedingungen beschäftigen; während die allgemeinen Bedingungen zur beliebigen Ergänzung (**BE**$_\wedge$) und (**BE**$_\vee$) bei beiden Antezedens-Bedingungen beliebige Aussagen zulassen, werden wir nun davon ausgehen, dass eine Aussage in den jeweiligen Paaren identisch ist. Statt (x, y) und (z, z') werden wir nun also solche Paare von Aussagen betrachten, für die beispielsweise $x = z$ oder $y = z'$ gilt. Die entsprechenden Bedingungen zur „linksseitigen" Zusammenführung lauten wie folgt:

(**LZ**$_\wedge$) *Linksseitige Zusammenführung für Konjunktion.*
   Für alle $x, y, z \in L_C$: Wenn $x \sim z$ und $y \sim z$, dann $x \wedge y \sim z$.

(**LZ**$_\vee$) *Linksseitige Zusammenführung für Disjunktion.*
   Für alle $x, y, z \in L_C$: Wenn $x \sim z$ und $y \sim z$, dann $x \vee y \sim z$.

Der Vollständigkeit halber erwähnen wir an dieser Stelle ebenfalls die entsprechenden Bedingungen zur „rechtsseitigen" Zusammenführung:

(**RZ**$_\wedge$) *Rechtsseitige Zusammenführung für Konjunktion.*
   Für alle $x, y, z \in L_C$: Wenn $x \sim y$ und $x \sim z$, dann $x \sim y \wedge z$.

(**RZ**$_\vee$) *Rechtsseitige Zusammenführung für Disjunktion.*
   Für alle $x, y, z \in L_C$: Wenn $x \sim y$ und $x \sim z$, dann $x \sim y \vee z$.

Wie man leicht sieht, ist eine separate Besprechung dieses letzten Paares von Bedingungen überflüssig: Beide Bedingungen zur „rechtsseitigen" Zusammenführung lassen sich aus denjenigen der „linksseitigen" Zusammenführung folgern, wenn man beachtet, dass die zugrunde liegenden qualitativen Kohärenzrelationen symmetrisch sind. Beispielsweise erhält man aus $x \sim z$ und $y \sim z$ mittels Symmetrie die Relationen $z \sim x$ und $z \sim y$; nach (**LZ$_\wedge$**) folgt aus dem Antezedens, dass $x \wedge y \sim z$, was gemäß Symmetrie gleichbedeutend mit $z \sim x \wedge y$ ist. Somit erfüllt jedes Maß, das (**LZ$_\wedge$**) erfüllt, auch (**RZ$_\wedge$**), und umgekehrt. Gleiches gilt entsprechend für die disjunktiven Gegenstücke dieser Bedingungen.

Wie sich an der folgenden Tabelle 3.5 ablesen lässt, wird keine der Bedingungen von den obigen Kohärenzrelationen erfüllt. Damit bleibt als Fazit dieses Abschnitts festzuhalten, dass es trotz großer Übereinstimmung aller Relationen in Bezug auf die Konjunktions- bzw. Disjunktions-orientierten Bedingungen keine Übereinstimmung bei den Bedingungen (**EO$_\wedge$**), (**EO$_\vee$**) und (**BE$_\vee$**) gibt. Damit schließen wir unseren Abschnitt zum Verhalten der Kohärenzrelationen unter Konjunktionen und Disjunktionen und wenden uns im letzten Abschnitt den logischen Implikationen und Äquivalenzen zu.

Tab. 3.5: Resultate für Konjunktions- und Disjunktions-Bedingungen, Teil 2

	$\sim_i$	$\sim_a$	$\sim_s$
BE$_\wedge$	–	–	–
BE$_\vee$	–	+	–
BE$_\wedge^*$	–	–	–
BE$_\vee^*$	–	–	–
LZ$_\wedge$	–	–	–
LZ$_\vee$	–	–	–

3.1.5 Kohärenz, Implikation und Äquivalenz

In diesem letzten Abschnitt werden wir uns mit Bedingungen beschäftigen, die an zentraler Stelle auf logischen Implikationen oder Äquivalenzen beruhen. Den Anfang machen zwei sehr einfache Bedingungen zur Ersetzung logisch äquivalenter Aussagen innerhalb der Kohärenzrelation. Dass beide diese Bedingungen von sämtlichen hier betrachteten Relationen erfüllt werden, ist eine direkte Folge eines Gesetzes der Wahrscheinlichkeitstheorie, nach dem äquivalente Aussagen die gleichen Wahrscheinlichkeiten aufweisen. Die Bedingungen zur „linksseitigen" sowie zur „rechtsseitigen" logischen Äquivalenz lauten wie folgt:

(**LLÄ**) *Linksseitige logische Äquivalenz.*
   Für alle $x, y, z \in L_c$: Wenn $x \sim y$ und $\vDash (y \equiv z)$, dann $x \sim z$.

(**RLÄ**) *Rechtsseitige logische Äquivalenz.*
   Für alle $x, y, z \in L_c$: Wenn $x \sim z$ und $\vDash (x \equiv y)$, dann $y \sim z$.

Wiederum gilt aufgrund der Symmetrie-Eigenschaft der Kohärenzrelation, dass beide Äquivalenz-Bedingungen ihrerseits äquivalent sind. Im Folgenden werden wir uns daher auf die allgemein erfüllte Bedingung **(LLÄ)** beschränken.

Logische Äquivalenz selbst sollte aber ebenfalls als Fall von Kohärenz betrachtet werden; d. h., zwei logisch äquivalente, kontingente Aussagen sollten stets kohärent sein.[25] Entsprechend erhalten wir:

(KLÄ) *Kohärenz und logische Äquivalenz.*
Für alle $x, y \in L_C$: Wenn $\vDash (x \equiv y)$, dann $x \sim y$.

Auch diese Bedingung wird von allen obigen qualitativen Kohärenzrelationen erfüllt. Was passiert aber, wenn wir die Forderung nach logischer Äquivalenz im Antezedens von **(KLÄ)** durch eine logische Implikation ersetzen? Ist es dann immer noch der Fall, dass alle Relationen einheitlich Kohärenz zuweisen?

(KLI) *Kohärenz und logische Implikation.*
Für alle $x, y \in L_C$: Wenn $x \vDash y$, dann $x \sim y$.

Im Hinblick auf diese Bedingung unterscheiden sich die einzelnen Relationen. Es ist wohlbekannt, dass aus der Tatsache, dass eine kontingente Aussage x eine andere kontingente Aussage y logisch impliziert, geschlossen werden kann, dass x auch probabilistisch relevant für y ist, und umgekehrt. Entsprechend erfüllt $\sim_i$ die obige Bedingung **(KLI)**. Auf der anderen Seite lässt sich aus der Implikation zwar ebenfalls schließen, dass y im Lichte von x wahrscheinlicher ist als $\bar{y}$; dies beinhaltet aber keinerlei Gewährleistung dafür, dass auch x im Lichte von y wahrscheinlicher ist als $\bar{x}$. Entsprechend verletzen sowohl $\sim_a$ als auch $\sim_s$ die Bedingung **(KLI)**.

Auch in den obigen Bedingungen **(LLÄ)** und **(RLÄ)** lässt sich die Forderung nach logischer Äquivalenz im Antezedens durch eine logische Implikation abschwächen. Dadurch erhalten wir die folgenden beiden Bedingungen zur „linksseitigen" bzw. „rechtsseitigen" Monotonie:

(LMO) *Linksseitige Monotonie.*
Für alle $x, y, z \in L_C$: Wenn $x \sim y$ und $y \vDash z$, dann $x \sim z$.

(RMO) *Rechtsseitige Monotonie.*
Für alle $x, y, z \in L_C$: Wenn $x \sim y$ und $z \vDash x$, dann $z \sim y$.

---

25 Innerhalb der Literatur wird ebenfalls die Frage diskutiert, ob logische Äquivalenz ein Fall von *maximaler* Kohärenz sein sollte; weitere Informationen hierzu finden sich in Abschnitt 4.2. Zudem ist die Beschränkung auf *kontingente* Aussagen wichtig, da Kontradiktionen zwar ebenfalls logisch äquivalent sind, aber für gewöhnlich nicht als kohärent angesehen werden. Zu Fragen des Zusammenhangs zwischen den Begriffen der Inkohärenz und der Inkonsistenz siehe Abschnitt 6.3.

Tab. 3.6: Resultate für Implikations- und Äquivalenzbedingungen

	$\sim_i$	$\sim_a$	$\sim_s$
LLÄ	+	+	+
RLÄ	+	+	+
KLÄ	+	+	+
KLI	+	–	–
LMO	–	–	–
RMO	–	–	–

Keine dieser Bedingungen wird durch unsere Kohärenzrelationen erfüllt. Eine Zusammenfassung der Bedingungen dieses Kapitels findet sich mit den entsprechenden Auswertungen in Tabelle 3.6.

Damit schließen wir den Abschnitt zur qualitativen Kohärenzrelation ab und wenden uns im folgenden Abschnitt dem komparativen Vergleich von Kohärenzgraden zu.

3.2 Kohärenz als komparative Relation

In diesem Abschnitt steht die komparative oder *kontrastive* Kohärenzrelation „x passt besser mit y zusammen als mit z" im Vordergrund. Damit reiht sich das Kapitel ein in eine Tradition kontrastiver Ansätze, die in den letzten Jahren immer mehr Zuspruch gefunden haben. So spricht Blauw in einer vor einigen Jahren herausgegebenen Anthologie zu diesem Thema sogar von einem „contrastivist movement" innerhalb der Philosophie (vgl. Blaauw 2012). In der Literatur finden sich zahlreiche kontrastive Ansätze zur Analyse diverser Begriffe wie denjenigen der Bestätigung (vgl. Fitelson 2007 oder Chandler 2013), der Erklärung (vgl. Lipton 1990) oder der Kausalität (vgl. Hitchcock 1996, 1999). Wie auch in einigen dieser anderen Ansätze werden wir zur Analyse der kontrastiven Kohärenzrelation den Umweg über quantitative Kohärenzmaße gehen. Sei also $y \succeq_x z$ die Relation „x passt mindestens genauso gut mit y zusammen wie mit z", dann gilt $y \succeq_x z$ genau dann, wenn die Menge $\{x, y\}$ gemäß einem Kohärenzmaß **coh** mindestens genauso kohärent ist wie die Menge $\{x, z\}$, d. h. wir definieren:

Definition 3.4 (Komparative Kohärenzrelation). Seien $x, y \in L$. Dann gilt $y \succeq_x z$ genau dann, wenn $\mathbf{coh}(\{x, y\}) \geq \mathbf{coh}(\{x, z\})$.

Wie gewöhnlich definieren wir die entsprechenden Relationen „$=_x$" und „$\succ_x$" wie folgt: $y \succ_x z$ genau dann, wenn $y \succeq_x z$ und nicht $z \succeq_x y$; $y =_x z$ genau dann, wenn $y \succeq_x z$ und $z \succeq_x y$. Schließlich gelte $y \prec_x z$ genau dann, wenn $z \succ_x y$.

Wie bereits im Falle der qualitativen Kohärenzrelation ~ haben wir es auch im Falle der kontrastiven Relation ≻ nicht mit einer einzigen Relation zu tun, sondern mit einer Fülle von Relationen, die sich in Abhängigkeit von dem jeweils verwendeten Kohärenzmaß **coh** ergeben. Trotzdem ist zunächst nicht klar, wie viele Relationen genau man erhält, wenn man obige Kohärenzmaße zu deren Charakterisierung verwendet. Eine erste Antwort könnte lauten, dass es genauso viele Relationen sind, wie oben Maße angegeben wurden, d. h. 13 Relationen. Wenn man genauer hinsieht, merkt man aber schnell, dass sich diese Anzahl von scheinbar verschiedenen Relationen schon dadurch verringert, dass die Verhältnis-basierten Abweichungsmaße $\mathcal{D}^r$ und $\mathcal{D}^r_T$, die Differenz-basierten Abweichungsmaße $\mathcal{D}^d$ und $\mathcal{D}^d_T$ sowie die Überlappungsmaße $\mathcal{O}$ und $\mathcal{O}_T$ für Paare von Aussagen jeweils ordinal äquivalent sind. Ferner kann man leicht nachweisen, dass $\mathcal{D}^r$ für Paare von Aussagen ordinal äquivalent zu $\mathcal{C}_\beta$ ist. Entsprechend verbleiben noch 9 kontrastive Kohärenzrelationen. Im Folgenden werden wir mit ($\dagger_{\mathbf{coh}}$) den kontrastiven Ansatz bezeichnen, den man erhält, indem man in Definition 3.4 das Kohärenzmaß **coh** einsetzt; für alle $\mathcal{C}$-basierten Maße werden wir lediglich ($\dagger_\mathbf{b}$) an Stelle von ($\dagger_{\mathcal{C}_\mathbf{b}}$) schreiben.[26]

Wenden wir uns nun der Betrachtung einiger grundlegender Bedingungen zu, so fällt zunächst auf, dass wir nicht einfach die obigen qualitativen Bedingungen auf die komparative Kohärenzrelation übertragen können. Während beispielsweise die qualitative Kohärenzrelation reflexiv und symmetrisch war, sollte eine kontrastive Kohärenzrelation „≻" natürlich irreflexiv und asymmetrisch sein. Wir erhalten entsprechend die folgenden Bedingungen:

(IRR) *Irreflexivität.*
Für alle $x, y \in L_C$: $y \not\succ_x y$.

(ASY) *Asymmetrie.*
Für alle $x, y, z \in L_C$: Wenn $y \succ_x z$, dann $z \not\succ_x y$.

Durch unsere Verwendung von Kohärenzmaßen zur Charakterisierung der kontrastiven Relation $\succ_x$ ist klar, dass alle dadurch zu erhaltenden Relationen diese beiden Bedingungen erfüllen. „$y \succ_x y$" würde ja in diesem Rahmen bedeuten, dass $\mathbf{coh}(\{x, y\}) > \mathbf{coh}(\{x, y\})$, was durch die Definition von Kohärenzmaßen ausgeschlossen ist; ebenso kann $\mathbf{coh}(\{x, y\})$ nicht gleichzeitig strikt größer und höchstens genauso groß wie $\mathbf{coh}(\{x, z\})$ sein.

---

[26] Wie Schippers (2016a) gezeigt hat, lässt sich ein kontrastiver Ansatz der Kohärenz auch fruchtbar im Rahmen der Diskussion um den sogenannten *Konjunktiven Fehlschluss* (*conjunction fallacy*) (Tversky und Kahneman 1982) anwenden.

Ein weiterer Unterschied zwischen den qualitativen und kontrastiven Ansätzen ergibt sich im Hinblick auf die Transitivität; während die qualitativen Relationen wie zuvor gesehen nur unter sehr speziellen Bedingungen transitiv waren, ist die kontrastive Kohärenzrelation für alle zu betrachtenden Maße klarerweise transitiv, d. h. unabhängig von der Wahl des Kohärenzmaßes zur Charakterisierung der Relation erfüllt $\succ_x$ die folgende Bedingung:
(TRA) *Transitivität.*
    Für alle $x, y, z, z' \in L_c$: Wenn $y \succ_x z$ und $z \succ_x z'$, dann $y \succ_x z'$.

Die bisherigen Ergebnisse sind noch einmal in Tabelle 3.7 festgehalten.

Tab. 3.7: Resultate für Irreflexivität, Asymmetrie und Transitivität

	($\dagger_{\mathcal{D}^r}$)	($\dagger_{\mathcal{D}^d}$)	($\dagger_\odot$)	($\dagger_\alpha$)	($\dagger_\gamma$)	($\dagger_\delta$)	($\dagger_\varepsilon$)	($\dagger_\zeta$)	($\dagger_\eta$)
IRR	+	+	+	+	+	+	+	+	+
ASY	+	+	+	+	+	+	+	+	+
TRA	+	+	+	+	+	+	+	+	+

Bei der Betrachtung von logischen Operatoren im Hinblick auf ihren Einfluss auf die kontrastive Kohärenzrelation werden wir uns an dieser Stelle etwas kürzer fassen. Wir starten hierzu mit einer Negations-Bedingung, nach der keine Aussage y weniger gut mit einer anderen Aussage x zusammenpasst als deren kontradiktorisches Gegenstück $\bar{x}$. Auf der anderen Seite passt auch keine Aussage y besser mit einer anderen Aussage x zusammen als diese Aussage selbst. Entsprechend erhalten wir die folgenden Bedingungen:
(MAX) *Maximalität.*
    Für alle $x, y \in L_c$: $x \succeq_x y$.[27]
(MIN) *Minimalität.*
    Für alle $x, y \in L_c$: $y \succeq_x \bar{x}$.

Diese naheliegenden Bedingungen sind überraschenderweise *nicht* von allen kontrastiven Kohärenzrelationen erfüllt (s. u.). Für Konjunktionen und Disjunktionen werden wir entsprechend überprüfen, ob es zu einem Kohärenzabfall

---

[27] Hier ist zu beachten, dass der für die Relation notwendige Ausdruck **coh**($\{x, x\}$) insbesondere für die auf wechselseitiger Bestätigung basierenden Maße zunächst nicht definiert ist, da bekanntermaßen Mengen durch ihre Elemente individuiert werden und somit die Mengen $\{x, x\}$ und $\{x\}$ identisch sind; wir setzen daher $\mathcal{C}_\mathbf{b}(\{x\}, P) = \mathbf{b}(x, x, P)$ für alle obigen Bestätigungsmaße; siehe hierzu auch Abschnitt 7.4.

kommen kann, wenn man in der Relation $\succ_x$ die Aussage x selbst als Konjunkt bzw. Disjunkt hinzufügt, d. h., wir überprüfen, ob die beiden folgenden Bedingungen von allen kontrastiven Ansätzen erfüllt sind:

(KON) *Konjunktion.*
Für alle $x, y \in L_C$: $x \wedge y \succeq_x y$.

(DIS) *Disjunktion.*
Für alle $x, y \in L_C$: $x \vee y \succeq_x y$.

Intuitiv scheinen sowohl **(KON)** als auch **(DIS)** plausible Bedingungen für eine kontrastive Kohärenzrelation zu sein: Egal wie gut x und y zusammenpassen, scheint es doch generell so zu sein, dass x mit der Konjunktion $x \wedge y$ bzw. der Disjunktion $x \vee y$ mindestens genauso gut zusammenpasst, im Allgemeinen sogar besser. Tabelle 3.8 enthält die Resultate der Auswertung aller kontrastiven Kohärenzrelationen in Hinblick auf die logischen Verknüpfungen.[28]

Tab. 3.8: Resultate für Maximum, Minimum, Konjunktion und Disjunktion. Die Abkürzung ‚n.d.' steht für ‚nicht definiert'.

	($\dagger_{\mathcal{D}^r}$)	($\dagger_{\mathcal{D}^d}$)	($\dagger_\mathcal{O}$)	($\dagger_\alpha$)	($\dagger_\gamma$)	($\dagger_\delta$)	($\dagger_\varepsilon$)	($\dagger_\zeta$)	($\dagger_\eta$)
MAX	−	−	+	−	−	+	+	+	+
MIN	+	−	+	−	+	+	+	+	+
KON	+	+	+	+	n.d.	+	+	+	+
DIS	+	+	+	+	n.d.	+	+	+	+

Wie wir sehen, fällt das Bild hier schon etwas differenzierter aus: Bereits für einige elementare Eigenschaften einer kontrastiven Kohärenzrelation gibt es Maße, die diese Eigenschaften *nicht* erfüllen. Gerade im Hinblick auf die Maximums- und Minimums-Eigenschaften scheint eine solche Verletzung problematisch zu sein, sind die entsprechenden Intuitionen doch so grundlegend. Wir werden eine vertiefende Analyse der Vor- und Nachteile der einzelnen Maße auf den Abschnitt 4.4 verschieben. Mit diesen Bedingungen schließen wir das Kapitel zu kontrastiven Kohärenzrelationen und wenden uns stattdessen nun der quantitativen Kohärenzrelation zu.

---

[28] Viele der Beweise finden sich in Schippers (2016a); die fehlenden Beweise sind einfach zu vervollständigen und seien an dieser Stelle dem Leser überlassen.

3.3 Kohärenz als quantitative Relation

In diesem Abschnitt wird die quantitative Kohärenzrelation „x und y sind kohärent zum Grade r" im Mittelpunkt der Betrachtungen stehen, dargestellt als „$x \sim_r y$". Wir werden uns in diesem Abschnitt aus zweierlei Gründen auf eine vertiefende Analyse der obigen Symmetrie-Bedingungen beschränken: Einerseits lassen sich im Allgemeinen über die vorherigen komparativen Vergleiche hinaus keine quantitativen Vergleiche zwischen verschiedenen Aussagen mit logischen Operatoren ziehen. Wir können zwar feststellen, dass $x \wedge y$ besser mit x zusammenpasst als ein beliebiges y; darüber, wie hoch der Grad der Kohärenz ist, kann aber keine allgemeine Aussage getroffen werden. Andererseits werden einige Bedingungen wie Maxima und Minima in späteren Abschnitten eine bedeutende Rolle spielen, sodass wir an dieser Stelle auch auf deren Betrachtung verzichten wollen. Betrachten wir daher zunächst die abstrakte Charakterisierung der quantitativen Kohärenzrelation $\sim_r$:

Definition 3.5 (Quantitative Kohärenzrelation). Seien $x, y \in L$. Dann gilt $x \sim_r y$ genau dann, wenn $\mathbf{coh}(\{x, y\}) = r$.

Mit ($\ddagger_{\mathbf{coh}}$) werden wir im Folgenden den quantitativen Ansatz bezeichnen, den man erhält, indem man in Definition 3.5 das Kohärenzmaß **coh** einsetzt; für alle $\mathcal{C}$-Maße werden wir wiederum lediglich ($\ddagger_\mathbf{b}$) anstatt ($\ddagger_{\mathcal{C}_\mathbf{b}}$) schreiben.

Im obigen Abschnitt zur qualitativen Kohärenzrelation wurde bereits festgestellt, dass aus $x \sim y$ auch $y \sim x$ folgen sollte; ferner haben wir dort untersucht, für welche der Relationen $\sim_i$, $\sim_a$ und $\sim_s$ gilt, dass $x \sim y$ impliziert, dass $x \not\sim \overline{y}$ bzw. für welche Relationen aus $x \sim y$ auch $\overline{x} \sim \overline{y}$ folgt. Hier werden wir den entsprechenden Vergleich auf der quantitativen Ebene durchführen. Die dazugehörigen *quantitativen Symmetrie-Bedingungen* lauten:[29]

(QS1) *Quantitative Symmetrie-Bedingung 1.*
   Für alle $x, y, \in L_C$: $x \sim_r y$ genau dann, wenn $y \sim_r x$.

(QS2) *Quantitative Symmetrie-Bedingung 2.*
   Für alle $x, y, \in L_C$: $x \sim_r y$ genau dann, wenn $x \sim_{-r} \overline{y}$.

(QS3) *Quantitative Symmetrie-Bedingung 3.*
   Für alle $x, y, \in L_C$: $x \sim_r y$ genau dann, wenn $\overline{x} \sim_{-r} y$.

(QS4) *Quantitative Symmetrie-Bedingung 4.*
   Für alle $x, y, \in L_C$: $x \sim_r y$ genau dann, wenn $\overline{x} \sim_r \overline{y}$.

---

[29] Entsprechende Untersuchungen von probabilistischen Bestätigungsmaßen im Hinblick auf diese erstmals von Carnap (1950) vorgeschlagenen Bedingungen findet man bei Eells und Fitelson (2002).

3.3 Kohärenz als quantitative Relation

Nach **(QS1)** soll beispielsweise der Grad der Kohärenz zwischen (x, y) und (y, x) identisch sein; analog fordert **(QS4)** dies für den Grad der Kohärenz zwischen (x, y) und $(\overline{x}, \overline{y})$. Etwas anders gelagert sind die Bedingungen **(QS2)** und **(QS3)**; dadurch, dass „$\sim_r$" durch „$\sim_{-r}$" ersetzt wird, verändert sich auch die enthaltene qualitative Kohärenzaussage. Sind also beispielsweise x und y kohärent zum Grade $r > 0$, so sollen nach **(QS2)** x und $\overline{y}$ nicht nur inkohärent sein, sondern inkohärent zum Grade $-r$ (und umgekehrt). Die Paare (x, y) und $(x, \overline{y})$ bewegen sich daher hinsichtlich ihres Kohärenzgrades symmetrisch um den neutralen Punkt 0. Da offenbar alle von uns betrachteten quantitativen Kohärenzrelationen die einfache Symmetrie-Eigenschaft **(QS1)** erfüllen, sind **(QS2)** und **(QS3)** äquivalent, entsprechend gilt: Entweder ein Maß erfüllt beide Kriterien, oder keines von beiden.[30] Dass Letzteres in Hinblick auf Kohärenz die bessere Alternative ist, zeigt das folgende Beispiel: Wir gehen wieder von einem Standard Poker-Kartendeck mit 52 Karten aus, von dem zufällig eine Karte gezogen wird. Nun betrachten wir die beiden folgenden Hypothesen:

(x) Die gezogene Karte ist schwarz.
(y) Die gezogene Karte ist keine rote Bildkarte.

Zwar gilt, dass x die Aussage y logisch impliziert, sodass die Menge $\{x, y\}$ in qualitativer Hinsicht als kohärent bewertet werden sollte; auf der anderen Seite ist y hochgradig unspezifisch und der überlappende Bereich beider Aussagen ist eher gering, sodass es abwegig scheint, die Kohärenz von $\{x, y\}$ als besonders hoch einzuschätzen. Andererseits sind x und $\overline{y}$ inkonsistent und damit auch hochgradig inkohärent. Dies zeigt, warum **(QS2)** und **(QS3)** nicht als generelle Forderung für quantitative Kohärenzrelationen erfüllt sein sollten. Gleiches gilt für **(QS4)**; zwar haben wir oben im Abschnitt zu (qualitativer) Kohärenz und Negationen nur dafür argumentiert, weshalb die entsprechende Bedingung für absolute Kohärenz wenig Sinn macht; entsprechende Beispiele lassen sich aber auch gegen **(QS4)** selbst vorbringen (vgl. Schippers 2014d).

Die folgende Tabelle 3.9, mit der wir diesen Abschnitt abschließen, enthält sämtliche Auswertungen der einzelnen Relationen zu den vier quantitativen Symmetrie-Bedingungen.[31]

---

[30] Zu beachten ist, dass dies für die entsprechende Diskussion über probabilistische Bestätigungsmaße nicht gilt, da der Grad der Bestätigung im Allgemeinen *nicht* symmetrisch im Sinne von **(QS1)** ist.

[31] Die meisten Beweise finden sich in Schippers (2014d); fehlende Beweise sind einfach zu ergänzen. Beispielsweise lässt sich wie folgt zeigen, dass ($\ddagger_{\mathcal{D}^d}$) die Bedingung **(QS4)** erfüllt: $P(\overline{x} \wedge \overline{y}) - P(\overline{x}) \cdot p(\overline{y}) = P(\overline{x} \wedge \overline{y}) - [1 - P(y) - P(x) + P(x) \cdot P(y)] = P(x \wedge y) - P(x) \cdot P(y)$.

Tab. 3.9: Resultate für quantitative Symmetrie-Bedingungen

	($\ddagger_{\mathcal{D}^r}$)	($\ddagger_{\mathcal{D}^d}$)	($\ddagger_\mathcal{O}$)	($\ddagger_\alpha$)	($\ddagger_\gamma$)	($\ddagger_\delta$)	($\ddagger_\varepsilon$)	($\ddagger_\zeta$)	($\ddagger_\eta$)
QS1	+	+	+	+	+	+	+	+	+
QS2	−	+	−	−	+	−	−	−	−
QS3	−	+	−	−	+	−	−	−	−
QS4	−	+	−	−	+	−	−	−	−

Wie zu sehen ist, stimmen die meisten betrachteten Relationen darin überein, dass von den vier obigen Symmetrie-Bedingungen lediglich **(QS1)** eine für Kohärenz sinnvolle Symmetrie aufzeigt. Ausnahmen hierzu bilden das Differenz-basierte Abweichungsmaß $\mathcal{D}^d$ sowie das $\mathcal{C}$-Maß basierend auf dem Stützungsmaß γ.

4 Adäquatheitsbedingungen

In diesem Kapitel wollen wir uns eingehender mit den strukturellen Eigenschaften der einzelnen probabilistischen Kohärenzmaße auseinandersetzen. Hierzu führen wir zunächst eine Reihe von in der Literatur zu findenden Adäquatheitsbedingungen ein und unterziehen diese einer eingehenden Untersuchung. Dabei zeigt sich zweierlei:
1. Einerseits wird unsere Analyse einen Grund dafür aufzeigen, weshalb es bisher nicht gelungen ist, ein probabilistisches Kohärenzmaß zu entwerfen, das sämtliche dieser Adäquatheitsbedingungen erfüllt; dies liegt einfach daran, dass die Menge dieser Bedingungen *inkonsistent* ist, d. h., es kann aus logischen Gründen ein solches Maß überhaupt nicht geben.
2. Andererseits kann dieses „Unmöglichkeitsresultat" für das Auffinden des *einen* Kohärenzmaßes, das alle Desiderata erfüllt, als Ausgangspunkt dafür genommen werden, eine „Grammatik" für Kohärenzmaße zu entwickeln. Die Grundidee dabei ist, dass sich auf der Grundlage von wünschenswerten Eigenschaften eines Maßes anhand der im letzten Abschnitt dieses Kapitels gegebenen Tabelle ein jeweils passendes Maß finden lässt bzw. Gründe dafür genannt werden können, weshalb es bestimmte Kombinationen von Eigenschaften für Kohärenzmaße nicht geben kann, da diese inkonsistent sind.

Um diese Grammatik zu entwickeln, wenden wir uns einer erweiterten Menge von Adäquatheitsbedingungen zu und untersuchen die Abhängigkeiten zwischen Teilmengen dieser Bedingungen. Diese abstrakte Analyse führt dann zu einem besseren Verständnis der strukturellen Eigenschaften der einzelnen Kohärenzmaße, indem für alle obigen Kohärenzmaße anhand einer Tabelle aufgezeigt wird, welche dieser Bedingungen von welchem Kohärenzmaß erfüllt werden.

4.1 Unabhängigkeit und Stützung

Einen ersten Ansatz zur Beantwortung der Frage, was es heißt, dass kohärente Aussagen zusammenhängen, haben wir bereits bei der Einführung der Abweichungsmaße kennengelernt: Kohärente Aussagen hängen dadurch zusammen, dass sie *nicht* probabilistisch unabhängig sind. Probabilistische Unabhängigkeit ist demnach ein Marker für die Abwesenheit von Kohärenz, probabilistische Abhängigkeit hingegen kann entweder als Zeichen für Kohärenz (im Falle der positiven Abhängigkeit) oder als Zeichen für Inkohärenz (im Falle der negativen Abhängigkeit) gewertet werden. Eine erste dazugehörige Adäquatheitsbedingung greift diesen Punkt entsprechend auf:

(PUN) *Kohärenz und probabilistische Unabhängigkeit.*
Sei $X \subset L_C$ eine Menge von Aussagen, die unter einer Wahrscheinlichkeitsverteilung $P \in \mathbf{P}$ probabilistisch unabhängig sind, dann gilt $\mathbf{coh}(X, P) = 0$.

Wie in Abschnitt 2.1 erwähnt, heißt dabei eine Menge X probabilistisch unabhängig, wenn die Wahrscheinlichkeit der Konjunktion $\bigwedge X$ gleich dem Produkt der Einzelwahrscheinlichkeiten aller Aussagen in X ist. Fitelson (2003) hat darauf hingewiesen, dass eine solche Bedingung nicht dafür ausreicht, einen zur Explikation von Kohärenz angemessenen Begriff der Unabhängigkeit zu motivieren. Zur Erläuterung seiner Behauptung stellen wir uns zwei Mengen X und Y vor, die beide probabilistisch unabhängig im vorherigen Sinne sind, bei denen aber gilt, dass alle mindestens zwei-elementigen (echten) Teilmengen in X positiv abhängig sind, während alle entsprechenden Teilmengen in Y ebenfalls unabhängig sind. Alle Maße, die die obige Bedingung **(PUN)** erfüllen, würden beiden Mengen denselben Kohärenzwert zuweisen, nämlich 0, und damit einen wichtigen Unterschied zwischen beiden Mengen vernachlässigen. Um den Unterschied zwischen diesen beiden Mengen einzufangen, nennen wir im Folgenden eine Menge $X \subset L$ *vollständig probabilistisch unabhängig*, wenn alle mindestens zwei-elementigen Teilmengen $X' \subset X$ probabilistisch unabhängig sind. Entsprechend erhalten wir die folgende schwächere Adäquatheitsbedingung für Kohärenzmaße im Falle von vollständiger probabilistischer Unabhängigkeit:

(PUN*) *Kohärenz und probabilistische Unabhängigkeit (schwache Version).*
Sei $X \subset L_C$ eine Menge von Aussagen, die unter einer Wahrscheinlichkeitsverteilung $P \in \mathbf{P}$ vollständig probabilistisch unabhängig ist, dann gilt $\mathbf{coh}(X, P) = 0$.

Dass **(PUN*)** eine im Vergleich zu **(PUN)** schwächere Bedingung ist, bedeutet, dass jedes Kohärenzmaß, das **(PUN)** erfüllt und somit allen probabilistisch unabhängigen Mengen den neutralen Kohärenzwert zuweist, automatisch auch allen vollständig probabilistisch unabhängigen Mengen den neutralen Wert zuweist; somit erfüllt solch ein Maß dann auch **(PUN*)**. Wir halten entsprechend fest:[32]

Beobachtung 4.1. **(PUN)** impliziert **(PUN*)**, aber nicht umgekehrt.

Wir werden an späterer Stelle in diesem Abschnitt eine Auswertung der einzelnen von uns betrachteten Adäquatheitsbedingungen mit Bezug auf die einzelnen Ko-

---

[32] Sämtliche Beweise für die folgende sowie alle weiteren Beobachtungen dieses Abschnitts finden sich in Schippers (2015b).

härenzmaße aus Kapitel 2 vornehmen. An dieser Stelle lässt sich aber bereits feststellen, dass der Unterschied zwischen **(PUN)** und **(PUN*)** genau demjenigen zwischen den einfachen Abweichungsmaßen $\mathcal{D}^r$ und $\mathcal{D}^d$ auf der einen Seite und ihren Teilmengen-sensitiven Varianten $\mathcal{D}^r_T$ und $\mathcal{D}^d_T$ auf der anderen Seite entspricht: Während erstere *allen* probabilistisch unabhängigen Mengen den neutralen Kohärenzwert 0 zuordnen, gilt dies bei letzteren nur für vollständig unabhängige Mengen.

Zur Illustration betrachten wir eine Menge $X = \{x_1, x_2, x_3\}$ unter zwei verschiedenen Wahrscheinlichkeitsverteilungen P_1 und P_2, die in Tabelle 4.1 gegeben sind.

Tab. 4.1: Verteilung zur (vollständigen) Unabhängigkeit

x_1	x_2	x_3	P_1	P_2
0	0	0	0,140	0,340
0	0	1	0,340	0,160
0	1	0	0,260	0,100
0	1	1	0,060	0,200
1	0	0	0,060	0,000
1	0	1	0,060	0,100
1	1	0	0,040	0,060
1	1	1	0,040	0,040

Mit $P_i(x_1) = 0{,}200$, $P_i(x_2) = 0{,}400$, $P_i(x_3) = 0{,}500$ für $i = 1, 2$ lässt sich leicht überprüfen, dass die Menge X unter P_1 nicht nur unabhängig, sondern vollständig unabhängig ist. So gilt beispielsweise

$$P_1(x_1) \cdot P_1(x_2) = 0{,}200 \cdot 0{,}400 = 0{,}080 = P_1(x_1 \wedge x_2)$$

Auf der anderen Seite ist X unter P_2 zwar ebenfalls probabilistisch unabhängig, aber nicht vollständig unabhängig, denn beispielsweise gilt:

$$P_2(x_1) \cdot P_2(x_2) = 0{,}200 \cdot 0{,}400 = 0{,}080 \neq 0{,}100 = P_2(x_1 \wedge x_2)$$

Es lässt sich sogar leicht zeigen, dass alle zwei-elementigen Teilmengen unter P_2 positiv abhängig sind, d. h. $P_2(x_i \wedge x_j) > P_2(x_i) \cdot P_2(x_j)$ für alle $1 \leq i \neq j \leq 3$.

Der Zusammenhang zwischen Kohärenz und probabilistischer Relevanz stand bereits bei der Motivation der $\mathcal{C}$-Maße innerhalb des von Douven und Meijs vorgeschlagenen Rahmens zur Modellierung von Kohärenz im Mittelpunkt. Hier wollen wir eine Erweiterung des obigen Kriteriums zum Zusammenhang von Kohärenz und Unabhängigkeit betrachten. Während Unabhängigkeit in der einen oder anderen Form bisher nur als Kriterium für die *Abwesenheit* von Kohärenz galt, sollte man eine Abweichung von Unabhängigkeit als Kriterium für die *Anwesenheit* von Kohärenz betrachten. Statt nun einfach die Abhängigkeit als ungerichtete (entweder positive oder negative) Relation zwischen Teilmengen einer Menge X zu betrachten, greifen wir stattdessen auf die Kohärenzrelation ~ aus Abschnitt 3.1.1 zurück. Entsprechend der Unterscheidung zwischen $\sim_i$ und $\sim_a$ entstehen daraus zwei verschiedene Kriterien zum Zusammenhang von Kohärenz und Abweichung von Unabhängigkeit.

Aufgrund ihres engen Zusammenhangs mit dem Begriff der probabilistischen Unabhängigkeit betrachten wir zunächst die Relation $\sim_i$ basierend auf dem Begriff der inkrementellen Bestätigung. Die Grundidee des folgenden Kriteriums ist, dass ein Kohärenzmaß einer Menge X von Aussagen auf jeden Fall dann einen positiven Grad von Kohärenz zuweisen sollte, wenn sich alle Paare von nicht-leeren, disjunkten Teilmengen wechselseitig inkrementell bestätigen. Entsprechend sollte das Maß einen negativen Wert zuweisen, falls sich alle diese Paare wechselseitig unterminieren, d. h., dass für alle diese Paare (X', X'') gilt, dass $\bigwedge X'$ die Negation von $\bigwedge X''$ inkrementell bestätigt. Wenn schließlich für alle diese Paare gilt, dass X' weder X'' bestätigt noch unterminiert, sie sich also neutral zueinander verhalten, dann sollte das entsprechende Kohärenzmaß auch den neutralen Wert 0 zuweisen. Wir erhalten damit das folgende Kriterium:

(KIB) *Kohärenz und inkrementelle Bestätigung.*

Sei $X \subset L_c$ eine Menge von Aussagen, $[X]$ die Menge aller Paare von nicht-leeren, disjunkten Teilmengen von X, dann gilt:

$$\mathbf{coh}(X, P) \begin{cases} > 0 & \text{falls für alle } (X', X'') \in [X] : X' \sim_i X'' \\ = 0 & \text{falls für alle } (X', X'') \in [X] \text{ weder } X' \sim_i X'' \text{ noch } X' \sim_i \overline{X''} \\ < 0 & \text{falls für alle } (X', X'') \in [X] : X' \sim_i \overline{X''} \end{cases}$$

Wenden wir uns nun dem Zusammenhang zwischen den obigen Kriterien zur Unabhängigkeit auf der einen Seite und dem Kriterium **(KIB)** zur inkrementellen Kohärenz auf der anderen Seite zu. Zunächst lässt sich feststellen, dass in allen Fällen, in denen für ein Paar von Teilmengen aus $[X]$ weder $X' \sim_i X''$ noch $X' \sim_i \overline{X''}$ gilt, die jeweilige Vereinigungsmenge $X' \cup X''$ probabilistisch unabhängig ist. Entsprechend folgt in dem Fall, in dem dies für alle diese Paare gilt auch, dass X vollständig probabilistisch unabhängig ist (vgl. Schippers 2014c). Daher gilt der folgende Zusammenhang:

Beobachtung 4.2. **(KIB)** impliziert **(PUN*)**, aber nicht umgekehrt.

Das bedeutet auch, dass jedes Kohärenzmaß, das das Kriterium **(KIB)** erfüllt, ebenfalls das Kriterium **(PUN*)** erfüllt. Zwischen **(KIB)** und dem stärkeren Kriterium **(PUN)** zum Zusammenhang von Kohärenz und probabilistischer Unabhängigkeit lässt sich allerdings keine solche Abhängigkeit feststellen. Stattdessen gilt:

Beobachtung 4.3. **(KIB)** und **(PUN)** sind logisch unabhängig.

Analog zum Kohärenz-Kriterium basierend auf der inkrementellen Relation $\sim_i$ können wir ebenfalls ein Kriterium mit Hilfe der absolute Relation $\sim_a$ erarbeiten. Die zugrundeliegende Intuition einer Abhängigkeit des Grades der Kohärenz einer Menge von den entsprechenden bedingten Wahrscheinlichkeiten wird beispielsweise von Bovens und Olsson (2000) in Bezug auf Paare von Aussagen vertreten:

> An information pair is the more coherent, the more likely each proposition becomes given the truth of the other proposition. (Bovens und Olsson 2000, 688)

Unter Verwendung der entsprechenden Relation $\sim_a$ erhalten wir das folgende Pendant zu **(KIB)**:

(KAB) *Kohärenz und absolute Bestätigung.*

Sei $X \subset L_c$ eine Menge von Aussagen, $[X]$ die Menge aller Paare von nicht-leeren, disjunkten Teilmengen von X, dann gilt:

$$\mathbf{coh}(X, P) \begin{cases} > 0 & \text{falls für alle } (X', X'') \in [X] : X' \sim_a X'' \\ = 0 & \text{falls für alle } (X', X'') \in [X] \text{ weder } X' \sim_a X'' \text{ noch } X' \sim_a \overline{X''} \\ < 0 & \text{falls für alle } (X', X'') \in [X] : X' \sim_a \overline{X''} \end{cases}$$

Wie sich bereits erahnen lässt, steht dieses Kriterium durch die Verwendung der Relation der absoluten Bestätigung in starkem Kontrast zu den bisherigen Kriterien. Bestätigt wird diese Vermutung durch die folgende Beobachtung:

Beobachtung 4.4. **(KAB)** ist unvereinbar mit **(PUN)**, **(PUN*)** und **(KIB)**.

Die bisherigen Resultate werden im Diagramm auf Seite 80 graphisch veranschaulicht. In diesem, wie in allen weiteren Diagrammen repräsentieren Pfeile logische Implikationen; gepunktete Linien zwischen einzelnen Kriterien stehen für deren logische Unabhängigkeit; schließlich bedeuten gestrichelte Linien logische Unverträglichkeit.

Mit diesen Erläuterungen schließen wir den Abschnitt zu Unabhängigkeit und Stützung ab und wenden uns im nächsten Abschnitt den Beziehungen zwischen dem Begriff der Kohärenz auf der einen Seite und den Begriffen der logischen Inkonsistenz und Äquivalenz auf der anderen Seite zu.

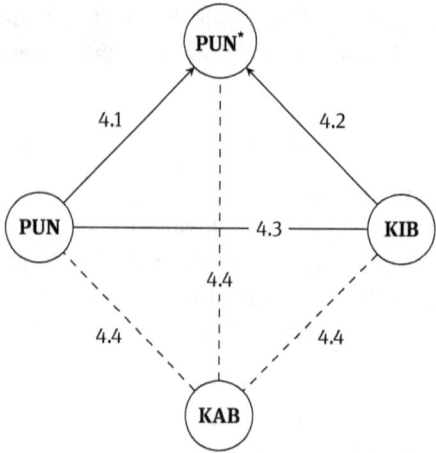

Abb. 4.1: Logische Beziehungen zwischen den Unabhängigkeits- und Stützungsbedingungen. Die Zahlen geben jeweils die Beobachtungen an, die den entsprechenden Zusammenhang thematisieren.

4.2 Äquivalenz und Inkonsistenz

Logische Äquivalenz und logische Inkonsistenz sind wichtige Faktoren, wenn es um die Bemessung von Kohärenz geht. Jenseits aller Differenzen über den genauen Einfluss, den Äquivalenzen und Inkonsistenzen auf Grade von Kohärenz haben, sind sich alle Autoren darin einig, dass äquivalente Aussagen innerhalb einer Menge einen positiven Einfluss auf den Grad der Kohärenz dieser Menge haben, während sich Inkonsistenzen negativ darauf auswirken. Darüber hinaus besteht allerdings Uneinigkeit dahingehend, ob beispielsweise Mengen von äquivalenten Aussagen *maximal* kohärent sind oder inkonsistente Mengen ausnahmslos *minimal* kohärent bzw. maximal inkohärent sind.

Beginnen wir mit der Frage nach dem Zusammenhang von Kohärenz und logischer Äquivalenz. Konzentriert man sich zunächst auf bekannte Paraphrasen, mit denen der Begriff der Kohärenz häufig umschrieben wird, so gelangt man schnell zu der Ansicht, dass Äquivalenz ein Fall von maximaler Kohärenz sein sollte. Wenn beispielsweise kohärente Aussagen dadurch charakterisiert sind, dass sie „gut zusammenpassen" oder „gut aufeinander abgestimmt" sind (vgl. BonJour 1985), dann liegt es auch nahe zu sagen, dass äquivalente Aussagen maximal gut zusammenpassen bzw. hervorragend aufeinander abgestimmt sind. Entsprechende Überlegungen stehen beispielsweise bei Siebel und Wolff (2008) im Vordergrund, die diese Intuition der maximalen Kohärenz äquivalenter Aussagen als Testfall für existierende Kohärenzmaße verwendet haben. Einer

ähnlichen Überzeugung sind beispielsweise Fitelson (2003) und Bovens und Hartmann (2003a). Darüber hinaus ergibt sich eine solche Einschätzung bei einer konsequenten Weiterentwicklung der Ansicht, dass eine induktive Logik als Verallgemeinerung von deduktiver Logik betrachtet werden sollte.[33] Innerhalb dieses Rahmens geht man häufig davon aus, dass der Grad, zu dem eine Evidenz eine Hypothese stützt, maximal ist, wenn sie die Hypothese deduktiv impliziert (vgl. Fitelson 2001). Entsprechend sollte für den Fall der Kohärenz als wechselseitiger Stützung gelten, dass logische Äquivalenz auch einen maximalen Grad von Kohärenz impliziert (vgl. Meijs 2006). Daher erhalten wir das folgende Kriterium:
(LÄQ) *Kohärenz und logische Äquivalenz.*

Sei $X \subset L_c$ eine Menge von äquivalenten Aussagen, dann ist **coh**(X, P) maximal für alle $P \in \mathbf{P}$.

Innerhalb dieses Rahmens von Kohärenz als verallgemeinerter logischer Inkonsistenz ergibt sich auch auf natürlich Art und Weise die Forderung, dass der Begriff der logischen Inkonsistenz den Gegenpol zur logischen Äquivalenz bildet. Nach dieser Lesart sollten Inkonsistenzen also nicht nur einen negativen Einfluss auf den Grad der Kohärenz einer Menge von Aussagen haben, sondern dazu führen, dass die Menge als maximal inkohärent bewertet wird. Konzentriert man sich zunächst auf Paare von Aussagen, so lässt sich auch diese Intuition gut unter Rückgriff auf die obigen Paraphrasen des Kohärenzbegriffs motivieren: Wenn kohärente Aussagen „gut zusammenpassen" oder „gut aufeinander abgestimmt" sind, dann gibt es wohl kein Paar von Aussagen, das dieses intuitive Kriterium schlechter erfüllt als ein Paar inkonsistenter Aussagen. Während diese Ansicht vermutlich allgemein geteilt wird, ist der Fall von inkonsistenten Mengen mit mehr als zwei Elementen weniger klar. Vergleichen wir hierzu zunächst die folgenden beiden Mengen $X = \{x \vee y, x \vee \bar{y}, \bar{x} \vee y, \bar{x} \vee \bar{y}\}$ und $Y = \{x \wedge y, x \wedge \bar{y}, \bar{x} \wedge y, \bar{x} \wedge \bar{y}\}$. Während beide Mengen zwar inkonsistent sind, sind in X alle echten Teilmengen konsistent, während dies in Y nicht der Fall ist. Nun kann man einerseits der Ansicht sein, dass dies für die Betrachtung von Graden von Kohärenz keinen Unterschied macht und damit das folgende Kriterium **(KIN)** vertreten:
(KIN) *Kohärenz und Inkonsistenz (starke Version).*

Sei $X \subset L_c$ eine inkonsistente Menge von Aussagen, dann ist **coh**$(X, P) = $ min für all $P \in \mathbf{P}$.

Nach diesem Kriterium sind also inkonsistente Mengen von Aussagen ausnahmslos maximal inkohärent. Eine solche Ansicht findet sich beispielsweise bei Bovens

---

[33] Einen Überblick über die *induktive Logik* bietet Hawthorne (2017).

und Hartmann (2003b). Auch Shogenji (1999) ist durch das von ihm vertretene Abweichungsmaß auf eine solche Position festgelegt.[34] Andererseits kann man der Ansicht sein, dass für die Forderung nach maximaler Inkohärenz mehr erfüllt sein muss als „nur" die Inkonsistenz der entsprechenden Menge; stattdessen fordert man hier in der Regel, dass alle mindestens zwei-elementigen Teilmengen von Aussagen ebenfalls inkonsistent sein müssen (vgl. Fitelson 2003). Wir bezeichnen im Folgenden eine solche Menge X, für die gilt, dass alle mindestens zwei-elementigen Teilmengen $X' \subset X$ inkonsistent sind, als *vollständig inkonsistent*. Entsprechend würde das folgende Kriterium gelten:

(KIN*) *Kohärenz und Inkonsistenz (schwache Version).*

Sei $X \subset L_c$ eine vollständig inkonsistente Menge von Aussagen, dann ist $\mathbf{coh}(X, P) = \min$ für all $P \in \mathbf{P}$.

Offenbar gilt, dass ein Maß wie dasjenige von Shogenji (1999), das *allen* inkonsistenten Mengen von Aussagen den Wert maximaler Inkohärenz zuweist, das gleiche auch für vollständig inkonsistente Mengen tut. Allgemein gilt entsprechend der folgende Zusammenhang zwischen den beiden zuletzt genannten Kriterien:

Beobachtung 4.5. **(KIN)** impliziert **(KIN*)**, aber nicht umgekehrt.

Diese beiden zuletzt genannten Kriterien lassen allerdings keinerlei Rückschlüsse darauf zu, wie sich ein Maß in Bezug auf das obige Kriterium zur logischen Äquivalenz verhält. Oder genauer: unabhängig davon, wie ein Maß mit Bezug auf die beiden Kriterien zum Zusammenhang von Kohärenz und Inkonsistenz abschneidet, kann es entweder äquivalenten Aussagen einen maximalen Grad von Kohärenz zuweisen oder auch nicht. Mit anderen Worten, diese Kriterien sind jeweils unabhängig voneinander:

Beobachtung 4.6. **(LÄQ)** ist logisch unabhängig von **(KIN)** und **(KIN*)**.

Somit gibt es Maße, die beispielsweise **(LÄQ)** verletzen und sowohl **(KIN)** als auch **KIN*** erfüllen (wie $\mathcal{D}^r$), aber auch Maße, die zwar logisch äquivalenten Aussagen einen maximalen Kohärenzwert zuweisen, aber sowohl **(KIN)** als auch **(KIN*)** verletzen (wie $\mathcal{O}$). Allerdings finden sich unter den bisher in der Literatur diskutierten Maßen keine, die weder **(LÄQ)** noch **(KIN)** oder **(KIN*)** erfüllen.

Wenden wir uns nun noch einmal dem Zusammenhang von Kohärenz und logischer Äquivalenz zu. So plausibel die Ansicht auch sein mag, dass logische Äquivalenz ein Fall von maximaler Kohärenz ist, sie ist doch nicht über jeden Zweifel erhaben. Unter den Forschern, die sich kritisch mit dieser Position aus-

---

[34] Siehe kritisch hierzu aber Shogenji (2005).

einander gesetzt haben, finden sich unter anderen Erik Olsson und Stefan Schubert. Beide haben in einer Reihe von Artikeln den Einfluss untersucht, den die Kohärenz von Zeugenaussagen auf die Einschätzung von deren Zuverlässigkeit haben.[35] In diesem Rahmen vertreten sie die Ansicht, dass der Grad der Kohärenz einer Menge von äquivalenten Zeugenaussagen nicht maximal sein sollte, sondern in Proportion zur Informativität der äquivalenten Aussagen steigen sollte. Wenn also X und Y beispielsweise jeweils drei äquivalente Aussagen enthalten, wobei diejenigen in X nahezu tautologisch sind, während die in Y hochgradig spezifisch und somit auch hochgradig informativ sind, sollten Kohärenzmaße ihrer Meinung nach in der Lage sein zwischen den Kohärenzgraden der beiden Mengen zu differenzieren. Eine andere Umschreibung dieser Grundidee findet sich in der Literatur gelegentlich unter dem Stichwort „striking agreement": Gemäß den Vertretern eines solchen Modells von Kohärenz als „striking agreement" sollte ein Kohärenzmaß nicht nur berücksichtigen, wie hoch die Übereinstimmung zwischen den in der Menge enthaltenen Aussagen ist, sondern darüber hinaus beachten, wie überraschend diese Übereinstimmung ist. Natürlich ist eine Übereinstimmung zwischen zwei zwar äquivalenten, aber nahezu tautologischen Aussagen weit weniger überraschend als diejenige zwischen zwei äquivalenten und gleichzeitig hochgradig informativen Aussagen.

Zur Modellierung des entsprechenden Kriteriums greifen wir im Folgenden auf die *Theorie semantischer Information* zurück, wie sie insbesondere von Bar-Hillel und Carnap (1953) entwickelt wurde. Das Grundprinzip dieser Theorie ist, dass sich die Informativität einer Aussage umgekehrt proportional zu ihrer Wahrscheinlichkeit verhält. Dies ist zunächst eine plausible Grundannahme: Beispielsweise ist die Information, dass ein fairer Würfel nicht mit der Zahl 6 oben gelandet ist, weit weniger gehaltvoll als die Information, dass im Anschluss an seinen Wurf die Zahl 2 oben liegt. Entsprechend gilt, dass die Wahrscheinlichkeit der ersten, weniger informativen Aussage *höher* ist als diejenige der zweiten, informativeren Aussage. Zwei klassische Repräsentationen für den Informationsgrad einer Aussage x sind das Differenz-basierte Maß $\inf_d$ sowie das Verhältnis-basierte Maß $\inf_r$:[36]

$$\inf_d(x) = 1 - P(x)$$
$$\inf_r(x) = \log\left[1/P(x)\right]$$

---

[35] Siehe beispielsweise Olsson und Schubert (2007). Weitere Informationen zum Zusammenhang zwischen Kohärenz und Zuverlässigkeit finden sich in Abschnitt 6.2.

[36] $\inf_r$ findet beispielsweise an prominenter Stelle Anwendung innerhalb der sogenannten Informationstheorie, wie sie maßgeblich in Shannon (1948) entwickelt wurde. Weitere Informationen zur Theorie semantischer Informationen findet man in Hintikka (1968, 1970) sowie in Hintikka und Pietarinen (1966).

Im Folgenden verwenden wir **inf** zur Bezeichnung beider Maße. Zwei naheliegende Kriterien, die von beiden Maßen erfüllt werden, sind die folgenden:
1. Wenn $x \vDash y$, dann $\mathbf{inf}(y) \leq \mathbf{inf}(x)$ für alle $x, y \in L$.
2. $\mathbf{inf}(\top) \leq \mathbf{inf}(x) \leq \mathbf{inf}(\bot)$ für alle $x \in L_c$.

Nach Kriterium 1 variiert der Informationsgehalt einer Aussage mit ihrer logischen Stärke; wenn also eine Aussage x eine andere Aussage y logisch impliziert, so hat sie einen mindestens so hohen Informationsgehalt wie die von ihr implizierte Aussage. Gemäß Kriterium 2 haben Tautologien den geringsten Informationsgehalt, während Kontradiktionen maximal informativ sind. Alle anderen kontingenten Aussagen liegen hinsichtlich ihres Informationsgehalts zwischen diesen Extremen.[37] Mit Hilfe der obigen Maße können wir nun das folgende alternative Kohärenz-Kriterium für äquivalente Aussagen formulieren:

(LÄQ*) *Kohärenz und überraschende logische Äquivalenz.*
   Seien $X, Y \subset L_c$ zwei Mengen von äquivalenten Aussagen mit $\mathbf{inf}(x) \leq \mathbf{inf}(y)$ für $x \in X, y \in Y$, dann gilt $\mathbf{coh}(X, P) \leq \mathbf{coh}(Y, P)$ für alle $P \in \mathbf{P}$.

Nach **(LÄQ*)** ist also der Grad der Kohärenz einer Menge äquivalenter Aussagen umso höher, je höher der Informationsgehalt der enthaltenen Aussagen ist; der höhere Informationsgehalt macht die Übereinstimmung zwischen den Aussagen überraschender. Entsprechend ist es nicht weiter verwunderlich, dass **(LÄQ*)** und **(LÄQ)** nicht miteinander vereinbar sind.

Beobachtung 4.7. **(LÄQ)** und **(LÄQ*)** sind logisch unvereinbar.

Auf der anderen Seite ist **(LÄQ*)** ebenso wie **(LÄQ)** sowohl logisch kompatibel mit beiden Kriterien zum Zusammenhang von Kohärenz und probabilistischer Unabhängigkeit, als auch mit deren Negationen, d. h.:

Beobachtung 4.8. **(LÄQ*)** ist logisch unabhängig von **(KIN)** und **(KIN*)**.

Die Resultate dieses Abschnitts werden in dem folgenden Diagramm graphisch festgehalten. Damit beenden wir diesen Abschnitt und wenden uns im Folgenden einigen Kriterien zu, die den Einfluss von logischen Implikations-Beziehungen sowie von Uneinigkeit (*disagreement*) auf den Grad der Kohärenz thematisieren.

---

[37] Dass Kontradiktionen maximal informativ sind, wird häufig als „Bar-Hillel-Carnap-Paradox" der Theorie semantischer Informationen bezeichnet. Es ist eine einfache Folgerung aus der Tatsache, dass der Informationsgehalt einer Aussage zunächst über die Menge der von ihr logisch implizierten Aussagen rekonstruiert wird. In diesem Sinne ist natürlich eine Kontradiktion maximal informativ, da aus ihr *alle* in einer Sprache möglichen Aussagen folgen.

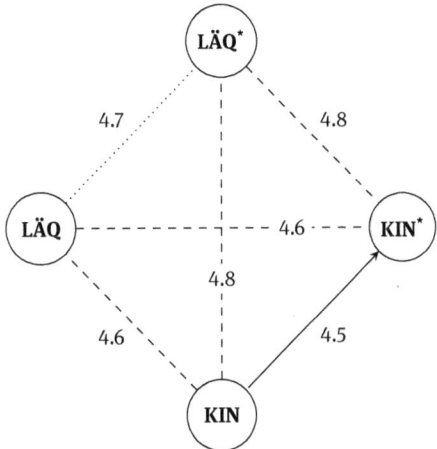

Abb. 4.2: Logische Beziehungen zwischen den Äquivalenz- und Inkonsistenzbedingungen

4.3 Implikation und Uneinigkeit

Uneinigkeit kann verschiedene Facetten haben. Nehmen wir an, dass Anne und Ben sich uneinig in Bezug auf Christians Haarfarbe sind: während Anne meint, dass er blonde Haare hat, glaubt Ben, dass er keine blonden Haare hat. Dies ist ein Fall von kontradiktorischen Überzeugungen und es scheint unkontrovers zu sein, dass wir es hier mit einem hohen Grad von Inkohärenz zu tun haben. Ihre Uneinigkeit kann aber auch schwächer ausfallen: Beispielsweise könnte Anne weiterhin glauben, dass Christian blonde Haare hat, während Ben glaubt, er hätte schwarze Haare. In diesem Fall sind ihre Überzeugungen nicht kontradiktorisch, sondern konträr, denn sie können zwar nicht zusammen wahr sein, wohl aber zusammen falsch, beispielsweise wenn Christian rote Haare hat. Nichtsdestotrotz scheinen ihre Überzeugungen immer noch hochgradig inkohärent zu sein.

Auf der anderen Seite können Anne und Ben auch insofern uneinig sein, als einer von beiden Möglichkeiten zulässt, welcher der oder die andere ausschließt. Sogar in dem Fall, in dem Bens Überzeugung logisch schwächer ist als diejenige von Anne, können sie sich immer noch zu einem gewissen Grade uneinig sein. Nehmen wir beispielsweise an, dass Ben nun glaubt, dass Christians Haare entweder blond oder braun sind, während Anne bei ihrer alten Überzeugung bleibt. Offenbar impliziert Annes Überzeugung diejenige von Ben. Trotzdem sind sie sich uneinig hinsichtlich der Möglichkeit, dass Christian braune Haare hat, denn während Ben diese Möglichkeit berücksichtigt, wird sie von Anne explizit ausgeschlossen. Dennoch scheint diese Art von Uneinigkeit kein Grund zu sein zu folgern, dass ihre Überzeugungen inkohärent sind; ganz im Gegenteil haben wir bereits in Abschnitt 3.1.5 gesehen, dass ein solches logisches Abhängigkeitsverhältnis zwischen zwei Aussagen ein Indiz für deren Kohärenz ist. Wir halten das Pendant zu dem obigen Kriterium **(KLI)** an dieser Stelle noch einmal fest, um die logischen Beziehungen zu den anderen in diesem Abschnitt diskutierten Kriterien leichter thematisieren zu können.

(KLI) *Kohärenz und logische Implikation.*
   Seien $x, y \in L_c$ mit $x \vDash y$, dann gilt $\mathbf{coh}(\{x, y\}, P) > 0$ für alle $P \in \mathbf{P}$.

Die in **(KLI)** formulierte Intuition, wonach deduktive inferentielle Beziehungen einen positiven Einfluss auf den Grad der Kohärenz einer Menge von Aussagen haben, wird weithin akzeptiert (vgl. BonJour 1985, Harman 1986, Thagard 1989). Auf der anderen Seite lassen, wie erwähnt, auch solche Implikationsbeziehungen noch Raum für Uneinigkeit. Kontrastieren wir also zur Illustration den vorherigen Fall, in dem Anne glaubt, dass Christian blonde Haare hat, während Ben glaubt, sie seien blond oder braun, mit dem folgenden Fall: Wiederum glaubt Anne, dass Christians Haare blond sind, während Ben nun glaubt, sie seien blond oder braun oder rot. In beiden Fällen passen ihre Überzeugungen insofern zusammen, als dass Annes Überzeugung diejenige von Ben jeweils logisch impliziert. In umgekehrter Richtung besteht allerdings keine logische Implikationsbeziehung, sondern lediglich eine mehr oder weniger starke *induktive* Beziehung, d. h. die bedingte Wahrscheinlichkeit, mit der Annes Überzeugung wahr ist unter der Annahme, dass Bens Überzeugung wahr ist, ist mehr oder weniger hoch. Ein entsprechendes Kriterium, dass diese Intuition einfängt, lautet wie folgt:

(KLI*) *Kohärenz, logische Implikation und bedingte Wahrscheinlichkeit.*
   Seien $x, y, z \in L_c$ mit $x \vDash y \wedge z$ und $P(x|y) > P(x|z)$ für ein $P \in \mathbf{P}$, dann gilt $\mathbf{coh}(\{x, y\}, P) > \mathbf{coh}(\{x, z\}, P)$.

Nach **(KLI*)** passen also die Überzeugungen von Anne und Ben im ersten Fall, in dem Ben glaubt, Christians Haare seien entweder blond oder braun, besser zusammen als im zweiten Fall, in dem er ebenfalls die Möglichkeit zulässt, dass Christian rote Haare hat. Wie wir später sehen werden, stimmen nahezu alle in der Literatur diskutierten Kohärenzmaße mit diesem Kriterium überein.[38] Umso erstaunlicher scheint es, dass Akiba (2000) einen ähnlichen Testfall mit der *entgegengesetzten* Intuition vertreten hat. Er betrachtet in seiner Diskussion des naiven Abweichungsmaßes $\mathcal{D}^r$ ein Szenario, in dem wir uns den Wurf eines fairen

---

[38] Eine Ausnahme hierzu bildet lediglich das $\mathcal{C}$-Maß basierend auf dem Stützungsmaß δ; dieses ist für solche Fälle *nicht* definiert.

Würfels vorstellen sollen und betrachtet die folgenden drei Hypothesen über die gewürfelte Augenzahl:
(x_1) Die Augenzahl ist 2.
(x_2) Die Augenzahl ist 2 oder 4.
(x_3) Die Augenzahl ist 2 oder 4 oder 6.

Hier gilt aufgrund der Oder-Einführung offensichtlich, dass x_1 sowohl x_2 als auch x_3 logisch impliziert. Gleichzeitig ist die bedingte Wahrscheinlichkeit von x_1 höher unter der Annahme, dass x_2 wahr ist als unter der entsprechenden Annahme für x_3. Insofern müsste nach (**KLI***) gelten, dass die Menge $X = \{x_1, x_2\}$ kohärenter ist als $Y = \{x_1, x_3\}$. Akiba nimmt hingegen an, dass ihre Kohärenzgrade *identisch* sind. Der Grund hierfür liegt in der Annahme, dass Überzeugungsmengen von Akiba scheinbar als *deduktiv abgeschlossen* betrachtet werden, d. h. er geht vermutlich davon aus, dass $X = Ab(X)$. Diese Vermutung wird dadurch untermauert, dass er im weiteren Verlauf seines Artikels darauf eingeht, dass der Grad der Kohärenz der Mengen X bzw. Y ebenfalls identisch sein sollte zur Kohärenz der Einer-Menge $\{x_1\}$, da diese gewissermaßen den deduktiven „Kern" aller drei Mengen ausmache. Diese Annahme wollen wir an dieser Stelle nicht treffen und gehen entsprechend weiterhin von der Gültigkeit von (**KLI***) aus. Wir werden uns aber mit der Frage nach der Kohärenz von äquivalenten Mengen eingehend im Abschnitt 7.1 auseinandersetzen. Die von Akiba ebenfalls durch sein vorheriges Argument aufgeworfene Frage nach der Kohärenz von Einer-Mengen wird uns in Abschnitt 7.3 beschäftigen.[39]

Wenden wir uns nun der Beziehung zwischen dem qualitativen Kriterium (**KLI**) und dem komparativen Kriterium (**KLI***) zu, so stellen wir fest:

Beobachtung 4.9. (**KLI**) und (**KLI***) sind logisch unabhängig.

Eine andere Art, diese Intuition der Uneinigkeit im Falle von logischer Implikation formal zu repräsentieren, liegt in der Verwendung eines Maßes *dis* der Uneinigkeit (*disagreement*); diesbezüglich bietet sich die folgende Formel an:

$$\mathrm{dis}(x, y, P) = P(x \Delta y) = P(x \wedge \overline{y}) + P(\overline{x} \wedge y)$$

Das Maß *dis* quantifiziert die Uneinigkeit zweier Aussagen x und y über deren Differenzmenge, also denjenigen Bereich von Möglichkeiten, in denen jeweils eine

---

[39] Eine kritische Evaluation von Akibas Auswertung des obigen Szenarios findet sich auch bei Shogenji (2001). Dort argumentiert er mit Hilfe eines illustrierenden weiteren Beispiels dafür, dass $\{x_1, x_2\}$ sehr wohl kohärenter ist als $\{x_1, x_3\}$, obwohl in beiden Fällen eine deduktive Inferenzbeziehung vorliegt (vgl. Olsson 2005, 101f.).

von beiden Aussagen wahr ist, während die andere falsch ist ($x \wedge \bar{y}$ bzw. $\bar{x} \wedge y$). Logisch äquivalente Aussagen sind damit minimal uneinig, insofern in diesem Fall gilt, dass sowohl $P(x \wedge \bar{y})$ als $P(\bar{x} \wedge y)$ gleich Null sind; auf der anderen Seite sind logisch inkonsistente Aussagen maximal uneinig, insofern $P(x \wedge \bar{y}) + P(\bar{x} \wedge y) = 1$. Mit Hilfe dieser Formel können wir nun das folgende Kriterium zum Zusammenhang von Kohärenz und Uneinigkeit im Kontext von logischer Implikation formulieren:

(DIS) *Diskordanz.*

Seien $x, y, z \in L_c$ mit $x \vDash y \wedge z$ und $dis(x, y, P) < dis(x, z, P)$ für ein $P \in \mathbf{P}$, dann gilt $\mathbf{coh}(\{x, y\}, P) > \mathbf{coh}(\{x, z\}, P)$.

Wie sich zeigt, sind die beiden komparativen Kriterien sogar äquivalent.

Beobachtung 4.10. **(KLI*)** und **(DIS)** sind logisch äquivalent.

Abschließend betrachten wir ein Kriterium, dass einen Fall von Uneinigkeit unabhängig von logischen Implikationen thematisiert. Eine naheliegende Möglichkeit hierzu wäre es schlicht zu fordern, dass jeder Unterschied zwischen $dis(x, y)$ und $dis(x, z)$ mit einem entsprechenden Unterschied zwischen den Kohärenzwerten der dazugehörigen Mengen einhergehen sollte. Trotz anfänglicher Plausibilität sieht man sehr schnell, dass eine solche Forderung insofern problematisch ist, als dass sie die Übereinstimmung zwischen x und y bzw. x und z außer Acht lässt. Es ist durchaus vorstellbar, dass eine höhere Uneinigkeit kompensiert wird durch eine ebenfalls vorhandene (partielle) Übereinstimmung. Der Grad der (absoluten) Übereinstimmung oder *Kompatibilität* wird im Folgenden durch die Wahrscheinlichkeit der Konjunktion gemessen, d. h. wir definieren $komp(x, y, P) = P(x \wedge y)$. Was im folgenden Kriterium gefordert wird, ist, dass ein Kohärenzmaß sowohl sensitiv für diese Übereinstimmung als auch für die Uneinigkeit zwischen den Aussagen sein sollte. Genauer genommen wird gefordert, dass je höher $komp(x, y)$ und je niedriger $dis(x, y)$, desto höher soll $\mathbf{coh}(x, y)$ sein.

(DIS*) *Diskordanz (starke Version).*

Seien $x_1, x_2, y_1, y_2 \in L_c$, sodass gilt $komp(x_1, y_1, P) \geq komp(x_2, y_2, P)$ und $dis(x_1, y_1, P) \leq komp(x_2, y_2, P)$ für ein $P \in \mathbf{P}$ (und eine Ungleichung ist strikt). Dann gilt $\mathbf{coh}(\{x_1, y_1\}, P) \geq \mathbf{coh}(\{x_2, y_2\}, P)$.

Falls $x \vDash y \wedge z$, dann gilt offenbar $P(x \wedge y) = P(x \wedge z)$ und somit ist das Kriterium **(DIS*)** logisch stärker als **(DIS)**:

Beobachtung 4.11. **(DIS*)** impliziert **(DIS)**, aber nicht umgekehrt.

Das gleiche gilt aufgrund der zuvor erwähnte Äquivalenz offensichtlich auch für **(KLI*)**, d. h.

Beobachtung 4.12. (**DIS***) impliziert (**KLI***), aber nicht umgekehrt.

Auf der anderen Seite ist (**DIS***) logisch unverträglich mit (**KLI**) und somit erhalten wir zu Vervollständigung der Betrachtungen dieses Abschnitts die folgende Beobachtung:

Beobachtung 4.13. (**DIS***) und (**KLI**) sind unvereinbar.

Mit dem Diagramm 4.3, in welchem wiederum die in diesem Abschnitt thematisierten Kohärenz-Kriterien im Hinblick auf ihre logischen Beziehungen graphisch dargestellt werden, beenden wir die Abschnitte zu den Adäquatheitsbedingungen und der Grammatik von Kohärenzmaßen und wenden uns im nächsten Abschnitt einer Auswertung der einzelnen Maße vor dem Hintergrund dieser Kriterien zu.

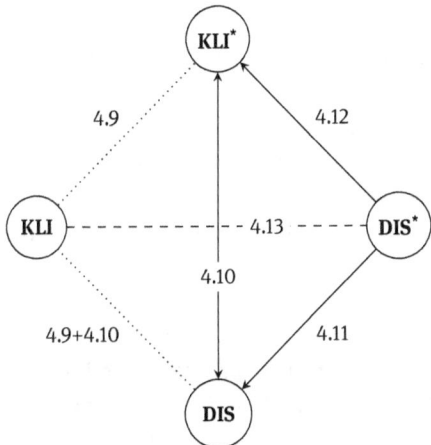

Abb. 4.3: Logische Beziehungen zwischen Implikations- und Uneinigkeitsbedingungen

4.4 Auswertung der Maße

In diesem Abschnitt wollen wir uns nun vor dem Hintergrund der zuletzt betrachteten Eigenschaften wiederum den oben eingeführten Kohärenzmaßen zuwenden, um zu ermitteln, welche der Eigenschaften von welchem Kohärenzmaß erfüllt bzw. verletzt werden. Beginnen wir unsere Auswertung zunächst mit dem ersten Quartett von Bedingungen, welche in erster Linie der Relevanz-Sensitivität gewidmet waren. Wir haben gesehen, dass die von uns betrachtete Bedingung (**KAB**), welche eine Sensitivität für bedingte Wahrscheinlichkeiten unabhängig von einer möglicherweise vorliegenden Relevanzbeziehung zwischen den jeweils betrachteten Aussagen fordert, inkompatibel mit den anderen drei Bedingungen ist. Entsprechend finden wir auch keine Abweichungsmaße oder Kohärenzmaße basierend auf dem inkrementellen Bestätigungsbegriff, welche diese Bedingung erfüllen. Stattdessen wird **(KAB)** durch $\mathcal{C}_\eta$ erfüllt, da dieses Maß das Kohärenzurteil ausschließlich auf der Grundlage des arithmetischen Mittels aller relevanten bedingten Wahrscheinlichkeiten abgibt.[40]

Auf der anderen Seite haben wir drei Bedingungen, die explizit eine Sensitivität für Relevanzbeziehungen fordern, d. h. **(PUN)**, **(PUN*)** und **(KIB)**. Von diesen Bedingungen scheint **(PUN*)** eine gegenüber der starken Bedingung **(PUN)** sinnvollerweise abgeschwächte Version zu sein, sodass den Maßen, welche **(PUN)** verletzen aber die abgeschwächte Version erfüllen, ein kleiner Vorteil gegenüber den anderen Maßen zuzusprechen zu sein scheint. Darüber hinaus ist **(KIB)** eine im Bereich der Relevanz-sensitiven Maße hochgradig plausible Bedingung zu sein, sodass entsprechende Maße möglichst beide Bedingungen, d. h. **(PUN*)** und **(KIB)** erfüllen sollten. Wie der Tabelle 4.2 zu entnehmen ist, gibt es eine ganze Reihe solcher Maße.

Kommen wir nun zum zweiten Quartett von Bedingung, d. h. denjenigen Bedingungen, die sich mit dem Status logischer Äquivalenzen und Kontradiktionen beschäftigen. Wie bereits in Abschnitt 4.2 erläutert, sind **(LÄQ)** und **(LÄQ*)** inkompatibel, sodass sich Maße jeweils nur einer von beiden Bedingungen zuordnen lassen (oder keiner). Letzteres ist der Fall für das Maß $\mathcal{C}_\delta$, welches in diesem, wie auch in zahlreichen anderen Fällen ohne weitere Anpassung schlicht nicht definiert ist. Bezüglich der anderen Maße lässt sich feststellen, dass alle Abweichungsmaße sowie $\mathcal{C}_\alpha$ und $\mathcal{C}_\beta$ die Bedingung **(LÄQ*)** erfüllen, also im Falle logisch äquivalenter Aussagen den Grad der Kohärenz in Abhängigkeit der Ausgangswahrscheinlichkeit der äquivalenten Aussagen berechnen. Demgegenüber weisen sowohl die verbleibenden $\mathcal{C}$-Maße als auch die beiden Überlappungsmaße im Falle äquivalenter Aussagen ausnahmslos den maximalen Kohärenzgrad zu. Letzteres scheint uns, ausgehend von der Umschreibung von Kohärenz als Zusammen-Passen von Informationen, eine hochgradig plausible und daher wünschenswerte Eigenschaft Kohärenzmaßen zu sein.

Bezüglich der Inkonsistenz-Bedingungen gilt wieder, dass **(KIN*)** eine gegenüber **(KIN)** verbesserte Bedingung ist, da **(KIN)** keine unterschiedlichen Grade von Inkohärenz für inkonsistente Mengen erlaubt. Stimmt man mit dieser letzten Position nicht überein und ist somit der Ansicht, dass die Unterscheidung von Graden der Kohärenz sich nur sinnvollerweise für konsistente Mengen von Aus-

---

[40] Wie in der Tabelle angegeben, konnte der Status der Überlappungsmaße hinsichtlich der Bedingung **(KAB)** bisher nicht geklärt werden (siehe Erläuterungen in der Legende der Tabelle 4.2.

sagen explizieren lässt, so hat man die Wahl zwischen drei Maßen $\mathcal{D}^r$, $\mathcal{D}^r_T$ und $\mathcal{O}$, welche diese Bedingung erfüllen. Möchte man hingegen ein Maß, welches **(KIN)** verletzt, aber demgegenüber ohne weitere Anpassung des Maßes problemlos verschiedenen inkonsistenten Mengen von Aussagen auch verschiedene Grade von Kohärenz zuweist, so bleibt einem nur $\mathcal{O}_T$ als Maß. Alle anderen Maßen, insbesondere alle $\mathcal{C}$-Maße sind in vielen Kontexten für inkonsistente Mengen von Aussagen schlicht nicht definiert.⁴¹ Somit zeigt sich, dass für diejenigen, die nach einem Maß suchen, das nicht Relevanz-sensitiv ist, das verfeinerte Überlappungsmaß eine gute Wahl ist, da es sowohl äquivalenten Aussagen den maximal Kohärenzwert zuweist als auch gut mit Bezug auf die Inkonsistenz-Bedingungen abschneidet.

Im letzten Quartett von Bedingungen steht der Zusammenhang von Kohärenz, Implikationen und Uneinigkeit im Mittelpunkt. Aufgrund der vorhandenen Inkonsistenz zwischen **(KLI)** und **(DIS*)** gibt es kein Maß, dass alle vier Bedingungen erfüllt. Der Schwerpunkt der Maße liegt allerdings eindeutig bei **(KLI)**: Während die beiden Überlappungsmaße diese Bedingung verletzen und stattdessen **(DIS*)** erfüllen, ist es für die verbleibenden elf Maße genau anders herum. Die beiden äquivalenten Bedingungen **(KLI*)** und **(DIS)** werden hingegen mit Ausnahme von $\mathcal{C}_\delta$ von allen Maßen erfüllt.

Tab. 4.2: Auswertung aller Maße in Bezug auf ihre Grammatik. Die mit einem „?" markierten Fälle sind unklar, d. h. es konnte bisher weder analytisch gezeigt werden, dass die Maße das entsprechende Kriterium erfüllen, noch konnte ein Gegenbeispiel gefunden werden. Zur Suche eines Gegenbeispiels wurde das *Mathematica*-Skript PrSAT verwendet (vgl. Fitelson 2003).

	$\mathcal{D}^r$	$\mathcal{D}^r_T$	$\mathcal{D}^d$	$\mathcal{D}^d_T$	$\mathcal{O}$	$\mathcal{O}_T$	$\mathcal{C}_\alpha$	$\mathcal{C}_\beta$	$\mathcal{C}_\gamma$	$\mathcal{C}_\delta$	$\mathcal{C}_\varepsilon$	$\mathcal{C}_\zeta$	$\mathcal{C}_\eta$
(PUN)	1	0	1	0	0	0	0	0	0	0	0	0	0
(PUN*)	1	1	1	1	0	0	1	1	1	1	1	1	0
(KIB)	1	1	1	1	0	0	1	1	1	1	1	1	0
(KAB)	0	0	0	0	?	?	0	0	0	0	0	0	1
(LÄQ)	0	0	0	0	1	1	0	0	1	0	1	1	1
(LÄQ*)	1	1	1	1	0	0	1	1	0	0	0	0	0
(KIN)	1	1	0	0	1	0	0	0	0	0	0	0	0
(KIN*)	1	1	0	0	1	1	0	0	0	0	0	0	0
(KLI)	1	1	1	1	0	0	1	1	1	1	1	1	1
(KLI*)	1	1	1	1	1	1	1	1	1	0	1	1	1
(DIS)	1	1	1	1	1	1	1	1	1	0	1	1	1
(DIS*)	0	0	0	0	1	1	0	0	0	0	0	0	0

---

41 Mögliche Anpassungen der Maße für inkonsistente Mengen von Aussagen werden in Abschnitt 6.3 diskutiert.

Insgesamt zeigt sich in dieser Analyse der Grammatik der Kohärenzmaße insbesondere, dass es gute Gründe dafür gibt, die Suche nach dem heiligen Gral im Dickicht der Kohärenzmaße, also dem einen „wahren" Kohärenzmaß zugunsten einer pluralistischen Position aufzugeben. Da es nicht möglich ist, ein Maß zu finden, dass alle diskutierten Bedingungen erfüllt, diese jedoch jeweils für sich genommen einige Plausibilität beanspruchen können, scheint der der Modellierung zugrunde liegende Begriff der Kohärenz, das *Explikandum*, mehrdeutig zu sein. Entsprechend deuten die einzelnen Ergebnisse dieses Abschnitts darauf hin, dass verschiedene Kohärenzmaße unterschiedliche Aspekte der von uns im Alltag verwendeten Kohärenzkonzeptionen einfangen.[42] Die vorliegenden Ergebnisse könnten also im Sinne eines Werkzeugkastens verstanden werden, bei dem man sich in einer gegebenen Situation zunächst Klarheit über die wünschenswerten Eigenschaften des des zu modellierenden Kohärenzbegriffs verschafft, beispielsweise **(KIB)** oder **(KAB)** sowie **(LÄQ)**, und dann aus der Liste der mit diesen Eigenschaften kompatiblen Maße das jeweils beste Maß heraussucht.

Mit diesen Erläuterungen zur Grammatik der einzelnen Kohärenzmaße verlassen wir zunächst den eher theoretischen Bereich des Manuskripts, der sich auf einer abstrakten Ebene mit den strukturellen Eigenschaften von Kohärenzrelationen und -maßen beschäftigt und gehen dazu über, einige in der Literatur vorgeschlagene Testfälle für Kohärenzmaße zu betrachten.

---

[42] Eine solche Position wird häufig auch im Bereich der Diskussion um probabilistische Bestätigungsmaße vertreten (vgl. Steel 2007). Im Kontrast dazu steht beispielsweise Milne (1996).

5 Testfälle

Neben Adäquatheitsbedingungen werden in der Kohärenzliteratur auch häufig Testfälle verwendet, um für oder gegen die Adäquatheit eines bestimmten Kohärenzmaßes zu argumentieren. Diese Testfälle bestehen meist aus einem fiktiven Szenario, das häufig implizit eine oder mehrere Wahrscheinlichkeitsverteilungen über einer oder mehreren Mengen von Aussagen definiert. Diese wahrscheinlichkeitstheoretischen Informationen ermöglichen die Berechnung der Funktionswerte probabilistischer Kohärenzmaße. Zudem sind solche Testfälle üblicherweise mit einem normativen Kohärenzurteil verbunden, also einer Aussage darüber, welches Ergebnis ein adäquates Kohärenzmaß für eine entsprechende Aussagenmenge liefern sollte. Damit ist es möglich, die in dem Szenario gegebenen Aussagen hinsichtlich ihres Kohärenzgrades vor dem Hintergrund der gegebenen Wahrscheinlichkeitsverteilung zunächst intuitiv zu bewerten und sodann das Abschneiden der einzelnen Maße mit der ausgebildeten Intuition als Prüfstein kritisch zu vergleichen.

Testfall-basierte Analysen unterscheiden sich demnach in zweierlei Hinsicht von den zuvor besprochenen Analysen auf der Grundlage von Adäquatheitsbedingungen:

1. Erstens sind sie im Vergleich zu Adäquatheitsbedingungen sehr viel *spezifischer*. Während Adäquatheitsbedingungen in der Regel auf einer abstrakten Ebene allgemeine Kriterien zum Vergleich von Kohärenzmaßen festlegen, die für eine kaum zu überschauende Bandbreite von konkreten Szenarien stehen, beschäftigt man sich in Testfall-basierten Analysen mit *einem* konkreten Szenario und der Kohärenz-bezogenen Intuition in dieser *einen* Situation. Der Vorteil davon ist, dass die Intuitionen häufig sehr viel klarer und verlässlicher sind, da die Menge der zu berücksichtigen Informationen überschaubarer ist. Die Kehrseite ist, dass eine Nicht-Übereinstimmung eines bestimmten Maßes mit der Intuition leichter zu vernachlässigen ist, da es sich lediglich um *einen* Testfall aus einer unendlich großen Menge von möglichen Testfällen handelt.

2. Zweitens sind wir auf der Grundlage der obigen Überlegungen zu verschiedenen Klassen von Kohärenzmaßen und der Vermutung, dass es sich beim Begriff der Kohärenz *nicht* um ein monolithisches Explikat handelt, mit dem Problem konfrontiert, dafür zu argumentieren, weshalb die Nicht-übereinstimmung zwischen Intuition und Messergebnis als Indiz für die Inadäquatheit des gewählten Maßes und nicht als Indiz dafür zu bewerten ist, dass die im Testfall angesprochene Intuition einem anderen Explikandum zuzuordnen ist.

Im Folgenden werden wir eine Sammlung von Testfällen aus der Kohärenzliteratur beleuchten.

5.1 Würfel und Disjunktionen

Akiba (2000) hat einen Testfall vorgelegt, der sich in erster Linie gegen die Adäquatheit von Shogenjis Maß richtet.[43] Die Grundidee dieses Testfalls besteht darin, dass wenn sich zwei Propositionen x_2 und x_3 logisch aus derselben Proposition x_1 ableiten lassen, die Mengen $X_1 = \{x_1, x_2\}$ und $X_2 = \{x_1, x_3\}$ sich in Hinblick auf ihre Kohärenzgrade nicht unterscheiden sollten. Zur Veranschaulichung verwendet Akiba folgendes Szenario: Stellen wir uns einen fairen Würfelwurf vor und betrachten die folgenden drei Aussagen über die gewürfelte Augenzahl:

(x_1)   Die Augenzahl ist 2.
(x_2)   Die Augenzahl ist 2 oder 4.
(x_3)   Die Augenzahl ist 2 oder 4 oder 6.

Hier gilt aufgrund der in der klassischen Aussagenlogik geltenden Regel der Oder-Einführung, dass x_1 sowohl x_2 als auch x_3 logisch impliziert. Laut Akibas Forderung sollte dementsprechend auch für die Gleichverteilung der Augenzahlen P gelten **coh**(X_1, P) = **coh**(X_2, P). Die Wahrscheinlichkeitsverteilung lässt sich in der folgenden Tabelle darstellen:

Tab. 5.1: Verteilung für den Würfel-Fall

x_1	x_2	x_3	P
0	0	0	3/6
0	0	1	1/6
0	1	0	0
0	1	1	1/6
1	0	0	0
1	0	1	0
1	1	0	0
1	1	1	1/6

Die zum Testfall gehörende Adäquatheitsbedingung lässt sich wie folgt zusammenfassen:

(T1) Seien x_1, x_2, x_3 wie oben gewählt, dann gilt **coh**(X_1, P) = **coh**(X_2, P).

---

43 Vgl. auch unsere kurze Thematisierung dieses Testfalls in Abschnitt 4.3.

Wie die folgende Beobachtung zeigt, verletzt nicht nur Shogenjis Maß diese Forderung, sondern schlichtweg jedes der besprochenen Kohärenzmaße.

Beobachtung 5.1. Keines der in Abschnitt 2 betrachteten Kohärenzmaße erfüllt die Bedingung **(T1)**.

Dieses Ergebnis scheint also gegen die Adäquatheit *aller* bisher diskutierten Kohärenzmaße zu sprechen. Wie bereits in Abschnitt 4.3 erwähnt, ist bei der Interpretation dieses Ergebnisses allerdings Vorsicht geboten: Einerseits kann ein solches negatives Testfallergebnis natürlich heißen, dass keines der getesteten Maße für derartige Fälle geeignet ist. Andererseits kann das Ergebnis auch darauf hindeuten, dass die zugrunde gelegte Kohärenz-Intuition fehlgeleitet ist. Für die zweite Interpretation hat Olsson (2005) argumentiert. Seiner Ansicht nach sollte nicht notwendigerweise gelten, dass beide Mengen gleichermaßen kohärent sind:
(T1') Seien x_1, x_2, x_3 wie oben gewählt, dann gilt $\mathbf{coh}(X_1, P) \neq \mathbf{coh}(X_2, P)$.

Für **(T1')** lässt sich beispielsweise wie folgt argumentieren: zwar ist es der Fall, dass x_1 sowohl x_2 als auch x_3 logisch impliziert, woraus folgt, dass die beiden Mengen X_1 und X_2 in qualitativer Hinsicht beide kohärent sind. Allerdings sollte bei der Ermittlung des Kohärenzgrades dieser beiden Mengen nicht nur berücksichtigt werden, in welchem Verhältnis x_1 jeweils zu x_2, bzw. x_3 steht, sondern auch umgekehrt in Rechnung gestellt werden, in welchem Verhältnis x_2 bzw. x_3 zu x_1 stehen. Und hier lässt sich ein relevanter Unterschied zwischen beiden Mengen feststellen: Die bedingte Wahrscheinlichkeit von x_1 ist größer unter der Annahme, dass x_2 wahr ist, als unter x_3, d. h. $P(x_1|x_2) > P(x_1|x_3)$ (sofern $P(x_2) < P(x_3)$). Somit ist unabhängig davon, ob wir einen Begriff der inkrementellen oder der absoluten Stützung zugrunde legen, der Grad, zu dem x_2 die Aussage x_1 stützt, größer als der entsprechende Grad der Stützung zwischen x_3 und x_1. Mit Bezug auf die obigen Kohärenzmaße erhalten wir das folgende Ergebnis:

Beobachtung 5.2. Mit Ausnahme von $\mathcal{C}_\delta$ erfüllt jedes der in Abschnitt 2 betrachteten Maße die Bedingung **(T1')**.

Der Grund dafür, dass $\mathcal{C}_\delta$ beide Bedingungen nicht erfüllt, liegt schlicht daran, dass es für die zugrunde liegenden Wahrscheinlichkeitstheoretischen Profile nicht definiert ist.

5.2 Schwarze Raben und braune Stühle

BonJours Werk *The Structure of Empirical Knowledge* (1985) gilt bis heute als Standardreferenz für kohärentistische Theorien epistemischer Rechtfertigung.

Um den Unterschied zwischen einer offensichtlich kohärenten und einer weder kohärenten noch inkohärenten Menge von Aussagen zu veranschaulichen, formulierte BonJour ein Beispiel, das später von Bovens und Hartmann (2003a) aufgegriffen wurde. Beginnen wir zunächst mit den folgenden drei Aussagen:

(x_1)   Alle Raben sind schwarz.
(x_2)   Dieser Vogel ist ein Rabe.
(x_3)   Dieser Vogel ist schwarz.

Die Menge X, bestehend aus diesen drei Aussagen, ist offenbar kohärent; die Aussagen hängen insofern zusammen, als dass x_2 und x_3 gemeinsam eine Instanz von x_1 bilden und diese letzte Aussage stützen; zudem lässt sich x_3 aus der Konjunktion von x_1 und x_2 ableiten. BonJours Beispiel für eine Menge von Aussagen, die weder kohärent noch inkohärent sind, sieht folgendermaßen aus:

(y_1)   Dieser Stuhl ist braun.
(y_2)   Elektronen sind negativ geladen.
(y_3)   Heute ist Donnerstag.

Diese Aussagen sind völlig unabhängig voneinander und hängen insofern überhaupt nicht zusammen; da sie sich allerdings auch nicht widersprechen, ist die Menge $Y = \{y_1, y_2, y_3\}$ weder kohärent noch inkohärent. Für beide Mengen haben Bovens und Hartmann plausible Wahrscheinlichkeitsverteilungen entwickelt. Sie sind in der folgenden Tabelle dargestellt, wobei z als Aussagenvariable verwendet wird, die entweder für x oder y steht. Zu lesen ist die folgende Tabelle daher wie folgt: $P_X(z_i)$ gibt die jeweilige Wahrscheinlichkeit von x_i an, während $P_Y(z_i)$ die Wahrscheinlichkeit von y_i angibt.

Tab. 5.2: Verteilung für den Raben Fall

z_1	z_2	z_3	P_X	P_Y
0	0	0	27/64	27/64
0	0	1	9/64	9/64
0	1	0	27/160	9/64
0	1	1	3/160	3/64
1	0	0	9/64	9/64
1	0	1	3/64	3/64
1	1	0	0	3/64
1	1	1	1/16	1/64

Wie sich durch einfache Berechnungen feststellen lässt, sind die Aussagen der zweiten Menge unter der entsprechenden Wahrscheinlichkeitsverteilung unabhängig. Da die meisten der betrachteten Maße in diesem Fall einen neutralen Kohärenzgrad zuweisen, sollten sie auch den Testfall meistern. Zunächst halten wir aber die zum Testfall gehörige Adäquatheitsbedingung fest:

(T2) Seien x_i, y_i für $1 \leq i, j \leq 3$ wie oben gewählt, dann gilt $\mathbf{coh}(X, P_X) > \mathbf{coh}(Y, P_Y)$.

Wie sich nun zeigen lässt, meistern allerdings nicht nur die relevanz-sensitiven Maße diesen Testfall, sondern schlichtweg *alle*:

Beobachtung 5.3. Mit Ausnahme von $\mathcal{C}_\delta$ erfüllt jedes der in Abschnitt 2 betrachteten Maße die Bedingung **(T2)**.

Wiederum erhalten somit fast alle Maße ein gutes Ergebnis während $\mathcal{C}_\delta$ abermals nicht definiert ist.

5.3 Tweety der Pinguin

Bovens und Hartmann (2003a) haben einen Testfall entwickelt, der sich eines bekannten Beispiels bedient, das häufig im Zusammenhang mit nicht-monotonen Logiken besprochen wird – das sogenannte *Tweety*-Beispiel (vgl. Brewka 1991). Im Kontext nicht-monotoner Logiken wird dieses Beispiel häufig verwendet um zu zeigen, dass einige zulässige Schlüsse durch Erhalt neuer Informationen unzulässig werden können. Betrachten wir folgende drei Aussagen:

(x_1) Tweety ist ein Vogel.
(x_2) Tweety kann nicht fliegen.
(x_3) Tweety ist ein Pinguin.

Bovens und Hartmann haben argumentiert, dass die Menge $\{x_1, x_2\}$ inkohärent ist, da üblicherweise angenommen wird, dass Vögel fliegen. Durch die Hinzunahme der Information, dass Tweety ein Pinguin ist, wird die resultierende Menge $\{x_1, x_2, x_3\}$ kohärenter als die Ausgangsmenge. Die Auswertung einer Teilmenge von Kohärenzmaßen führen Sie daraufhin vor dem Hintergrund der folgenden Wahrscheinlichkeitsverteilung durch:

Tab. 5.3: Verteilung für den Tweety Fall

x_1	x_2	x_3	P
0	0	0	1/100
0	0	1	0
0	1	0	49/100
0	1	1	0
1	0	0	49/100
1	0	1	0
1	1	0	0
1	1	1	1/100

Sei nun mit X_2 die Teilmenge von Informationen $\{x_1, x_2\}$ bezeichnet, während $X_1 = X_2 \cup \{x_3\}$ die um die Pinguin-Information erweiterte Menge ist, so lässt sich die von Bovens und Hartmann entwickelte Testfall-bezogene Adäquatheitsbedingung wie folgt formulieren:

(T3) Seien x_1, x_2, x_3 wie oben gewählt, dann gilt **coh**$(X_1, P) >$ **coh**(X_2, P).

Wie die folgende Beobachtung zeigt, wird dieser Testfall ebenfalls von der Mehrheit der von uns betrachteten Maße erfolgreich gemeistert.

Beobachtung 5.4. Mit Ausnahme von $\mathcal{C}_\delta$ erfüllt jedes der in Abschnitt 2 betrachteten Maße die Bedingung **(T2)**.

Während $\mathcal{C}_\delta$ abermals nicht definiert nicht, scheitert $\mathcal{O}$ daran, dass es aufgrund der nicht vorhandenen Teilmengen-Sensitivität beiden betrachteten Mengen denselben Kohärenzwert zuweist. Wie bereits in Abschnitt 2 erwähnt, war dies unter anderem der Grund, weshalb Meijs (2006) für die Teilmengen-sensitive Variante $\mathcal{O}_T$ plädiert hat.

5.4 Ein Mord in Tokio

Ein weiterer Testfall von Bovens und Hartmann (2003) betrachtet verschiedene Fälle von Zeugenaussagen in Hinblick auf ihre jeweiligen Kohärenzgrade. Das dazugehörige Szenario sieht folgendermaßen aus: In Tokio hat ein Mord stattgefunden, die Leiche wird jedoch noch gesucht. Aus diesem Grund wird ein Raster bestehend aus 100 nummerierten Feldern über den Stadtplan von Tokio gelegt, wobei jedes Feld mit gleicher Wahrscheinlichkeit der Fundort der Leiche sein kann. Anschließend werden in fünf verschiedenen Situationen zwei unabhängige und gleichermaßen verlässliche Zeugen zum möglichen Aufenthaltsort der Leiche befragt. Wir bezeichnen im folgenden die in Situation i von Zeuge j gemachte Aussage mit x_{ij}. In der ersten Situation vermutet der erste Zeuge die Leiche in den Feldern 50 bis 60, der zweite Zeuge in 51 bis 60. Wir erhalten dementsprechend die folgenden dazugehörigen Aussagen:

(x_{11}) Die Leiche befindet sich in den Feldern 50–60.
(x_{12}) Die Leiche befindet sich in den Feldern 51–61.

Die Menge der Zeugenaussagen in Situation 1 sei mit X_1 bezeichnet. In der zweiten Situation nennt der erste Zeuge die Felder 20 bis 55, der zweite hingegen die Felder 55 bis 90. Wir erhalten entsprechend die Menge X_2, bestehend aus den folgenden beiden Zeugenaussagen:

(x_{21}) Die Leiche befindet sich in den Feldern 20–55.
(x_{22}) Die Leiche befindet sich in den Feldern 55–90.

Gegenüber den Aussagen in Situation 1 sind die in Situation 2 gemachten Zeugenaussagen sehr viel weniger spezifisch: Während in Situation 1 jeweils elf Felder genannt werden, sind dies in Situation 2 jeweils 36. Dies allein müsste noch keinen Einfluss auf den Grad der Kohärenz haben, wenn bei den gemachten Aussagen auch eine hohe Übereinstimmung in den jeweils genannten Feldern zu verzeichnen wäre. Dies ist aber offensichtlich nicht der Fall: Trotz ihrer unspezifischen Aussagen stimmen die beiden Zeugen in Situation 2 in nur *einem* möglichen Feld überein. Auf dieser Grundlage kommen Bovens und Hartmann auch zu ihrem ersten Urteil in Bezug auf die unterschiedlichen Grade der Kohärenz der Mengen X_1 und X_2:

(T4.1) Die Menge X_1 ist kohärenter als die Menge X_2.

Eine Auswertung dieser ersten Testfall-bezogenen Intuition findet sich in der folgenden Beobachtung:

Beobachtung 5.5. Jedes der in Abschnitt 2 betrachteten Kohärenzmaße erfüllt die Bedingung **(T4.1)**.

Wie der Beobachtung zu entnehmen ist, bereitet das Kriterium **(T4.1)** keinem einzigen der von uns betrachteten Kohärenzmaße Probleme. Ebenso stimmen alle Maße darin überein, dass X_1 kohärenter ist als die Menge X_3 bestehend aus den beiden folgenden Aussagen:

(x_{31}) Die Leiche befindet sich in den Feldern 20–61.
(x_{32}) Die Leiche befindet sich in den Feldern 50–91.

Gegenüber der zuvor betrachteten Situation 2 ist die Übereinstimmung zwischen den beiden Zeugen in dieser Situation etwas höher; im Vergleich mit der ersten Situation lässt sich sogar feststellen, dass die absolute Übereinstimmung hier am höchsten ist: beide Zeugen können sich auf insgesamt 12 Felder als mögliche Fundorte einigen. Allerdings ist diese höhere Übereinstimmung gewissermaßen durch eine im Vergleich zu Situation 1 massiv verminderte Spezifität erkauft; mit anderen Worten, es gibt auf der einen Seite zwar in Situation 3 eine höhere absolute Übereinstimmung zwischen den Zeugen im Vergleich mit Situation 1; auf der anderen Seite gibt es aber auch eine viel höhere Nicht-Übereinstimmung zwischen den jeweiligen Zeugen. Während in Situation 1 nur jeweils ein von Zeuge i genanntes Feld nicht als möglicher Fundort von Zeuge j betrachtet wird, sind dies in Situation 3 insgesamt 25 Felder. Entsprechend fällt die minimal erhöhte absolute Übereinstimmung nicht ins Gewicht gegenüber diesem gravierend erhöhten Dissens und daher sollte auch Situation 1 durch die Maße als kohärenter beurteilt werden. Wir erhalten das folgende Kriterium:

(T4.2) Die Menge X_1 ist kohärenter als die Menge X_3.

Auch dieses Kriterium stellt die von uns betrachteten Kohärenzmaße vor keine größeren Schwierigkeiten, wie der folgenden Beobachtung zu entnehmen ist.

Beobachtung 5.6. Jedes der in Abschnitt 2 betrachteten Kohärenzmaße erfüllt die Bedingung **(T4.2)**.

In ihrem Buch betrachten Bovens und Hartmann nun zwei weitere Szenarien, bei denen wiederum die obige Grundsituation vorausgesetzt wird; in diesem Fall erhalten wir einerseits die folgenden Zeugenaussagen:

(x_{41})   Die Leiche befindet sich in den Feldern 41–60.
(x_{42})   Die Leiche befindet sich in den Feldern 51–70.

Andererseits betrachten Bovens und Hartmann das folgende, fünfte Szenario:

(x_{51})   Die Leiche befindet sich in den Feldern 39–61.
(x_{52})   Die Leiche befindet sich in den Feldern 50–72.

Man sieht sehr schnell, dass die Zeugenaussagen in diesen beiden Szenarien sehr ähnlich sind; der einzige Unterschied besteht darin, dass die Zeugen im fünften Szenario im Vergleich zum vierten jeweils drei weitere Felder als potentielle Fundorte in Erwägung ziehen. Die Aussagen im fünften Szenario sind daher zu einem geringen Grad weniger spezifisch; allerdings wird beim Wechsel von Szenario vier zu Szenario fünf auch die absolute Überlappung zwischen den beiden Zeugen geringfügig erhöht; während sich die Zeugen im vierten Szenario auf die Felder 51–60 als mögliche Fundorte einigen können, sind es im fünften Szenario die Felder 50–61, die beide Zeugen in Erwägung ziehen.

Im Hinblick auf den Grad der Kohärenz der Mengen $X_4 = \{x_{41}, x_{42}\}$ und $X_5 = \{x_{51}, x_{52}\}$ folgern Bovens und Hartmann aus diesen Überlegungen, dass dieser für beide Mengen ähnlich sein sollte. Wir erhalten dementsprechend das folgende Kriterium bezogen auf diese beiden Szenarien:

(T4.3) Die Mengen X_4 und X_5 sollten einen ähnlichen Grad an Kohärenz aufweisen.

Der in diesem Kriterium enthaltene Begriff der Ähnlichkeit ist vage, zumal viele der von uns betrachteten Maße einen unterschiedlichen Wertebereich aufweisen. Nichtsdestotrotz kann man bei einem Blick in Tabelle 5.11 nicht ernsthaft leugnen, dass die jeweils von den Maßen angegebenen Kohärenzwerte nahe beieinander liegen, wodurch wir die folgende Beobachtung als gesichert ansehen:

Beobachtung 5.7. Jedes der in Abschnitt 2 betrachteten Kohärenzmaße erfüllt die Bedingung **(T4.3)**.

Insgesamt lässt sich also feststellen, dass existierende Kohärenzmaße keinerlei Probleme mit den verschiedenen Intuitionen im Tokio-Fall haben.

5.5 Würfel und Dodekaeder

Glass (2005) hat einen Testfall diskutiert, der Ähnlichkeit zu dem oben bereits thematisierten Würfel-Beispiel von Akiba hat. Im Unterschied zum vorherigen Testfall wird hier ein Wurf mit einem fairen, herkömmlichen Würfel, also einem Hexaeder, mit einem fairen, zwölfseitigen Würfel, also einem Dodekaeder, verglichen. Aufgrund der gemachten Annahmen können wir in der Modellierung davon ausgehen, dass alle möglichen Ergebnisse jeweils mit der gleichen Wahrscheinlichkeit eintreten, also einer Wahrscheinlichkeit von 1/6 beim Wurf mit dem Hexaeder und einer Wahrscheinlichkeit von 1/12 beim Dodekaeder. Nun vergleicht Glass in seinem Testszenario zwei Situationen, in denen einerseits ein fairer Würfel geworfen wird und andererseits ein fairer Dodekaeder. In jeder Situation werden dann die folgenden beiden Hypothesen über den Ausgang des jeweiligen Wurfs betrachtet:

(x_1)   Die Augenzahl ist 2.
(x_2)   Die Augenzahl ist 2 oder 4.

Sei nun mit $P_1(x_i)$ die Wahrscheinlichkeit der Hypothese x_i in der ersten Situation, also bei geworfenem Würfel bezeichnet; entsprechend bezeichnet $P_2(x_i)$ die Wahrscheinlichkeit der Hypothese x_i bei geworfenem Dodekaeder. Die entsprechenden Wahrscheinlichkeiten der Hypothesen sind in der folgenden Tabelle wiedergegeben:

Tab. 5.4: Verteilung für den Dodekahedron-Fall

x_1	x_2	P_1	P_2
0	0	8/12	10/12
0	1	2/12	1/12
1	0	0	0
1	1	2/12	1/12

Die Frage, die sich nun natürlicherweise stellt, ist, ob es intuitiv einen Unterschied im Grad der Kohärenz dieser beiden Hypothesen in den jeweiligen Situationen gibt. Glass ist der Meinung, dass dies nicht der Fall sein sollte und begründet dies damit, dass nicht nur die jeweiligen Aussagen dieselben sind, sondern auch die dazugehörigen Profile der bedingten Wahrscheinlichkeiten, d. h. es gilt $P_1(x_1|x_2) = P_2(x_1|x_2) = 1/2$ und $P_1(x_2|x_1) = P_2(x_2|x_1) = 1$. Die unterschiedlichen Wahrscheinlichkeitsverteilungen sind damit allein der Tatsache geschuldet, dass sich die Randwahrscheinlichkeiten von x_1 und x_2 in den jeweiligen Situationen unterscheiden und dies sollte laut Glass keinen Einfluss auf den jeweiligen Grad der Kohärenz haben. Entsprechend erhalten wir das folgende Kriterium für den Kohärenzgrad der Menge $X = \{x_1, x_2\}$:

(T5) Seien x_1, x_2 wie oben gewählt, dann gilt $\mathbf{coh}(X, P_1) = \mathbf{coh}(X, P_2)$.

Wie der folgenden Beobachtung zu entnehmen ist, wird dieses Kriterium nur von einer kleinen Menge von Kohärenzmaßen erfüllt:

Beobachtung 5.8. Die Maße $\mathcal{O}$, $\mathcal{O}_T$, und $\mathcal{C}_\eta$ erfüllen die Bedingung **(T5)**; alle anderen Maße aus Abschnitt 2 verletzen **(T5)**.

Insofern die Bedingung **(T5)** auf einer Unabhängigkeit von Ausgangswahrscheinlichkeiten basiert, fordert sie implizit auch eine Unabhängigkeit der Kohärenz-Urteile von Fragen der probabilistischen (Un-)Abhängigkeit: Da diese jeweils auf der Grundlage eines Verhältnisses von Ausgangs- und bedingter Wahrscheinlichkeit gefällt werden, können sie im Sinne von **(T5)** keine Rolle bei der Bewertung spielen. Ist man der Ansicht, dass diese Urteile allerdings unverzichtbar für Kohärenz sind, so wird man an dieser Stelle vermutlich nicht mit Glass übereinstimmen und ein entsprechend negatives Resultat in diesem Testfall gerne in Kauf nehmen.

5.6 Japaner und Samurai-Schwerter

Douven und Meijs (2007) betrachten ebenfalls ein Testszenario, das aus zwei Situationen besteht. In der ersten Situation wird eine Stadt mit 10.000.000 Einwohnern betrachtet, in der ein Mord stattgefunden hat. Alle Einwohner kommen mit gleicher Wahrscheinlichkeit als Mörder in Frage. 1059 der Einwohner sind Japaner, 1059 der Einwohner besitzen ein Samuraischwert, wobei 9 Japaner sind und ein Samuraischwert besitzen. In der zweiten Situation werden 100 Mordverdächtige betrachtet. Von ihnen sind 10 Japaner, 10 Samuraischwertbesitzer, wobei wiederum 9 Japaner und Samuraischwertbesitzer sind. Es werden Hypothesen über den Mörder aufgestellt. Die erste besagt, dass der Mörder Japaner, die zweite, dass er Samuraischwertbesitzer ist:

(x_1) Der Mörder ist Japaner.
(x_2) Der Mörder besitzt ein Samurai-Schwert.

Laut Douven und Meijs sollten die beiden Hypothesen x_1 und x_2 in der zweiten Situation deutlich kohärenter sein als in der ersten (vgl. Douven und Meijs 2007, 414): Während in der ersten Situation 9 von 1059 Japanern ein Samurai-Schwert besitzen und umgekehrt von 1059 Samurai-Schwert-Besitzern Japaner sind, gilt dies in der zweiten Situation für jeweils 9 von 10. Die entsprechende Testfall-Bedingungen für die Menge $X = \{x_1, x_2\}$ lautet daher:

(T6) Seien x_1 und x_2 wie oben gewählt, dann gilt: **coh**$(X, P_1) <$ **coh**(X, P_2).

Die dazugehörige Verteilung der Wahrscheinlichkeiten in beiden Situationen findet sich in der folgenden Tabelle:

Tab. 5.5: Verteilung im Samurai-Fall

x_1	x_2	P_1	P_2
0	0	1	0.89
0	1	0.0001	0.01
1	0	0.0001	0.01
1	1	9e−07	0.09

Kommen wir nun zur Auswertung des Testfalls:

Beobachtung 5.9. Die Maße $\mathcal{D}^r$, $\mathcal{D}^r_T$ und $\mathcal{C}_\beta$ verletzen die Bedingung **(T6)**; alle anderen in Abschnitt 2 betrachteten Kohärenzmaße erfüllen **(T6)**.

Wie wir sehen, bereitet dieses Maß sowohl für die Überlappungs-basierten Maße $\mathcal{O}$ und $\mathcal{O}_T$ als auch für die Differenz-basierten Abweichungsmaße sowie die Mehrzahl der Maße der wechselseitigen Stützung keinerlei Probleme. Allerdings beurteilen die beiden Verhältnis-basierten Abweichungsmaße sowie $\mathcal{C}_\beta$ die zweite Situation als kohärenter als die erste.

5.7 Graue Hasen mit zwei Ohren

Meijs (2006) entwickelt ein Testszenario, in dem es um eine Population von 102 Hasen geht, die in Hinblick auf die zwei folgenden Eigenschaften untersucht werden:

(x_1) Ein zufällig aus der Population gezogener Hase hat zwei Ohren.
(x_2) Ein zufällig aus der Population gezogener Hase ist grau.

Auch hier werden zwei verschiedene Situationen betrachtet und hinsichtlich ihres jeweiligen Kohärenzgrades miteinander verglichen. In der ersten Situation haben 101 der insgesamt 102 Hasen zwei Ohren von denen wiederum 100 grau sind. Von den verbleibenden zwei nicht-grauen Hasen hat somit einer ebenfalls zwei Ohren, während der andere nur ein Ohr hat. In der zweiten Situation gibt es 100 Hasen mit zwei Ohren, die allesamt grau sind; die zwei verbleibenden Hasen sind nicht grau und haben nur ein Ohr. Diese vollständige Überlappung der beiden Eigenschaften grau zu sein und zwei Ohren zu haben, spricht laut Meijs dafür, dass die dazugehörigen Aussagen in der zweiten Situation kohärenter sind als in der ersten. Die dazugehörigen Wahrscheinlichkeitsverteilungen seien mit P_1 für Situation 1 und P_2 für die zweite Situation bezeichnet.

Tab. 5.6: Verteilung für Meijs' Hasen Fall

x_1	x_2	P_1	P_2
0	0	1	0.89
0	1	0.0001	0.01
1	0	0.0001	0.01
1	1	9e−07	0.09

Wir erhalten damit das folgende dazugehörige Testfall-basierte Kriterium:
(T7) Die Menge $X = \{x_1, x_2\}$ ist kohärenter unter P_2 im Vergleich zu P_1.

Die durchweg positiven Ergebnisse der Auswertung dieses Testfalls finden sich in der folgenden Beobachtung zusammengefasst:

Beobachtung 5.10. Jedes der in Abschnitt 2 betrachteten Kohärenzmaße erfüllt die Bedingung **(T7)**.

5.8 Zeugenaussagen

Den von Schupbach (2011) entworfenen Testfall haben wir bereits in Abschnitt 2.1 kennengelernt, als es um den Unterschied zwischen dem von Shogenji vorgeschlagenen einfachen Abweichungsmaß $\mathcal{D}^r$ und der verfeinerten, Teilmengensensitiven Variante $\mathcal{D}^r_T$ ging. Bevor wir uns nun also der Auswertung aller zuvor nicht berücksichtigten Maße zuwenden, wollen wir uns zunächst noch einmal kurz das von Schupbach gewählte Szenario in Erinnerung rufen: In einem Gerichtsfall haben wir acht verdächtige Personen, wobei angenommen wird, dass sie alle mit derselben Wahrscheinlichkeit als Täter in einem bestimmten Fall in Frage kommen. Zudem wird angenommen, dass der wahre Täter mit Sicherheit unter diesen acht Verdächtigen zu finden ist. Nun werden zwei Situationen mit jeweils drei Aussagen von gleich-zuverlässigen Zeugen betrachtet und ihre jeweilige Kohärenz verglichen. In der ersten Situation haben wir die folgenden Zeugenaussagen:

(x_{11}) Der Täter ist einer der Verdächtigen 1, 2 oder 3.
(x_{12}) Der Täter ist einer der Verdächtigen 1, 2 oder 4.
(x_{13}) Der Täter ist einer der Verdächtigen 1, 3 oder 4.

Demgegenüber erhalten wir in der zweiten Situation folgende Zeugenaussagen:
(x_{21}) Der Täter ist einer der Verdächtigen 1, 2 oder 3.
(x_{22}) Der Täter ist einer der Verdächtigen 1, 4 oder 5.
(x_{23}) Der Täter ist einer der Verdächtigen 1, 6 oder 7.

Zunächst lässt sich feststellen, dass alle Zeugen in beiden Szenarien den ersten Verdächtigen als möglichen Täter identifizieren; dies ist gleichzeitig allerdings auch der einzige Verdächtige, den alle Zeugen benennen. Vergleicht man nun die beiden Szenarien etwas genauer, stellt man schnell fest, dass es darüber hinaus im ersten Szenario eine weitere Übereinstimmung zwischen jeweils zwei der Zeugen gibt, die im zweiten Szenario fehlt. So können sich beispielsweise die ersten beiden Zeugen im ersten Szenario auf die Verdächtigen 1 und 2 als mögliche Täter einigen, die Zeugen zwei und drei auf die Verdächtigen 1 und 4. Eine solche paarweise Übereinstimmung fehlt im zweiten Szenario. Genau aus diesem Grund geht Schupbach davon aus, dass es unstrittig ist, dass die Zeugenaussagen im ersten Szenario kohärenter sind als diejenigen im zweiten Szenario. Seien nun $X_1 = \{x_{11}, x_{12}, x_{13}\}$ und $X_2 = \{x_{21}, x_{22}, x_{23}\}$ die dazugehörigen Mengen von Zeugenaussagen, so erhalten wir daher das folgende Testfall-bezogene Kriterium:
(T8) Seien X_1 und X_2 wie oben gewählt, dann gilt $\mathbf{coh}(X_1, P) > \mathbf{coh}(X_2, P)$.

Wie der folgenden Beobachtung zu entnehmen ist, gibt es einige Maße, die diesen Testfall nicht meistern; insbesondere die einfachen Abweichungsmaße $\mathcal{D}^r$ und $\mathcal{D}^d$ haben hier Schwierigkeiten und schneiden schlechter ab als ihre Teilmengen-sensitiven Varianten $\mathcal{D}^r_T$ und $\mathcal{D}^d_T$ ab. Dies liegt daran, dass er ausschließliche Fokus auf der Abweichung der Aussagen insgesamt, ohne Berücksichtigung der Teilmengen, dazu führt, dass beide Situationen als gleich kohärent bewertet werden. Demgegenüber bewertet $\mathcal{C}_\beta$ die zweite Situation als kohärenter, während $\mathcal{C}_\delta$ wiederum nicht definiert ist.

Beobachtung 5.11. Die Maße $\mathcal{D}^r$, $\mathcal{D}^d$, $\mathcal{C}_\beta$ und $\mathcal{C}_\delta$ verletzen die Bedingung **(T8)**; alle anderen in Abschnitt 2 betrachteten Maße erfüllen **(T8)**.

Tab. 5.7: Verteilung im Zeugen-Fall

z_1	z_2	z_3	P_1	P_2
0	0	0	3/6	0
0	0	1	0	1/3
0	1	0	0	1/3
0	1	1	1/6	0
1	0	0	0	1/3
1	0	1	1/6	0
1	1	0	1/6	0
1	1	1	0	0

5.9 Inkonsistente Zeugenaussagen

In allen bisher betrachteten Testfällen ging es um die Einschätzung des Kohärenzgrades von konsistenten Mengen von Propositionen, d. h. Mengen deren Aussagen alle zugleich wahr sein können. Schippers und Siebel (2015) hingegen haben einen Testfall beschrieben, bei dem die betrachteten Mengen von Aussagen inkonsistent sind. Als Hintergrundannahme gehen wir wiederum davon aus, dass es eine Gesamtmenge von 8 Personen gibt, die jeweils mit gleicher Wahrscheinlichkeit als Täter in einem Gerichtsfall in Betracht kommen. Wir nehmen ferner an, dass der gesuchte Täter sich definitiv unter diesen acht Personen befindet. Betrachten wir zunächst die folgenden drei Aussagen:

(x_{11}) Der Täter ist einer der Verdächtigen 1 oder 2.
(x_{12}) Der Täter ist einer der Verdächtigen 2 oder 3.
(x_{13}) Der Täter ist einer der Verdächtigen 1 oder 3.

Offenbar ist die Menge $X_1 = \{x_{11}, x_{12}, x_{13}\}$ der Zeugenaussagen in Szenario 1 inkonsistent und entsprechend sollten die Kohärenzmaße die Menge X_1 als inkohärent bewerten. Dies ist allerdings nur eine qualitative Einschätzung der Kohärenz beruhend auf der Annahme, dass inkonsistente Mengen auch notwendigerweise inkohärent sind. Nun wenden sich Schippers und Siebel in ihrem Aufsatz allerdings einem komparativen Vergleich der Inkohärenzwerte von X_1 und einer weiteren, ebenfalls inkonsistenten Menge X_2 zu. Hierzu betrachten wir in Szenario 2 die folgenden drei Aussagen:

(x_{21}) Der Täter ist einer der Verdächtigen 1 oder 2.
(x_{22}) Der Täter ist einer der Verdächtigen 3 oder 4.
(x_{23}) Der Täter ist einer der Verdächtigen 5 oder 6.

Die folgende Tabelle hält zunächst die dazugehörigen Wahrscheinlichkeitsverteilungen fest; wiederum arbeiten wir mit z_i als Variable, wobei $P_1(z_i)$ die Wahrscheinlichkeit von $x_{1,i}$ in der ersten Situation repräsentiert, während $P_2(z_i)$ für die Wahrscheinlichkeit von $x_{2,i}$ in der zweiten Situation steht.

Tab. 5.8: Verteilung für den Inkonsistenz-Fall

z_1	z_2	z_3	P_1	P_2
0	0	0	3/6	0
0	0	1	0	1/3
0	1	0	0	1/3
0	1	1	1/6	0
1	0	0	0	1/3
1	0	1	1/6	0
1	1	0	1/6	0
1	1	1	0	0

Auch die in der zweiten Situation im Vordergrund stehenden Aussagen sind inkonsistent und daher sollte die durch sie gebildete Menge $X_2 = \{x_{21}, x_{22}, x_{2,3}\}$ in qualitativer Hinsicht ebenfalls als inkohärent bewertet werden. Darüber hinaus, so Schippers und Siebel, können wir aber einen Unterschied im jeweiligen *Grad* der Inkohärenz konstatieren, der auf der folgenden Intuition beruht: Zwar sind die Mengen X_1 und X_2 in qualitativer Hinsicht beide inkonsistent, allerdings besitzt X_2 in gewisser Hinsicht einen höheren Grad der Inkonsistenz, insofern in dieser Menge nicht nur die Gesamtheit der Aussagen inkonsistent ist, sondern darüber hinaus auch alle zwei-elementigen Teilmengen. Dies ist im Vergleich dazu bei X_1 nicht der Fall. Dieser Unterschied auf der Ebene der Teilmengen sollte sich laut Schippers und Siebel auch in dem jeweils zugewiesenen Inkohärenzgrad spiegeln, d. h., die Menge X_2 sollte verglichen mit X_1 einen *höheren* Grad der Inkohärenz zugewiesen bekommen. Das dazugehörige Kriterium lautet daher wie folgt:

(T9) Seien X_1 und X_2 wie eben gewählt, dann gilt **coh**(X_1, P) > **coh**(X_2, P).

Die folgende Beobachtung gibt an, welches der von uns in Abschnitt 2 betrachteten Kohärenzmaße das Kriterium **(T9)** erfüllt bzw. verletzt. Wie der Beobachtung zu entnehmen ist, ist die Anzahl der erfolgreichen Maße in diesem Testfall gering: Lediglich das Differenz-basierte, verfeinerte Abweichungsmaß $\mathcal{D}_T^d$ sowie das Teilmengen-sensitive Überlappungsmaß $\mathcal{O}_T$ stimmen mit der intuitiven Beurteilung des Inkonsistenz-Falls überein.

Beobachtung 5.12. Die Maße $\mathcal{D}_T^d$ und $\mathcal{O}_T$ erfüllen die Bedingung **(T9)**; alle anderen Maße aus Abschnitt 2 verletzen **(T9)**.

5.10 Räuber und Taschendiebe

Siebel (2004) hat einen Testfall formuliert, der zeigen soll, dass einige Kohärenzmaße kontraintuitive Ergebnisse für Mengen liefern, die subkonträre Propositionen enthalten, d. h. Aussagen, die zugleich wahr aber nicht zugleich falsch sein können. Hierbei werden zehn Mordverdächtige betrachtet, von denen acht einen Raub und acht einen Diebstahl verübt haben, wobei sechs von ihnen beide Straftaten begangen haben. Nehmen wir nun die beiden folgenden Zeugenaussagen an:

(x_1) Der Verdächtige hat einen Raub verübt.
(x_2) Der Verdächtige hat einen Taschendiebstahl begangen.

Die Wahrscheinlichkeitsverteilung für das oben beschriebene Szenario sieht entsprechend folgendermaßen aus:

Tab. 5.9: Verteilung für den Taschendieb-Fall

x_1	x_2	P
0	0	0
0	1	2/10
1	0	2/10
1	1	6/10

Die Tatsache, dass jeweils sechs von acht Personen, die eine Straftat begangen haben, ebenfalls die andere Straftat begangen haben, spricht nun laut Siebel dafür, dass die beiden obigen Aussagen x_1 und x_2 in einem qualitativen Sinne kohärent sind. Entsprechend erhalten wir die folgende Testfall-bezogene Adäquatheitsbedingung:

(T10) Seien x_1, x_2, P wie oben gewählt, dann gilt **coh**($\{x_1, x_2\}, P$) > 0.

Die Ergebnisse der Auswertung dieses Testfalls sind in der folgenden Beobachtung zusammengefasst.

Beobachtung 5.13. Die Maße $\mathcal{O}$, $\mathcal{O}_T$ und $\mathcal{C}_\eta$ erfüllen die Bedingung **(T10)**; alle anderen Maße aus Abschnitt 2 verletzen **(T10)**.

Auch bei der Auswertung von **(T10)** fällt auf, dass die große Mehrzahl der Maße nicht die von Siebel motivierte Bedingung erfüllt. Bei genauerem Hinsehen bemerkt man, dass sämtliche Relevanz-sensitiven Maße durchfallen. Dies hat einen einfachen Grund: Der Testfall ist so konstruiert, dass die beiden enthaltenen Aussagen subkonträr sind, d. h., sie können zwar gemeinsam falsch sein, aber nicht gemeinsam wahr. Dies unterscheidet subkonträre Aussagen von kontradiktorischen, welche weder zusammen wahr noch zusammen falsch sein können. Aber auch für subkonträre Aussagen lässt sich allgemein leicht zeigen, dass sie sich stets probabilistisch unterminieren (vgl. Siebel 2004). Entsprechend folgt zwangsläufig, dass alle Relevanz-sensitiven Maße die enthaltenen Aussagen als *in*kohärent bewerten.

5.11 Übersicht: Gesamtresultate der Maße

Die folgende Tabelle enthält in übersichtlicher Darstellung die Auswertung aller von uns betrachteten Maße in Bezug auf sämtliche zuvor diskutierte Testfälle. Eine 1 zeigt an, dass der jeweilige Testfall von dem Maß gemeistert wird, während eine 0 anzeigt, dass das jeweilige Maß den Testfall nicht meistert. Am Ende der Tabelle findet sich pro Maß ein *Score*, der angibt, wie gut das Maß in der Gesamtzahl der von uns betrachteten Testfälle abschneidet. Dieser *Score* ergibt sich einfach als arithmetisches Mittel der mit 1 bewerteten (bestandenen) Testfälle im Verhältnis zur Gesamtzahl der zwölf in der Wertung berücksichtigen Fälle. Wie man sieht, sind die einzigen Maße, die einen Wert oberhalb von 0,9 erhalten einerseits das verfeinerte Überlappungsmaß $\mathcal{O}_T$ (*Score*=1) und andererseits das auf dem Begriff der absoluten Stützung basierende Maß der wechselseitigen Bestätigung $\mathcal{C}_\eta$ (*Score*=0,9). Beide sind nicht sensitiv gegenüber der probabilistischen

Tab. 5.10: Auswertung aller Kohärenzmaße in Bezug auf alle Testfälle. Die Auswertung des Testfalls **(T1)** ist aufgrund der obigen kritischen Anmerkungen zugunsten von **(T1')** farblich abgehoben.

	$\mathcal{D}^r$	$\mathcal{D}^r_T$	$\mathcal{D}^d$	$\mathcal{D}^d_T$	$\mathcal{O}$	$\mathcal{O}_T$	$\mathcal{C}_\alpha$	$\mathcal{C}_\beta$	$\mathcal{C}_\gamma$	$\mathcal{C}_\delta$	$\mathcal{C}_\varepsilon$	$\mathcal{C}_\zeta$	$\mathcal{C}_\eta$
(T1)	0	0	0	0	0	0	0	0	0	1	0	0	0
(T1')	1	1	1	1	1	1	1	1	1	0	1	1	1
(T2)	1	1	1	1	1	1	1	1	1	0	1	1	1
(T3)	1	1	1	1	0	1	1	1	1	0	1	1	1
(T4)	1	1	1	1	1	1	1	1	1	1	1	1	1
(T5)	0	0	0	0	1	1	0	0	0	1	0	1	1
(T6)	0	0	1	1	1	1	1	0	1	1	1	1	1
(T7)	1	1	1	1	1	1	1	1	1	1	1	1	1
(T8)	0	1	0	1	1	1	1	0	1	0	1	1	1
(T9)	0	0	0	1	0	1	0	0	0	0	0	0	0
(T10)	0	0	0	0	1	1	0	0	0	0	0	0	1
Score	0,5	0,6	0,6	0,8	0,8	1,0	0,7	0,5	0,7	0,4	0,7	0,8	0,9

Unabhängigkeit der jeweils untersuchten Mengen. Unter den relevanz-senstiven Maßen schneiden das Differenz-basierte Abweichungsmaß $\mathcal{D}^d_t$ sowie das auf ζ basierende Maß der wechselseitigen Bestätigung $\mathcal{C}_\zeta$ am besten ab (*Score*=0,8), allerdings dicht gefolgt von weiteren Maßen der wechselseitigen Bestätigung ($\mathcal{C}_\alpha$, $\mathcal{C}_\gamma$ und $\mathcal{C}_\varepsilon$ mit einem *Score* von jeweils 0,7). Am unteren Ende der Skala finden sich das Verhältnis-basierte Abweichungsmaß $\mathcal{D}^r$ und das auf β basierende Maß der wechselseitigen Stützung $\mathcal{C}_\beta$ (mit einem *Score* von jeweils 0,5) sowie als Schlusslicht in der Bewertung das Maß $\mathcal{C}_\delta$ (mit einem *Score* von 0,4).

Relativierend ließe sich hier einwenden, dass wir zuvor im Kapitel zur Grammatik der Kohärenzmaße gesehen haben, dass es gute Gründe dafür gibt, eine pluralistische Position hinsichtlich der Explikation des Kohärenzbegriffs zu vertreten. Nach einer solchen Position gibt es nicht eine, sondern mehrere angemessene Explikationen, welche den unterschiedlichen Facetten des Kohärenzbegriffs Rechnung tragen, bzw. die verschiedenen unter dem Begriff „Kohärenz" zusammengefassten Bedeutungen des Begriffs repräsentieren. Entsprechend könnte man versuchen, die unterschiedlichen Testfälle den unterschiedlichen Bedeutungen des Kohärenzbegriffs zuzuordnen, sodass ein entsprechendes Maß nur eine Teilmenge von *relevanten* Testfällen zu bestehen hat; in diesem Sinne könnte man bespielsweise mit Blick auf die Testfälle 5 („Würfel und Dodekaeder") und 10 („Räuber und Taschendiebe") versuchen zu argumentieren, dass die zugrunde liegenden Intuitionen eher einem Kohärenzbegriff zuzuordnen sind, der stark auf der Idee von Überlappung basiert und nicht sensitiv für probabilistische

Relevanz ist. Folglich, so könnte man weiter argumentieren, ist es auch kein Problem, dass beispielsweise das verfeinerte Abweichungsmaß $\mathcal{D}_T^r$ in diesen beiden Testfällen scheitert, da es für diese Art von Testfällen nicht geeignet ist, da diese auf einem anderen Kohärenzbegriff basieren. Wir wollen diese Idee hier nicht weiter verfolgen und uns stattdessen einer empirischen Auswertung der Testfälle zuwenden.

5.12 Empirische Ergebnisse zu Testfällen

Ein wichtiger Aspekt, der in der Fachliteratur zu probabilistischen Kohärenzmaßen bisher nur wenig Beachtung gefunden hat, ist die Untersuchung ihrer empirischen Plausibilität (für eine Ausnahme siehe Harris und Hahn 2009). Aus diesem Grund haben Koscholke und Jekel (2017) ein kontrolliertes psychologisches Experiment durchgeführt, in dem untersucht werden sollte, ob sich bestimmte probabilistische Kohärenzmaße eignen, um die subjektiven Kohärenzeinschätzungen von Versuchspersonen vorherzusagen. Für dieses Experiment wurden insgesamt 57 Studierende der Universität Göttingen aus dem *Decision Lab Subject Pool* befragt, es ging also ausdrücklich *nicht* darum, die Experten-Intuitionen von Fach-PhilosophInnen zu erfragen. Diese Personen erhielten jeweils 11 der Kohärenzliteratur entnommene Testfälle als Vignetten und sollten für jede dieser Vignetten Kohärenzbeurteilungen auf einer Skala von −100 bis 100 für die entsprechenden Aussagenmengen angeben.

Für die statistische Auswertung der so erhobenen experimentellen Daten wurde ein Softwarepaket zur Untersuchung linearer und nicht-linearer, gemischter Effekte in der Programmiersprache R verwendet (vgl. Pinheiro et al. 2017). In der Auswertung der experimentellen Ergebnisse zeigte sich, dass ein zu Roche's (2013) $\mathcal{C}_\eta$ ordinal äquivalentes Maß die Kohärenzeinschätzungen der Versuchspersonen am besten vorhersagen konnte. In dieser Hinsicht war der Abstand zwischen diesem und den anderen untersuchten Maßen in Bezug auf ihre jeweilige Vorhersagekraft sogar deutlich, wie sich mit Hilfe des Bayesianischen Informationskriteriums (BIC) zeigen lässt (vgl. Schwarz 1978). Die Werte dieses Kriteriums zeigen für jedes Maß den jeweiligen Abstand zu demjenigen Maß an, welches die Kohärenzeinschätzungen der Probanden am besten vorhersagt. Alle Werte finden sich in Abbildung 5.1.

Die Höhe des einem Maß zugewiesenen BIC-Wertes ist anti-proportional zur jeweiligen Vorhersagekraft des Maßes. Entsprechend ist der Abstand für das auf dem absoluten Grad der Bestätigung basierende Kohärenzmaß $\mathcal{C}_\eta$ gleich Null, es liefert schlicht die besten Vorhersagen. Alle anderen Maße erhalten einen mehr

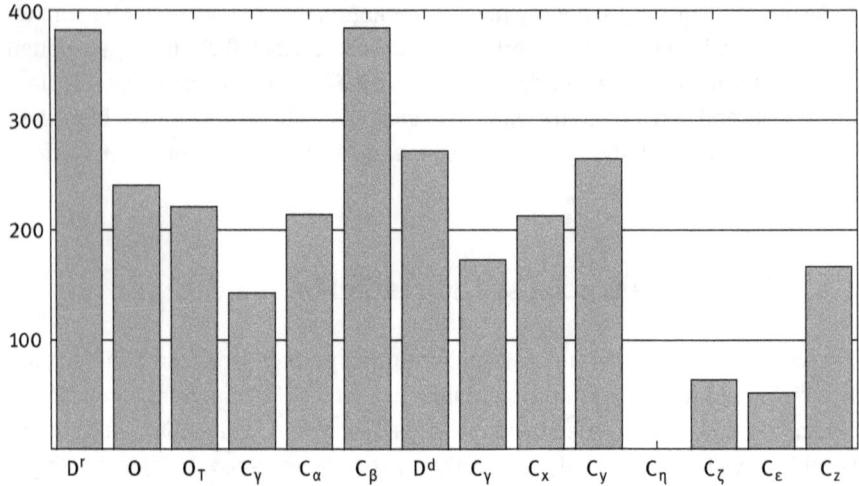

Abb. 5.1: Bayesianisches Informationskriterium. Die Maße C_x, C_y und C_z wurden im Rahmen dieser Monographie nicht eingeführt; sie basieren auf alternativen Bestätigungsmaßen (vgl. Koscholke und Jekel 2017).

oder weniger hohen positiven Wert zugewiesen: Wie sich ablesen lässt, ist die Vorhersagekraft der normalisierten Maße C_ζ und C_ε im Vergleich zu den anderen Maßen relativ gut, während $\mathcal{D}^r$ und C_β sehr schlecht abschneiden.

Einen genaueren Blick auf den Zusammenhang zwischen den auf C_η basierenden Kohärenzbewertungen und den entsprechenden Urteilen der Versuchspersonen gewährt Abbildung 5.2. Im dargestellten Streudiagramm sind auf der x-Achse die skalierten Kohärenzeinschätzungen gemäß C_η für alle in den Vignetten enthaltenen Aussagenmengen angegeben. Auf der y-Achse finden sich die mittleren Kohärenzeinschätzungen der Versuchspersonen. Die Kreise um die Punkte zeigen hierbei ein 95 % Konfidenzintervall um den jeweiligen Mittelwert an. Der Wert des Produkt-Moment-Korrelationskoeffizienten (vgl. Pearson 1895) für diese Daten beträgt 0,84. Da der Maximalwert dieses Koeffizienten bei 1 liegt, lässt sich also ein starker positiver Zusammenhang zwischen den Kohärenzeinschätzungen der Versuchspersonen und C_η feststellen. Desweiteren lässt sich feststellen, dass sich die Kohärenzbeurteilungen der Versuchspersonen mit den normativen Kohärenzurteilen, die zu den verwendeten Testfällen gehören, decken. Die in der Literatur genannten Kohärenzintuitionen sind mit Ausnahme von **(T1)** entsprechend „anschlussfähig" und werden von der Mehrheit der Probanden geteilt.

Zusammenfassend lässt sich sagen, dass die hier dargestellte psychologische Untersuchung zwei wichtige Ergebnisse beinhaltet: Zum einen erhalten wir Auf-

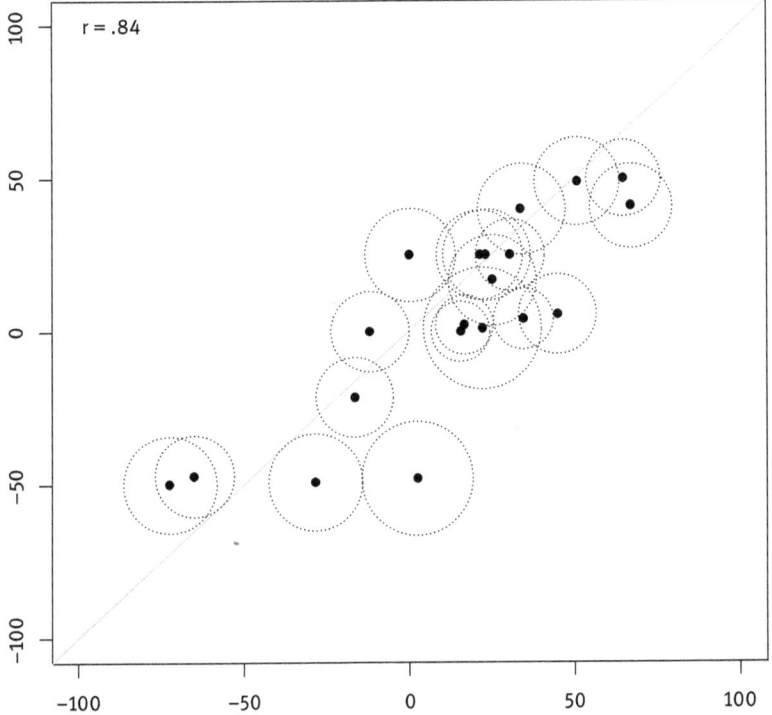

Abb. 5.2: Streudiagramm der Kohärenzeinschätzungen

schluss über die psychologische Plausibilität der untersuchten Kohärenzmaße. Insbesondere zeigt sich, dass $\mathcal{C}_\eta$ am besten geeignet ist, um die Kohärenzurteile der Versuchspersonen vorherzusagen. Zum anderen bestätigt die Untersuchung die normativen Kohärenzbeurteilungen der untersuchten Testfälle aus der Fachliteratur. Dies zeigt, dass die den Testfällen zugrunde liegenden Kohärenzintuitionen nicht nur philosophisch gut begründet, sondern auch empirisch rekonstruierbar sind.

Mit diesem Ergebnis schließen wir unsere Testfall-basierte Untersuchung zur Adäquatheit von Kohärenzmaßen ab und gehen im zweiten Teil der Monographie nun zu einer Untersuchung der verschiedenen Anwendungsbereiche dieser Maße über. Hierzu zählen insbesondere Anwendungen im Bereich der Kohärenztheorie der Rechtfertigung mit ihrem Fokus auf der Frage der Wahrheits- und Verlässlichkeitsförderlichkeit von Kohärenz sowie die Frage nach dem Zusammenhang von Inkohärenz und Inkonsistenz.

Tab. 5.11: Kohärenzbewertungen der Testfälle (T1)–(T4) für sämtliche Maße aus Kapitel 2

	$T_1(X_1,P)$	$T_1(X_2,P)$	$T_2(X,P_X)$	$T_2(Y,P_Y)$	$T_3(X_1,P)$	$T_3(X_2,P)$	$T_4(X_1,P)$	$T_4(X,2P)$	$T_4(X_3,P)$	$T_4(X_4,P)$	$T_4(X_5,P)$
$\mathcal{D}^r$	0,477	0,301	0,571	0,000	0,602	−1,398	0,917	−1,088	−0,167	0,398	0,356
$\mathcal{D}^d$	0,111	0,083	0,046	0,000	0,008	−0,240	0,088	−0,112	−0,056	0,060	0,067
$\mathcal{D}_T^r$	0,477	0,301	0,216	0,000	−0,048	−1,398	0,917	−1,088	−0,167	0,398	0,356
$\mathcal{D}_T^d$	0,111	0,083	0,025	0,000	−0,056	−0,240	0,088	−0,112	−0,056	0,060	0,067
$\mathcal{O}$	0,167	0,000	−0,225	−0,306	−0,323	−0,323	0,500	−0,319	−0,167	0,000	0,020
$\mathcal{O}_T$	0,167	0,000	−0,157	−0,219	−0,318	−0,323	0,500	−0,319	−0,167	0,000	0,020
$\mathcal{C}_\alpha$	0,500	0,333	0,207	0,000	0,255	−0,480	0,799	−0,321	−0,134	0,300	0,292
$\mathcal{C}_\beta$	2,000	1,000	1,153	0,000	17,007	−0,960	7,264	−0,918	−0,320	1,500	1,268
$\mathcal{C}_\gamma$	0,650	0,467	0,245	0,000	0,182	−0,960	0,898	−0,494	−0,232	0,375	0,379
$\mathcal{C}_\delta$	n.d.	n.d.	n.d.	0,000	n.d.	−0,980	79,909	−0,945	−0,448	3,000	2,652
$\mathcal{C}_\varepsilon$	0,700	0,600	0,269	0,000	0,343	−0,960	0,898	−0,918	−0,320	0,375	0,379
$\mathcal{C}_\zeta$	0,750	0,667	0,298	0,000	0,343	−0,980	0,908	−0,945	−0,448	0,429	0,442
$\mathcal{C}_\eta$	0,500	0,333	−0,159	−0,594	0,020	−0,960	0,818	−0,943	−0,429	0,000	0,043

Tab. 5.12: Kohärenzbewertungen der Testfälle (T5)–(T10) für sämtliche Maße aus Kapitel 2

	$T_5(X,P_1)$	$T_5(X,P_2)$	$T_6(X,P_1)$	$T_6(X,P_2)$	$T_7(X,P_1)$	$T_7(X,P_2)$	$T_8(X_1,P)$	$T_8(X_2,P)$	$T_9(X_1,P)$	$T_9(X_2,P)$	$T_{10}(X,P)$
$\mathcal{D}^r$	0,477	0,778	1,905	0,954	≈ −0,0	0,009	0,375	0,375	−∞	−∞	−0,028
$\mathcal{D}^d$	0,111	0,069	0,0	0,080	≈ −0,0	0,019	0,072	0,072	−0,037	−0,037	−0,040
$\mathcal{D}^r_T$	0,477	0,778	1,905	0,954	≈ −0,0	0,009	0,281	0,055	−∞	−∞	−0,028
$\mathcal{D}^d_T$	0,111	0,069	≈ 0,0	0,080	≈ −0,0	0,019	0,100	0,006	0,032	−0,093	−0,040
$\mathcal{O}$	0,167	0,167	−0,329	0,485	0,647	0,667	−0,083	−0,190	−0,333	−0,333	0,267
$\mathcal{O}_T$	0,167	0,167	−0,329	0,485	0,647	0,667	0,104	−0,148	−0,083	−0,333	0,267
$\mathcal{C}_\alpha$	0,500	0,625	0,008	0,800	≈ −0,0	0,020	0,198	0,186	−0,042	n.d.	−0,050
$\mathcal{C}_\beta$	2,000	5,000	79,251	8,000	≈ −0,0	0,020	0,556	0,778	−0,250	n.d.	−0,063
$\mathcal{C}_\gamma$	0,650	0,705	0,008	0,889	−0,010	1,000	0,308	0,229	−0,038	n.d.	−0,250
$\mathcal{C}_\delta$	n.d.	n.d.	79,930	80,000	−0,010	n.d.	1,458	n.d.	0,000	n.d.	−0,250
$\mathcal{C}_\varepsilon$	0,700	0,727	0,008	0,889	≈ −0,0	1,000	0,311	0,254	−0,375	n.d.	−0,063
$\mathcal{C}_\zeta$	0,750	0,750	0,008	0,899	−0,010	1,000	0,396	0,250	−0,333	n.d.	−0,250
$\mathcal{C}_\eta$	0,500	0,500	−0,983	0,800	0,980	1,000	0,083	≈ 0,0	−0,500	n.d.	0,500

6 Zusammenhänge

In diesem Abschnitt wollen wir nun den ersten Teil der Untersuchung, welcher der Frage nach der korrekten Modellierung von Kohärenz gewidmet war, verlassen. Stattdessen wenden wir uns vor dem Hintergrund der vorgestellen Kohärenzmodelle einigen Zusammenhängen zwischen dem Begriff der Kohärenz und verschiedenen anderen Begriffen zu, welche häufig in der Literatur in Zusammenhang mit dem Begriff der Kohärenz gebracht werden. Hierzu zählen insbesondere die Begriffe der Wahrheit, der Verlässlichkeit und der Widerspruchsfreiheit.

6.1 Kohärenz und Wahrheit

Wie bereits erwähnt, spielt der Kohärenzbegriff innerhalb einer Kohärenztheorie der Rechtfertigung eine entscheidende Rolle. Wir haben uns nun in den letzten Abschnitten intensiv der Modellierung des Kohärenzbegriffs mit Hilfe der Wahrscheinlichkeitstheorie angenähert und wollen nun seine Anwendung innerhalb verschiedener erkenntnistheoretischer Debatten untersuchen. Den Anfangspunkt markiert hierbei die Frage, inwiefern die Begriffe der Kohärenz und der Rechtfertigung zusammenhängen. Insbesondere werden wir uns mit der Frage beschäftigen, inwiefern die Kohärenz eines Überzeugungssystems als Indikator für die Wahrheit dieses Systems angesehen werden kann. Diese klassische Frage nach der „Wahrheitsförderlichkeit" (*truth-conduciveness*) werden wir mit Hilfe unseres formalen Rahmens zunächst präzisieren und sodann zu beantworten versuchen. Hierzu werden wir verschiedene in der Literatur zu findende Modelle der Wahrheitsförderlichkeit diskutieren und mit Bezug auf die von uns diskutierten Kohärenzmaße evaluieren.

Diesbezüglich muss zunächst einmal geklärt werden, auf welche Art von Entität sich der Begriff der Wahrheitsförderlichkeit beziehen sollte: Einerseits ist es möglich, Wahrheitsförderlichkeit für *Mengen von Aussagen* zu definieren, sodass die zugrundeliegende Idee etwa lautet, dass kohärentere Mengen von Informationen insgesamt näher an der Wahrheit liegen. Diese Ansätze sind sehr prominent in der Kohärenzliteratur und werden in Abschnitt 6.1.1 vorgestellt. In diesem Abschnitt werden wir darüber hinaus den Fokus ein wenig erweitern und andere epistemische Werte neben dem der Wahrheitsförderlichkeit ebenso berücksichtigen. Hierzu werden insbesondere die „Wahrheitsähnlichkeit" (*truthlikeness* oder *verisimilitude*) zählen sowie die epistemische Nützlichkeit (*epistemic utility*). Andererseits lässt sich der Begriff der Wahrheitsförderlichkeit auch so verstehen, dass er sich lediglich auf *einzelne Aussagen* innerhalb einer Menge bezieht, sodass es nicht um den Vergleich ganzer Mengen von Aussagen hinsichtlich ihrer Wahrheitsähnlichkeit geht, sondern um einzelne Elemente dieser Mengen. Ein solcher Ansatz steht in Abschnitt 6.1.2 im Vordergrund.

6.1.1 Wahrheitsförderlichkeit für Mengen von Aussagen

6.1.1.1 Propositionale Wahrheitsförderlichkeit

Beginnen wir zunächst allgemein mit ein paar Erläuterungen zum Zusammenhang von Kohärenz und Wahrheit, welcher als Achillesferse einer jeden Kohärenztheorie der Rechtfertigung angesehen werden kann. Hier schreibt BonJour:

> one crucial part of the task of an adequate epistemological theory is to show that there is an appropriate connection between its proposed approach to epistemic justification and the cognitive goal of *truth*. That is, it must be somehow shown that justification as conceived by the theory is *truth-conducive*, that one who seeks justified beliefs is at least likely to find true ones. (BonJour 1985, 108f.)

Was mit diesem Zusammenhang klassischerweise gemeint ist, lässt sich gut anhand eines Zeugenszenarios illustrieren. Gehen wir davon aus, dass wir in einem Gerichtsprozess einen Diebstahl aufklären wollen und hierzu mehrere Zeugen befragen, von denen wir zwar wissen, dass sie unabhängig voneinander urteilen, aber nicht sicher gehen können, wie der Wahrheitsgehalt ihrer Aussagen und ihre eigene Zuverlässigkeit einzuschätzen sind. In dieser Position können wir uns einerseits auf den Abgleich ihrer Aussagen mit den anderen von uns gesammelten Indizien stützen; andererseits können wir die Zeugenaussagen selbst sowohl intern als auch untereinander auf ihre Kohärenz hin überprüfen. Sollte sich herausstellen, dass mehrere unabhängige Zeugen detaillierte Informationen über den Tathergang liefern, die ein schlüssiges Bild ergeben, so verleiht diese Kohärenz ihren Aussagen eine hohe Wahrscheinlichkeit, auch wahr zu sein. Auf der anderen Seite würde ein hoher Grad der Inkohärenz, im Extremfall gar die Inkonsistenz der Menge der Zeugenaussagen, einen klaren Hinweis auf deren Falschheit beinhalten.

Ein Artikel von Klein und Warfield aus dem Jahre 1994 war der Ausgangspunkt einer neueren Debatte über diesen Zusammenhang zwischen Kohärenz und Wahrheit. In „What price coherence" hatten sie versucht zu zeigen, dass Kohärenz als solche nicht wahrheitsförderlich ist, da es häufig so sei, dass die Erhöhung der Kohärenz einer Menge von Aussagen damit einhergehe, dass die daraus resultierende kohärentere Menge mit einer größeren Wahrscheinlichkeit falsch sei als die weniger kohärente Ausgangsmenge (vgl. Klein und Warfield 1994, 129f.). Zur Motivation ihres Arguments verwenden sie das folgende Szenario:

A detective has gathered a large body of evidence that provides a good basis for pinning a murder on Mr. Dunnit. In particular, the detective beliefs that Dunnit had a motive for the murder and that several credible witnesses claim to have seen Dunnit do it. However, because the detective also believes that a credible witness claims that she saw Dunnit two hundred miles away from the crime scene at the time the murder was committed, her belief set is incoherent (or at least somewhat incoherent). Upon further checking, the detective discovers some good evidence that Dunnit has an identical twin whom the witness providing the alibi mistook for Dunnit.

Offenbar führt die neue Evidenz über den Zwillingsbruder dazu, dass das zunächst vermutete Alibi unterminiert wird: Auch wenn es eine Zeugin gibt, die Dunnit scheinbar zur Tatzeit an einem weit entfernten Ort gesehen hat, so lässt sich dieses Detail kohärent in die Menge der anderen Zeugenaussagen integrieren, wenn Dunnit einen Zwillingsbruder hat. Fügt man diese neue Evidenz zur vorherigen Menge von Zeugenaussagen hinzu, so steigert man folglich deren Kohärenz. Aber, so Klein und Warfield, da die erweiterte Menge von Zeugenaussagen zusätzliche Informationen enthält, ist es auch wahrscheinlicher geworden, dass sich darin eine Fehlinformation befindet. Daher, so folgern sie, ist Kohärenz nicht wahrheitsförderlich.

Die zugrundeliegende Charakterisierung des Begriffs der *propositionalen* Wahrheitsförderlichkeit lässt sich wie folgt zusammenfassen:

Definition 6.1 (Wahrheitsförderlichkeit 1). Kohärenz ist wahrheitsförderlich genau dann, wenn für alle Mengen von Aussagen $X, Y \in L$ gilt: Falls X kohärenter als Y ist, gilt $P(\bigwedge X) > P(\bigwedge Y)$ für alle $P \in \mathbf{P}$.

Auf den ersten Blick scheint dies eine plausible Explikation des Begriffs der Wahrheitsförderlichkeit zu sein; denn wenn man Wahrscheinlichkeiten in einem epistemischen Sinne versteht, dann werden wir in vielen Fällen, in denen wir zwei Mengen von Informationen präsentiert bekommen die kohärentere Menge mit einer höheren Wahrscheinlichkeit für wahr halten als die weniger kohärente Menge. Dies, so ist zu beachten, geht allerdings an der eigentlichen Interpretation der Wahrheitsförderlichkeit vorbei; denn bei dieser soll es ja nicht darum gehen, für wie wahr wir eine bestimmte Menge von Informationen *halten*, sondern mit welcher Wahrscheinlichkeit diese Menge von Informationen wahr *ist*. Auch scheint es problematisch zu sein, zwei beliebige Mengen miteinander zu vergleichen, denn in diesem Fall greift ein bekannter Einwand gegen Kohärenztheorien der Rechtfertigung, der darauf verweist, dass es schon alleine deshalb keinen direkten Zusammenhang zwischen Kohärenz und Wahrheit geben könne, da auch Märchen einen hohen Grad von Kohärenz aufweisen (ohne jedoch wahr zu sein).

Zudem ist Definition 6.1 auch schon insofern problematisch, als dass es ein bekanntes Theorem der Wahrscheinlichkeitstheorie ist, dass die Wahrscheinlichkeit einer Konjunktion zwangsläufig sinkt, wenn ein nicht vom Rest der Konjunkte logisch impliziertes Konjunkt hinzugefügt wird. Daher würde jede nicht-triviale Kohärenz-Erhöhung durch Erweiterung einer Menge dazu führen, dass Kohärenz nicht mehr im Sinne dieser Definition wahrheitsförderlich ist. Mit anderen Worten, wenn ich eine beliebige Menge X von Informationen betrachte, deren Kohärenzgrad intuitiv durch Hinzufügen einer weiteren Information y steigt, so kann Kohärenz in diesem Sinne niemals wahrheitsförderlich gemäß der vorherigen Definition sein, da die Wahrscheinlichkeit, dass alle Aussagen in X wahr sind, zwangsläufig nach den Gesetzen der Wahrscheinlichkeitstheorie *höher* ist als die entsprechende Wahrscheinlichkeit dafür, dass alle Aussagen in der erweiteren Menge $X \cup \{y\}$ wahr sind. Somit verfehlt diese Explikation des Begriffs der Wahrheitsförderlichkeit aus rein mathematischen Gründen notwendig ihr Ziel und kann als gescheitert angesehen werden.

Bevor wir uns einer weiteren Kritik an der obigen Explikation des Begriffs der Wahrheitsförderlichkeit zuwenden, halten wir zunächst das Ergebnis der Auswertung der obigen Kohärenzmaße im Hinblick auf das Kriterium 6.1 fest:

Beobachtung 6.1 (Schippers 2016b). Keines der obigen Kohärenzmaße ist wahrheitsförderlich im Sinne von Definition 6.1.

Auch Shogenji (1999) hat in seiner Reaktion auf Klein und Warfields Argument darauf hingewiesen, dass der allgemeine Vergleich zwischen beliebigen Mengen unzulässig ist, denn:

> We cannot evaluate truth-conduciveness of coherence simply by checking whether more coherent beliefs are more likely to be true together than less coherent beliefs. Such comparison may lump together the effects of two factors – coherence and total individual strength – on truth. [...] [Instead] we need to check whether more coherent beliefs are more likely to be true together than less coherent but individually just as strong beliefs. (Shogenji 1999, 342)

Nach Shogenji ist also ein Vergleich, wie ihn unser obiges Kriterium in Definition 6.1 anstrebt, insofern problematisch, als dass zwei verschiedene Faktoren miteinander vermischt werden, die beide einen Einfluss darauf haben, mit welcher Wahrscheinlichkeit eine Menge von Aussagen wahr ist. Neben der Kohärenz der Menge zählt nach Shogenji hierzu auch der Informationsgehalt (*total individual strength*) der einzelnen Aussagen. Um also den Einfluss von Kohärenz auf die Wahscheinlichkeit der Wahrheit der Aussagen zu überprüfen, müsse, so Shogenji, dieser Informationsgehalt beim Vergleich verschieden kohärenter Mengen konstant gehalten werden.

Zur Modellierung des Informationsgehalts einer einzelnen Aussage haben wir in Abschnitt 4.2 bereits zwei Maße kennengelernt, die wir uns an dieser Stelle kurz in Erinnerung rufen wollen. Sie lauteten:

1. $\inf_d(x) = 1 - P(x)$
2. $\inf_r(x) = \log[1/P(x)]$

Für beide diese Maße gilt, dass sie streng monoton fallende Funktionen von $P(x)$ sind; entsprechend können wir den Informationsgehalt einer einzelnen Aussage (unabhängig vom gewählten Maß) konstant halten, indem wir ihre Wahrscheinlichkeit konstant halten. Für eine Menge X schlägt Shogenji nun das Produkt der Einzelwahrscheinlichkeiten als Maß für den zu fixierenden Informationsgehalt vor. Sei dieses Produkt als Informationsgehalt der Menge X mit **inf**(X) bezeichnet, d. h.

$$\inf(X) = \prod_{x \in X} \inf(x),$$

dann erhalten wir die folgende alternative Charakterisierung von Wahrheitsförderlichkeit auf der Grundlage des Vorschlags von Shogenji (1999):

Definition 6.2 (Wahrheitsförderlichkeit 2). Kohärenz ist wahrheitsförderlich genau dann, wenn für alle Mengen von Aussagen $X, Y \in L$ mit **inf**(X) = **inf**(Y) gilt: Falls X kohärenter als Y ist, gilt $P(\bigwedge X) > P(\bigwedge Y)$ für alle $P \in \mathbf{P}$.

Betrachten wir auch hier zunächst die Auswertung der obigen Kohärenzmaße:

Beobachtung 6.2 (Schippers 2016b). Die Kohärenzmaße $\mathcal{D}^r$ und $\mathcal{D}^d$ sind wahrheitsförderlich im Sinne von Def. 6.2; alle anderen Maße sind nicht wahrheitsförderlich im Sinne der Definition.

Dass die einfachen Abweichungsmaße im Sinne der alternativen Definition 6.2 wahrheitsförderlich sind, sollte nicht weiter verwundern, basieren sie doch lediglich auf dem Verhältnis bzw. der Differenz aus der Wahrscheinlichkeit der Konjunktion aller Aussagen und deren Produkt. Sofern man Letzteres konstant hält, korreliert der durch diese Maße gemessene Grad der Kohärenz direkt mit der Wahrscheinlichkeit der Konjunktion. Dies könnte man als Argument dafür ansehen, dass sich $\mathcal{D}^r$ und $\mathcal{D}^d$ gegenüber den anderen Kohärenzmaßen dadurch auszeichnen, dass sie als einzige wahrheitsförderlich sind. Dieser Schluss wäre aber in unseren Augen etwas voreilig, da gerade die einfachen Abweichungsmaße häufig als inadäquat kritisiert wurden.[44] Ihre verfeinerten Varianten $\mathcal{D}^r_T$ und $\mathcal{D}^d_T$, die als Kohärenzmaße deutlich besser abschneiden, sind aber *nicht* wahrheitsförderlich in diesem Sinne. Darüber hinaus hat beispielsweise Olsson (2002, 2005)

---

[44] Zum Verhältnis-basierten Maß $\mathcal{D}^r$ siehe Bovens und Hartmann (2003a), Fitelson (2003), Glass (2005), Koscholke (2015), Olsson (2002), Roche (2013), Schippers (2014c), Schupbach (2011), Siebel (2005) sowie Siebel und Wolff (2008). Viele der in diesen Schriften enthaltenen Argumente gegen $\mathcal{D}^r$ lassen sich direkt auf $\mathcal{D}^d$ übertragen.

ein Maß diskutiert, das den Grad des Zusammenhangs einer Menge von Aussagen auf einem sehr direkten Wege formalisiert und sogar wahrheitsförderlich im Sinne der früheren Definition 6.1 ist. Dieses Maß lautet wie folgt:

$$\mathbf{coh}_0(X, P) = P\left(\bigwedge X\right)$$

Anstatt aber aus dieser Tatsache den Schluss zu ziehen, dass $\mathbf{coh}_0$ eines der besten Kohärenzmaße auf dem Markt sei, argumentiert Olsson (2002) wie folgt:

> According to $\mathbf{coh}_0$, coherence is the joint probability, and so this measure, unsurprisingly, comes out as truth-conducive in the propositional sense [d.i. im Sinne von Definition 6.1]. This fact actually tells against, rather than in favor of, the reasonableness of our explication [of truth-conduciveness]. $\mathbf{coh}_0$ is not a plausible measure of coherence, and it would be highly surprising, therefore, if it turned out to be, in any interesting sense, truth-conducive. (Olsson 2002, 251)

In einer etwas abgeschwächten Version könnte man nun ähnlich geneigt sein zu argumentieren, dass auch die einfachen Abweichungsmaße keine geeigneten Kandidaten zur Bemessung von Kohärenz sind und es dementsprechend verwunderlich wäre, wenn sie in irgendeinem interessanten Sinne wahrheitsförderlich wären.[45]

Was heißt das nun in Bezug auf die Frage, ob der durch eines der obigen Maße explizierte Begriff der Kohärenz wahrheitsförderlich ist? Nun, zunächst nicht allzu viel. Bisher haben wir nämlich eine gänzlich andere Modellierung vernachlässigt, die von Olsson (2002, 2005) vorgeschlagen wurde.[46] Dieser unter dem Begriff der *doxastischen* Wahrheitsförderlichkeit diskutierte Ansatz wird im kommenden Abschnitt vorgestellt.

6.1.1.2 Doxastische Wahrheitsförderlichkeit

Die der doxastischen Wahrheitsförderlichkeit zugrunde liegende Idee stellt den folgenden, bisher vernachlässigten Aspekt des obigen Zwillings-Szenarios von Klein und Warfield in den Mittelpunkt:

> Superficially, it might seem that the entities that we are to compare as regards their relative probability are the two sets [of testimonies] [...]. But this is not to the point. First of all, it is part of the example that the detective *believes these propositions to be true*. What we are to compare are, in fact, not two sets of bare propositions, but two doxastic systems. (Olsson 2005, 107)

---

45 Zudem hat Olsson (2001) dafür argumentiert, dass Shogenjis Argumente für die Notwendigkeit den individuellen Informationsgehalt zu fixieren, nicht überzeugen.
46 Siehe hierzu auch Cross (1999) sowie Bovens und Olsson (2002).

In einem *doxastischen System*, wie Olsson es im Sinne eines Überzeugungssystems eines epistemischen Subjekts modelliert, gibt es zu jeder Aussage x die Aussage $B(x)$, die besagt, dass x vom entsprechenden Subjekt geglaubt wird. Für eine Menge $X = \{x_1, \ldots, x_n\}$ sei nun $\mathbf{S}(X) = \{\langle x_1, B(x_1)\rangle, \ldots, \langle x_n, B(x_n)\rangle\}$ das dazugehörige doxastische System, dann bemisst sich die Kohärenz dieses Systems nach wie vor allein auf der Ebene der propositionalen Inhalte $x_1, \ldots, x_n$, d. h. es gelte:

$$\mathbf{coh}(\mathbf{S}(X), P) = \mathbf{coh}(X, P)$$

Als weitere Konvention führen wir die folgende Abkürzung für die bedingte Wahrscheinlichkeit, dass alle propositionalen Inhalte eines doxastischen Systems vor dem Hintergrund der Überzeugungen wahr sind, ein:

$$P(\mathbf{S}(X)) = P\left(\bigwedge_{i \leq n} x_i \,\Big|\, \bigwedge_{i \leq n} B(x_i)\right)$$

Gemäß dieser Charakterisierung ergibt sich die Wahrscheinlichkeit dafür, dass ein doxastisches System wahr ist, als bedingte Wahrscheinlichkeit der Konjunktion aller im System enthaltenen Aussagen, gegeben dass diese Aussagen geglaubt werden. Mit Hilfe dieser Konventionen können wir nun die von Olsson favorisierte Explikation des Begriffs der Wahrheitsförderlichkeit auf der Grundlage von doxastischen Systemen einführen:

Definition 6.3 (Wahrheitsförderlichkeit 3). Kohärenz ist wahrheitsförderlich genau dann, wenn für alle doxastischen Systeme $\mathbf{S}(X), \mathbf{S}(Y)$ gilt: Falls $\mathbf{S}(X)$ kohärenter als $\mathbf{S}(Y)$ ist, gilt $P(\mathbf{S}(X)) > P'(\mathbf{S}(Y))$ für alle $P, P' \in \mathbf{P}$.

Ein erster Unterschied zwischen den bisherigen Definitionen der Wahrheitsförderlichkeit und Definition 6.3 besteht offenbar darin, dass der Fokus nun nicht mehr auf einfachen Mengen von Aussagen liegt, sondern auf doxastischen Systemen. Darüber hinaus fällt auf, dass die Betrachtung des Einflusses der verschiedenen Kohärenzgrade nun verschiedene Wahrscheinlichkeitsfunktionen zulässt. Dies verleiht dem folgenden Theorem eine größere Allgemeinheit, ist aber durchaus damit kompatibel, dass $P = P'$.

Nun ist es zwar, wie bereits angemerkt, ein simples Theorem der Wahrscheinlichkeitstheorie, dass eine Konjunktion durch Hinzufügen weiterer Konjunkte nie wahrscheinlicher werden kann. Doch es gibt kein entsprechendes Theorem für die bedingten Wahrscheinlichkeiten $P(\mathbf{S}(X))$ und $P(\mathbf{S}(Y))$. Somit scheint Definition 6.3 eine Möglichkeit zu sein, den Begriff der Wahrheitsförderlichkeit auszubuchstabieren, die nicht von vornherein zum Scheitern verurteilt ist. Die verbleibende Frage ist dementsprechend, ob Kohärenz im Sinne dieser Definition wahrheitsförderlich ist. Zur Beantwortung dieser Frage hat Olsson (2005) ein sogenanntes *Unmöglichkeitstheorem* bewisesen, das zeigt, dass die Antwort auf diese Frage zumindest in gewisser Hinsicht negativ ausfällt. Genauer gesagt weist Olsson nach, dass alle Kohärenzmaße, die im obigen Sinne wahrheitsförderlich sind, in bestimmten Szenarien nicht gleichzeitig informativ sein können. Im Folgenden werden wir genauer erläutern, was hiermit gemeint ist.

Hierzu erweitern wir zunächst den Begriff eines doxastischen Systems zu einem Zeugen-System (*testimonial system*). Ähnlich wie bei einem doxastischen System gibt es zu jeder Aussage x einer Menge X eine Aussage $E(x)$, die besagt, dass es eine Evidenz dafür gibt, dass x wahr ist; diese Evidenz kann beispielsweise ein Zeuge sein, der eine Aussage mit dem Inhalt x von sich gibt. Gewissermaßen entspricht $E(x)$ der vorherigen Komponente $B(x)$, dass eine Person davon überzeugt ist, dass x wahr ist; zusätzlich berücksichtigt Olsson allerdings die Zuverlässigkeit (*reliability*) der Informationsquelle, von der diese Information stammt; diese Zuverlässigkeit wird mit R bezeichnet. Ein Zeugen-System $\mathbf{Z}$ zu einer Menge $X = \{x_1, \ldots, x_n\}$ besteht dementsprechend aus Tripeln der folgenden Form: $\mathbf{Z} = \{\langle x_1, E(x_1), R_1\rangle, \ldots, \langle x_n, E(x_n), R_n\rangle\}$.

Für ein *Lewis-Szenario* gibt Olsson nun eine ganze Reihe von Bedingungen an, die insbesondere notwendig sind um die Idee der Unabhängigkeit der einzelnen Zeugen zu modellieren. Die genauen Details dieses Modells wollen wir an dieser Stelle vernachlässigen und stattdessen nur festhalten, dass ein solches Szenario dadurch gekennzeichnet ist, dass zwei unabhängige Zeugen *dieselbe* Aussage treffen. Wiederum nehmen wir an, dass die Kohärenz eines Zeugen-Systems ausschließlich durch die Kohärenz der propositionalen Inhalte der Zeugenaussagen bestimmt wird, d. h. auch für Zeugen-Systeme gilt:

$$\mathbf{coh}(\mathbf{Z}(X), P) = \mathbf{coh}(X, P)$$

Zudem ist $P(\mathbf{Z}(X))$ wiederum als bedingte Wahrscheinlichkeit der Konjunktion aller Elemente von X gegeben die Evidenzen $E(x_i)$ definiert. Im Rahmen eines solchen Lewis-Szenarios weist Olsson das folgende Unmöglichkeitsresultat nach:

Theorem 6.1 (Olsson 2005). *In einem Lewis-Szenario gibt es keine informativen Kohärenzmaße, die gleichzeitig wahrheitsförderlich im Sinne von Definition 6.3 sind.*[47]

---

[47] Genau genommen müsste die Definition der Wahrheitsförderlichkeit noch einmal für Zeugen-Systeme angepasst werden, indem insbesondere die hinzugekommene Reliability berücksichtigt wird. Im Kontext des Theorems trifft Olsson die Annahme, dass beide Zeugen dieselbe Zuverlässigkeit aufweisen; entsprechend muss der in Definition 6.3 genannte Zusammenhang nicht nur für alle Wahrscheinlichkeiten $P \in \mathbf{P}$ gelten, sondern darüber hinaus auch für alle Grade von Zuverlässigkeit. Für Details siehe (Olsson 2005, Appendix B).

Um den Status dieses Theorems hinsichtlich der Frage der Wahrheitsförderlichkeit von Kohärenz beurteilen zu können, muss natürlich geklärt werden, was mit einem informativen Kohärenzmaß gemeint ist. Denn dass es in einem Lewis-Szenario keine informativen Kohärenzmaße gibt, die gleichzeitig wahrheitsförderlich sind, ist nur dann problematisch, wenn Informativität eine wünschenswerte Eigenschaft von Kohärenzmaßen in solch einem Kontext ist. Olsson definiert diesen Begriff wie folgt:

Definition 6.4 (Informativität). Ein Kohärenzmaß **coh** ist *informativ* in einem Lewis-Szenario $Z(X)$ genau dann, wenn es Wahrscheinlichkeitsverteilungen $P, P' \in \mathbf{P}$ gibt mit $\mathbf{coh}(Z(X), P) \neq \mathbf{coh}(Z(X), P')$.

Mit anderen Worten ist also ein Kohärenzmaß informativ in einem Lewis-Szenario wenn es unterschiedliche Kohärenzwerte vor dem Hintergrund verschiedener Wahrscheinlichkeitsverteilungen über demselben Szenario zuweisen kann. Wenn wir uns aber in Erinnerung rufen, dass das Lewis-Szenario ein Szenario ist, in dem zwei Zeugen *dieselbe* Aussage treffen, dann, so könnte man argumentieren, scheint es keine besonders problematische Eigenschaft zu sein, hier nicht differenzieren zu können. Denn wenn beide Zeugen dieselbe Aussage treffen, stimmen sie maximal überein und nicht wenige würden daraus folgern, dass der Grad ihrer Kohärenz ebenfalls maximal ist (vgl. insbesondere Bovens und Hartmann 2003a, Fitelson 2003, Siebel und Wolff 2008). Dann aber sollte es auch keinen Unterschied machen, ob das, worin sie übereinstimmen, sehr wahrscheinlich ist oder nicht. Es gibt also gute Gründe für die Annahme, dass die Kohärenz der Zeugenaussagen in einem Lewis-Szenario *immer* maximal sein sollte; folglich ist es eher ein Desideratum als ein Manko für ein Kohärenzmaß, nicht informativ in einem solchen Szenario zu sein.

Innerhalb einer solchen Interpretation des Kohärenzbegriffs scheint auch Olssons „Unmöglichkeitsresultat" keine Bedrohung mehr darzustellen, denn sein eigentliches Argument ist dadurch unterminiert: Laut Olsson ist das obige Resultat insofern problematisch, als dass der Nachweis der Nicht-Existenz eines wahrheitsförderlichen Kohärenzmaßes *in diesem exemplarischen Kohärenz-Szenario* impliziert, dass es erst recht kein Kohärenzmaß geben kann, dass im Allgemeinen sowohl wahrheitsförderlich als auch informativ ist. Genau diese Schlussfolgerung ist aber illegitim, wenn man annimmt, dass Lewis-Szenarien innerhalb der Kohärenzdebatte insofern einen besonderen Status innehaben, als sie gerade danach verlangen, dass Kohärenzmaße hier ihre Informativität verlieren. Insgesamt schließen wir daraus, dass Olssons Resultat allein noch nicht ausreicht, um die Idee der Wahrheitsförderlichkeit eines probabilistischen Kohärenzmaßes zu Fall zu bringen.

Einen ebenfalls auf Zeugen-Systemen basierenden Ansatz zur Modellierung des Begriffs der Wahrheitsförderlichkeit von Kohärenz haben Bovens und Hartmann (2003a, 2005, 2006) vorgestellt. Ausgangspunkt ihrer Überlegungen ist die Idee, den Grad der Kohärenz einer Menge *indirekt* über ihren Einfluss in Zeugen-Szenarien zu ermitteln. Ganz allgemein formuliert geht es hierbei zunächst darum, die Einflussfaktoren zu identifizieren, die dazu führen, dass wir einer Menge von Zeugenaussagen eine bestimmte Glaubwürdigkeit zuordnen; wenn nun deren Kohärenz einer dieser Faktoren ist und wir zwei Situationen vergleichen, in denen alle weiteren Faktoren identisch sind, so muss der womöglich existierende Unterschied hinsichtlich der Glaubwürdigkeit allein auf die unterschiedlichen Grade von Kohärenz zurückzuführen sein. Auf diesem Wege können wir also beim Vergleich zweier Mengen ermitteln, ob diese identisch hinsichtlich ihres Kohärenzgrades sind, oder nicht.[48]

Hinsichtlich der Faktoren, die einen Einfluss darauf haben, wie stark überzeugt wir von einer Menge von Zeugenaussagen innerhalb eines Zeugensystems $Z = \{\langle x_1, E(x_1), R_1\rangle, \ldots, \langle x_n, E(x_n), R_n\rangle\}$ sind, kommen nach Bovens und Hartmann die folgenden Faktoren in Betracht:

1. *Wie erwartbar ist die erhaltene Information?* Zur Modellierung dieses Faktors verwenden Bovens und Hartmann die Wahrscheinlichkeit der Konjunktion $P(\bigwedge_{i \leq n} x_i)$.
2. *Wie zuverlässig sind die Zeugen?* Zur Modellierung der Zuverlässigkeit der Zeugen verwenden Bovens und Hartmann einen *Zuverlässigkeits-Parameter* $R_i = 1 - q_i/p_i$, wobei $q_i = P(E(x_i)|\overline{x}_i)$ die Wahrscheinlichkeit beschreibt, dass ein Zeuge die Aussage $E(x_i)$ mit dem Inhalt x_i macht, obgleich diese falsch ist; entsprechend meint $p_i = P(E(x_i)|x_i)$ die entsprechende Wahrscheinlichkeit dafür, einen Bericht zu einer wahren Aussage x_i zu erhalten. Ferner wird angenommen, dass alle Zeugen in gleichem Maße zuverlässig sind, d. h. $r = R_1 = \ldots = R_n$.
3. *Wie kohärent ist die erhaltene Information?*

Mit Hilfe dieser Klassifikation können wir die obige Idee ein wenig präzisieren: Um eine Aussage über unterschiedliche Kohärenzgrade der Mengen X und Y zu erhalten, müssen wir vergleichen, welchen Einfluss diese beiden Mengen auf die Glaubwürdigkeit der in ihnen enthaltenen Informationen haben, wenn diese von unabhängigen und zum gleichen Grade zuverlässigen Zeugen vorgebracht werden; damit dieser Vergleich allerdings aussagekräftig vor dem Hintergrund der obigen Klassifikation ist, müssen die Informationen in beiden Mengen zum gleichen Grade „erwartbar" sein, d. h. $P(\bigwedge X) = P(\bigwedge Y)$.

---

48 Siehe hierzu auch unsere Erläuterungen in Abschnitt 2.4.

Auf der Grundlage dieses Ansatzes weisen Bovens und Hartmann nun allerdings die Unmöglichkeit einer „Bayesianischen Kohärenztheorie" nach. Diese zeichnet sich, so Bovens und Hartmann, durch die folgenden Aussagen aus:
1. *Trennbarkeit:* Für alle Mengen $X, Y \subset L$ gilt, dass wenn X mindestens so kohärent wie Y ist, unser Grad der Überzeugung in $\bigwedge X$ mindestens so groß wie derjenige in $\bigwedge Y$ ist, *ceteris paribus*.
2. *Probabilismus:* Die Relation „... ist mindestens so kohärent wie ..." ist vollständig durch die wahrscheinlichkeitstheoretischen Profile der zu vergleichenden Mengen determiniert, d. h. ein Vergleich der Kohärenzgrade zweier Mengen kann allein auf der Grundlage dieser wahrscheinlichkeitstheoretischen Informationen durchgeführt werden.
3. *Ordnung:* Die Relation „... ist mindestens so kohärent wie ..." ist eine Ordnung, d. h. insbesondere vollständig.[49]

Trotz der augenscheinlichen Plausibilität, die sowohl die obige Klassifikation von Faktoren als auch die Charakterisierung der Bayesianischen Kohärenztheorie aufweisen, weisen Bovens und Hartmann nach, dass diese Bedingungen inkonsistent sind. Genauer genommen zeigen sie, dass es unter Voraussetzung der ceteris paribus Klauseln und der Annahme, dass die obige Klassifikation vollständig ist, keine Kohärenz*ordnung* gibt, die gleichzeitig das Kriterium der *Trennbarkeit* sowie den *Probabilismus* erfüllt. Hierzu zeigen sie formal auf, dass es Mengen von Aussagen X, Y gibt, sodass die Glaubwürdigkeit innerhalb des Zeugen-Systems von X für manche Werte des Reliabilitätsparameters größer ist als diejenige von Y; dass sich diese Anordnung für andere Werte von r aber ins Gegenteil verkehrt, ceteris paribus.

Schauen wir uns einmal genauer an, was dadurch folgt: Ausgangspunkt sind zwei Zeugensysteme über den Mengen X und Y, für die gilt, dass erstens die Erwartbarkeit der in ihnen enthaltenen Informationen identisch ist und zweitens auch die Zuverlässigkeit der jeweiligen Zeugen konstant und identisch ist. Wenn wir nun annehmen, dass das Kriterium des Probabilismus gilt, dann können wir allein auf der Grundlage der den Szenarien zugrunde liegenden Wahrscheinlich-

---

[49] Damit ist folgendes gemeint: Sei ≤ die Relation „... ist mindestens so kohärent wie...", dann muss diese Relation als *Quasi-Ordnung* folgende Eigenschaften erfüllen:
(R) *Reflexivität*: Für alle $X \subset L$ gilt: $X \leq X$.
(T) *Transitivität*: Für alle $X, Y, Z \subset L$ gilt: Falls $X \leq Y$ und $Y \leq Z$, dann $X \leq Z$.
Damit aus dieser Quasi-Ordnung eine (totale) Ordnung wird, muss ferner gelten:
(A) *Antisymmetrie*: Für alle $X, Y \subset L$: Falls $X \leq Y$ und $Y \leq X$, dann $X = Y$.
(V) *Vollständigkeit*: Für alle $X, Y \subset L$: $X \leq Y$ oder $Y \leq X$.
Insbesondere die letzte Eigenschaft der Vollständigkeit steht im Zentrum der Argumentation von Bovens und Hartmann.

keitsprofile Aussagen über die Kohärenz der jeweiligen Mengen von Aussagen X und Y treffen. Nehmen wir beispielsweise an, dass X mindestens so kohärent wie Y ist, dann folgt aus dem von Bovens und Hartmann bewiesenen Theorem, dass für bestimmte Werte des Reliabilitätsparameters die Glaubwürdigkeit von X oberhalb von derjenigen von Y liegt, für andere Werte hingegen darunter. Entsprechend kann Kohärenz nicht allgemein wahrheitsförderlich sein, da nicht unabhängig von der Wahl des Reliabilitätsparameters gilt, dass ein höherer Grad der Kohärenz zu einem höheren Grad der Glaubwürdigkeit der jeweiligen Informationen führt. Damit ist aber das Kriterium der Trennbarkeit verletzt. Die gleiche Argumentation führt unter der umgekehrten Annahme, dass Y mindestens so kohärent ist wie X zum gleichen negativen Ergebnis. Da nun aber gemäß dem Ordnungskriterium entweder X mindestens so kohärent sein muss wie Y oder Y mindestens so kohärent wie X, kann folglich Kohärenz nicht wahrheitsförderlich sein.

Mit anderen Worten, es folgt laut Bovens und Hartmann, dass es kein probabilistisches Kohärenzmaß geben kann, dass sowohl eine Kohärenz*ordnung* aufstellt als auch wahrheitsförderlich in dem Sinne ist, dass ein höherer Grad der Kohärenz zweifelsohne zu einem höheren Grad der Glaubwürdigkeit führt, ceteris paribus. Entsprechend muss eine der obigen Bedingungen aufgegeben werden: entweder der Einfluss von Kohärenz lässt sich nicht sauber von anderen Einflussfaktoren separieren (*Trennbarkeit*), oder Kohärenz lässt sich nicht ausschließlich wahrscheinlichkeitstheoretisch explizieren (*Probabilismus*), oder es lässt sich doch so explizieren, jedoch ist das Resultat dann keine Kohärenz-Ordnung mehr (*Ordnung*).

Genau diese letzte Option ist diejenige, die Bovens und Hartmann favorisieren: nach ihnen können wir innerhalb einer Bayesianischen Kohärenztheorie lediglich von einer Kohärenz-*Quasi*-Ordnung sprechen, d. h. von einer Relation, die zwar beispielsweise reflexiv und transitiv ist, nicht aber vollständig. Entsprechend besteht innerhalb des von ihnen daraufhin entwickelten Ansatzes zur indirekten Bemessung von Kohärenz (siehe Abschnitt 2.4) die Möglichkeit, dass zwei Mengen *nicht* hinsichtlich ihres Kohärenzgrades miteinander verglichen werden können. Der Grund hierfür liegt formal darin, dass die Glaubwürdigkeit der Zeugenaussagen in ihrem Modell in Abhängigkeit von deren Reliabilität gemessen wird; eine Menge X gilt entsprechend nur dann als kohärenter als eine andere Menge Y, wenn die Glaubwürdigkeit von X innerhalb des Modells *für alle Werte des Reliabilitätsparameters* r höher ist als diejenige von Y. Analog dazu ist X weniger kohärent, wenn diese Glaubwürdigkeit *immer* geringer ausfüllt. Tritt aber der Fall ein, dass X zwar für manche Werte von r glaubwürdiger als Y ist, für andere Werte aber die umgekehrte Rangordnung gilt, so sind X und Y in Bovens und Hartmanns Modell nicht hinsichtlich ihres Kohärenzgrades vergleichbar.

Dies sind dann die Fälle, die aus der Kohärenz-Ordnung eine Quasi-Ordnung werden lassen. Ist man bereit, diese Annahme zu treffen, so entgeht man dem obigen „Unmöglichkeitsresultat".

Meijs und Douven (2007) weisen in einem Artikel, in dem sie sich kritisch mit dem Resultat von Bovens und Hartmann auseinandersetzen, allerdings richtigerweise darauf hin, dass es noch einen weiteren Ausweg gibt, der bisher vernachlässigt wurde. Sie schreiben dort:

> The coherentist is free to declare all combinations of two sets for which it is the case that one of them has a higher posterior probability than the other, given some values of the reliability parameter, and a lower posterior probability than the other, given other values of the reliability parameter, as being equally coherent. (Meijs und Douven 2007, 350)

Man könnte also, so Meijs und Douven, alle in Bovens und Hartmanns Modell unvergleichbaren Mengen einfach für gleich-kohärent erklären. Dadurch müsste man nicht mehr das Ordnungskriterium aufgeben und hätte anstelle einer Vielzahl von unvergleichbaren Mengen nun eine Vielzahl von Mengen, die als gleich-kohärent deklariert werden.

Darüber hinaus bedürfen auch weitere Aspekte von Bovens und Hartmanns Modell der weiteren Untersuchung. So ist es beispielsweise nicht klar, weshalb die Wahrscheinlichkeit der Konjunktion der einzelnen Aussagen als Maß für deren Erwartbarkeit verwendet werden sollte und nicht etwa deren Einzelwahrscheinlichkeiten; dieser Einwand wiegt umso schwerer, als wir uns an anderen Stellen bereits mit Modellen der Informativität einer Menge von Aussagen beschäftigt haben, die eine monoton fallende Funktion des Produkts der Einzelwahrscheinlichkeiten sind. Eine Variante von Bovens und Hartmanns Modell, die genau auf solchen Einzelwahrscheinlichkeiten zur Explikation der Erwartbarkeit beruht, wurde von Meijs (2007) vorgelegt. Darüber hinaus ist es alles andere als klar, ob Bovens und Hartmanns Klassifizierung derjenigen Faktoren, die einen Einfluss auf die Glaubwürdigkeit der Menge der Zeugenaussagen haben, vollständig ist. Ein vernachlässigter Aspekt ist beispielsweise der folgende: Bovens und Hartmann setzen voraus, dass äquivalente Zeugenaussagen maximal kohärent sind. Zusammen mit der Annahme, dass die Erwartbarkeit einer Menge von Aussagen über die Wahrscheinlichkeit von deren Konjunktion bemessen wird, führt dies aber dazu, dass es keinen Unterschied zwischen Fällen gibt, in denen zwei Zeugen äquivalente Aussagen machen und solchen, in denen 20 Zeugen eine solche Aussage machen. Im Hinblick auf die Glaubwürdigkeit ihrer Inhalte scheint es aber sehr wohl einen Unterschied zu geben: Wenn der Inhalt ihrer Aussagen hochgradig unerwartbar ist, so werden wir eher geneigt sein einen hohen Grad der Glaubwürdigkeit auf der Grundlage von Zeugenaussagen zu attestieren, wenn wir eine große Menge an entsprechenden Aussagen haben, als wenn es sich nur um zwei solche Aussagen handelt. Daher schließen wir, dass auch Bovens und Hartmanns „Unmöglichkeitsresultat" dem Forschungszweig der probabilistischen Kohärenzmaße nicht den endgültigen Todesstoß versetzt.

6.1.1.3 Wahrheitsähnlichkeit statt Wahrheitsförderlichkeit

Vielleicht haben wir auch bei der Betrachtung des epistemischen Nutzens von Kohärenz den falschen Fokus gewählt. Olsson gibt, wenn auch vermutlich nicht beabsichtigt, einen Hinweis auf eine Alternative, wenn er schreibt:

> Coherence could imply verisimilitude, so that a system, in virue of being coherent, is at least close to the truth. (Olsson 2005, 1)

Der dort verwendete Begriff der Wahrheitsähnlichkeit (*verisimilitude* oder *truthlikeness*) entstammt dem Kontext der Wissenschaftstheorie und wurde ursprünglichen von Karl R. Popper innerhalb seines falsifikationistisch orientierten Ansatzes als Ideal zur Beschreibung des wissenschaftlichen Fortschritts verwendet. Die Grundidee hierbei ist, dass wissenschaftlicher Fortschritt sich zwar bisher häufig dadurch ausgezeichnet hat, dass eine inzwischen als falsch bewertete Theorie durch eine ebenfalls inzwischen als falsch bewertete Theorie ersetzt wurde. Nach dem Argument der *pessimistischen Meta-Induktion* (Laudan 1981) könnten wir daraus schließen, dass auch unsere heutigen Theorien mit großer Wahrscheinlichkeit irgendwann als überholt gelten und durch bessere Theorien ersetzt werden. Worin soll dann aber genau der Fortschritt bestehen, wenn wir von einer falschen Theorie zur nächsten überleiten? Popper bringt hier die Idee ins Spiel, dass fortgeschrittene Theorien zwar vielleicht ebenfalls falsch sein mögen, dass sie aber *näher an der Wahrheit* sind als ihre Vorläufer. Den Kern dieser Idee beschreiben Cevolani und Tambolo (2013, 922) wie folgt:

> A theory is highly verisimilar if it says many things about the target domain, and if many of these things are (almost exactly) true.

In diesem Sinne ist also beispielsweise die Ablösung der Newtonschen Theorie durch diejenige von Einstein ein Fortschritt, selbst wenn sich die Relativitätstheorie selbst als falsch herausstellen sollte, da sie eine Annäherung an die Wahrheit darstellt. Entsprechend wollen wir im Folgenden die Frage untersuchen, inwiefern Olssons Hinweis zutrifft, dass ein erhöhter Grad der Kohärenz unter gewissen Umständen mit einem erhöhten Grad der Wahrheitsähnlichkeit einhergeht.

Um diese Frage zu klären, müssen wir uns zunächst mit einigen grundlegenden Ideen der Wahrheitsähnlichkeits-Debatte vertraut machen. Insbesondere müssen wir natürlich klären, was es heißt, dass eine Aussage näher an der Wahrheit ist als eine andere, und wie ein entsprechendes Maß hierfür aussehen könnte. Ein erster Vorschlag hierzu geht auf Popper (1963) zurück und basiert auf der folgenden intuitiven Idee: Von zwei Hypothesen x, y ist diejenige näher an der Wahrheit, die mehr wahre Konsequenzen und weniger falsche hat. Gehen wir beispielsweise davon aus, dass innerhalb einer einfachen Sprache L_3 bestehend aus den drei atomaren Aussagen p_1, p_2 und p_3 die Wahrheit durch die Konjunktion $p_1 \wedge p_2 \wedge p_3$ ausgedrückt werden kann und vergleichen wir die beiden Hypothesen $x = p_1 \wedge p_2$ und $y = p_1 \wedge \overline{p}_2$, dann ist offensichtlich x näher an der Wahrheit als y. Dies entspricht auch dem Resultat des Vergleichs der Mengen der jeweils wahren und falschen Konsequenzen: p_2 ist beispielsweise eine wahre Konsequenz von x, aber nicht von y; auf der anderen Seite ist $\overline{p}_2$ eine falsche Konsequenz von y, nicht aber von x. Wir können auch zwei wahre Hypothesen miteinander vergleichen. Nehmen wir hierzu ergänzend die Hypothese $z = p_1$ hinzu, so gilt zwar, dass beide wahren Hypothesen x und z keinerlei falsche Konsequenzen haben, allerdings hat x mehr wahre Konsequenzen als z (beispielsweise p_2) und wird daher wiederum den Intuitionen entsprechend als näher an der Wahrheit bewertet. Halten wir zunächst Poppers Definition der Wahrheitsähnlichkeit fest, für die wir die folgenden weiteren Notationskonventionen benötigen: Sei $x \in L$ und mit $Ab(x)$ wiederum der deduktive Abschluss von x, d. h. die Menge der logischen Folgerungen von x, bezeichnet; diese Menge unterteilen wir nun in die Menge $Ab_T(x)$ der *wahren* logischen Folgerungen und die Menge $Ab_F(x)$ der *falschen* logischen Folgerungen. Es gilt offenbar $Ab_T(x) \cup Ab_F(x) = Ab(x)$. Damit können wir nun eine erste Explikation des Begriffs der Wahrheitsähnlichkeit einführen:

Definition 6.5 (Wahrheitsähnlichkeit Popper). Seien $x, y \in L$, dann ist x mindestens genauso nah an der Wahrheit wie y genau dann, wenn gilt: $Ab_T(x) \supseteq Ab_T(y)$ und $Ab_F(x) \subseteq Ab_F(y)$. Darüber hinaus gilt, dass x näher an der Wahrheit ist als y, falls mindestens eine der Relationen strikt ist.

Auch wenn Poppers Definition intuitiv nachvollziehbar konstruiert ist, so hat sie doch ein entscheidendes Manko, wodurch sie als Explikation für den Begriff der Wahrheitsähnlichkeit unbrauchbar wird. Eines der zentralen Desiderata liegt darin, dass mit Hilfe einer Definition der Wahrheitsähnlichkeit ein Vergleich von *falschen* Aussagen hinsichtlich ihres Grades der Wahrheitsähnlichkeit ermöglicht werden soll. Genau dies ist aber mit Hilfe der obigen Definition nicht möglich, wie Miller (1974) und Tichý (1974) unabhängig voneinander gezeigt haben. Dieses häufig als *Tichý-Miller-Theorem* bezeichnete Resultat zeigte einerseits die Unhaltbarkeit von Poppers Definition, gab aber andererseits damit auch den Startschuss für eine bis heute andauernde fruchtbare Debatte um verbesserte Explikationen. Prominente Beiträge hierzu stammen unter anderem von Kuipers (1987), Miller (1977), Niiniluoto (1987) und Oddie (1986). Die von diesen Autoren vorgeschlagenen Maße ermöglichen allesamt den Vergleich von falschen Aussagen hinsichtlich ihres Grades der Wahrheitsähnlichkeit und stellen daher eine echte Verbesserung gegenüber der Popperschen Definition dar. Allerdings sind die aus ihnen resultierenden Wahrheitsähnlichkeits-Ordnungen nicht ordinal äquivalent, d. h., es gibt Fälle, in denen von zwei Aussagen x und y gemäß einer Theorie x näher an der Wahrheit ist, während die andere y näher an der Wahrheit sieht.[50]

Gustavo Cevolani hat in den letzten Jahren einen Ansatz entwickelt, der gewissermaßen den kleinsten gemeinsamen Nenner dieser verschiedenen Explikationen betrachtet (vgl. Cevolani et al. 2010, 2011, Cevolani und Festa 2017). Wie er zeigen konnte, gibt es zwar gravierende Unterschiede zwischen den Ansätzen im Allgemeinen, wenn man allerdings den Wahrheitsähnlichkeits-Vergleich auf Konjunktionen von Literalen, sogenannten *Konstituenten*, beschränkt, so sind viele dieser Ansätze ordinal äquivalent. Im Folgenden werden wir uns entsprechend ebenfalls auf diesen gemeinsamen Nenner beschränken.

Ein weiteres Problem entsteht dadurch, dass wir in der Wahrheitsähnlichkeits-Debatte zwei *Aussagen* miteinander vergleichen, ein Kohärenzmaß jedoch für gewöhnlich für Mengen von Aussagen mit mindestens zwei Elementen definiert ist. Der Fokus auf Aussagen in Form von Konjunktionen von Literalen bietet hier ebenfalls einen naheliegenden Ausweg, indem wir für jeden solchen Konstituenten $x = \bigwedge_{i \leq k} \pm a_i$ die dazugehörige Menge der Literale $L(x) = \{\pm a_i | x \vDash \pm a_i\}$ als Grundlage für die Kohärenzberechnung verwenden können.[51]

Das folgende Maß der Wahrheitsähnlichkeit W für Konstituenten der Form $\bigwedge_{i \leq k} \pm a_i$ wurde von Cevolani et al. (2010, 2011) innerhalb des sogenannten „basic feature approach" für eine aussagenlogische Sprache L_n mit n atomaren Aussagen entwickelt; hierbei wird mit t die vollständige Konjunktion wahrer Literale, also gewissermaßen die maximal informative, wahre Aussage bezeichnet. Der Grad der Wahrheitsähnlichkeit einer beliebigen Aussage x im Hinblick auf t errechnet sich wie folgt:

$$W(x, t) = \frac{|L_T(x)| - |L_F(x)|}{n}$$

Hierbei bezeichnen wir mit $L_T(x)$ die Menge der wahren Literale in x und mit $L_F(x)$ entsprechend die Menge der falschen Literale. Nehmen wir uns abermals die obige Beispielsituation vor und setzen für eine Sprache L_3 fest, dass $t = p_1 \wedge p_2 \wedge p_3$ die maximal informative, wahre Aussage ist. Nun vergleichen wir die drei Aussagen $x_1 = p_1 \wedge p_2$, $x_w = p_1 \wedge \bar{p}_2$ und $x_3 = p_1$ mit Hilfe des W-Maßes im Hinblick auf

---

[50] Siehe hierzu beispielsweise Zwart (2001).
[51] Für den allgemeinen Fall könnte man auf die in Abschnitt 7.1.2 entwickelte Theorie der Gehaltselemente zurückgreifen; ein entsprechender Ansatz zur Bemessung von Wahrheitsähnlichkeit auf der Grundlage solcher Gehaltselemente geht auf Schurz und Weingartner (1987, 2010) zurück.

ihren Grad der Wahrheitsähnlichkeit. Wir erhalten die folgende, intuitiv plausible Anordnung:

$$W(x_1, t) = 2/3 > W(x_2, t) = 1/3 > W(x_3, t) = 0$$

Auch eine unterschiedliche Einordnung falscher Aussagen ist mit Hilfe dieses Ansatzes problemlos möglich. So erhalten wir beispielsweise das folgende Resultat für den Vergleich von $x_4 = p_1 \wedge \overline{p}_2 \wedge \overline{p}_3$ und $p_5 = \overline{p}_1 \wedge \overline{p}_2 \wedge \overline{p}_3$ mit x_2:

$$W(x_2, t) = 0 > W(x_4, t) = -1/3 > W(x_5, t) = -1$$

Die Aussage x_2 ist zwar falsch, aber insofern näher an der Wahrheit als ihre beiden Konkurrenten x_4 und x_5, als dass sie sowohl ein wahres Literal als auch nur ein falsches Literal enthält.

Wie Cevolani zeigen konnte, ist die sich auf der Grundlage dieses Maßes ergebende Wahrheitsähnlichkeits-Ordnung ein Spezialfall von einer ganzen Reihe von im Allgemeinen disparaten Charakterisierungen von Wahrheitsnähe. Hierzu zählen insbesondere Brink und Heidema (1987), Gemes (2007), Kuipers (1982), Oddie (1986) sowie Schurz und Weingartner (1987, 2010).

Entsprechend scheint dies ein guter Ausgangspunkt für unsere Kohärenzorientierte Auswertung der Frage nach dem Zusammenhang von Kohärenz und Wahrheit zu sein. Mit Hilfe des formalen Apparates können wir nun die hierzu von Olsson gestellte Frage wie folgt genauer fassen:

Definition 6.6 (Wahrheitsförderlichkeit 4). Kohärenz ist wahrheitsförderlich genau dann, wenn für alle Konstituenten x, y gilt: Falls $\mathbf{coh}(L(x), p) > \mathbf{coh}(L(y), p)$, so ist $W(x, t) > W(y, t)$ für alle $P \in \mathbf{P}$.

Hierin klingt allerdings schon ein grundlegendes Problem an: Während der Grad der Kohärenz einer Menge von Aussagen immer relativ zu einer Wahrscheinlichkeitsverteilung $P \in \mathbf{P}$ berechnet werden muss und sich auf der Grundlage zweier verschiedener Verteilungen gravierend unterscheiden kann, so steht der Grad der Wahrheitsähnlichkeit immer unabhängig von jeglicher Verteilung fest. Das allein macht den Vergleich schwierig. Zusätzlich erschwert wird er dadurch, dass der Grad der Wahrheitsähnlichkeit wiederum sensitiv für den jeweils geltenden wahren Konstituenten t ist, was wiederum für den Grad der Kohärenz nicht gilt. Also können sich einerseits x und y dahingehend unterscheiden, dass $L(x)$ auf der Grundlage von P kohärenter ist als $L(y)$, nicht aber auf der Grundlage von P', während entweder immer $W(x, t) > W(y, t)$ oder immer $W(x, t) \leq W(y, t)$ ist; oder aber $L(x)$ ist robust kohärenter als $L(y)$, während $W(x, t) > W(y, t)$ und $W(x, t') < W(y, t')$ je nachdem, welcher der beiden Konstituenten t und t' nun wahr ist.

Entsprechend scheint nicht nur die obige Definition der Wahrheitsförderlichkeit auf der Grundlage des Begriffs der Wahrheitsähnlichkeit, sondern darüber hinaus die zugrunde liegende Idee insgesamt, wenig aussichtsreich: Natürlich kann unsere auf den konjunktiven Ansatz von Cevolani et al. (2010, 2011) konzentrierte Analyse keine abschließende Beurteilung der Frage nach dem Zusammenhang von Kohärenz und Wahrheitsähnlichkeit leisten, allerdings bietet sie gute Anhaltspunkte für eine erste pessimistische Einschätzung.[52] Unabhängig von der Wahl des Maßes zur Bemessung der Wahrheitsähnlichkeit, gelten die zuvor genannten Kritikpunkte allgemein: Maße der Wahrheitsähnlichkeit sind logisch orientierte Maße, die unabhängig von Wahrscheinlichkeiten den Abstand von Aussagen in einem logischen Raum auf der Grundlage bestimmter Abstandsmaße charakterisieren. Diese Abstände sind robust gegenüber Schwankungen im jeweils gewählten Wahrscheinlichkeitsprofil; dies gilt allerdings gerade nicht probabilistische Kohärenzmaße.

Wir wenden uns daher im nun folgenden Abschnitt einer weiteren Möglichkeit zu, die obige Idee der Wahrheitsförderlichkeit von Kohärenz für Mengen von Aussagen auszubuchstabieren.

6.1.1.4 Wahrheitsförderlichkeit und epistemischer Nutzen

Auch diese letzte Charakterisierung des Nutzens von Kohärenz in epistemischen Kontexten nimmt ihren Ausgang bei Popper und relativiert die Bedeutung von Wahrheit als epistemischem Ideal. Wenn all unsere epistemischen Bestrebungen ausschließlich darauf gerichtet wären, wahre Aussagen zu glauben, so spräche zunächst nichts dagegen, vorwiegend Tautologien für wahr zu halten. Was wir stattdessen eigentlich wollen, sind Aussagen, die sowohl möglichst wahr, als auch informativ in Bezug auf den jeweiligen Untersuchungsgegenstand sind. Wenn wir uns nun in Erinnerung rufen, dass alle obigen wahrscheinlichkeitstheoretischen Explikationen des Begriffs der Wahrheitsförderlichkeit die bedingte Wahrscheinlichkeit der relevanten (Menge von) Aussagen ins Zentrum stellen, so geraten die beiden Desiderata, Wahrheit und Informativität, in Konflikt miteinander: Der Faktor „Wahrheit" wird in diesen Ansätzen über eine *hohe* bedingte Wahrscheinlichkeit modelliert, während Informativität in der Literatur eher mit geringen Wahrscheinlichkeiten in Zusammenhang gebracht wird (vgl. hierzu Car-

---

[52] Wie Schippers (2015a) zeigt, gibt es dennoch einen engen Zusammenhang zwischen den Kohärenzmaßen auf der einen Seite und dem konjunktiven Ansatz zur Modellierung von Wahrheitsähnlichkeit auf der anderen. Dieser Zusammenhang besteht allerdings nur dann, wenn wir die erwartete Wahrheitsähnlichkeit (*expected truthlikeness*) zweier Theorien vor dem Hintergrund ihrer Kohärenz mit einer gegebenen Menge von Evidenzen betrachten.

nap und Bar-Hillel 1954). In seiner *Logic of Scientific Discovery* (1959a) schreibt Popper hierzu mit Fokus auf wissenschaftliche Theorien:

> Science does not aim, primarily, at high probabilities. It aims at a high informative content, well backed by experience. But a hypothesis may be very probable simply because it tells us nothing, or very little. A high degree of probability is therefore not an indication of „goodness" – it may be merely a symptom of low informative content. (Popper 1959a, 399)

Ähnliche Überlegungen findet man auch in der Literatur zur kognitiven Entscheidungstheorie (vgl. Hempel 1960, Levi 1967). In dieser werden die beiden obigen Komponenten, d. h. Wahrheit und Informativität, innerhalb eines Ansatzes zur Maximierung des epistemischen Nutzens (*epistemic utility*) zusammengefasst, mit dem wir uns im Folgenden näher auseinandersetzen wollen.

Wir wollen hierzu zunächst die Grundideen der epistemischen Nutzentheorie vorstellen. Ausgangspunkt ist eine endliche Menge möglicher Handlungen $\mathcal{H} = \{h_1, \ldots, h_n\}$ und eine endliche Menge möglicher Welten $\mathcal{W} = \{w_1, \ldots, w_n\}$. Eine Nutzenfunktion u auf $(\mathcal{H}, \mathcal{W})$ ist nun eine Funktion, die jedem Paar $(h, w) \in \mathcal{H} \times \mathcal{W}$ eine reelle Zahl zuweist, die den Nutzen des Resultats der Handlung h in Welt w für ein bestimmtes Subjekt repräsentiert. Ist man nun mit einer Situation konfrontiert, in der mehrere mögliche Handlungen durchführbar sind, so soll man gemäß dem *Erwartungswertprinzip* diejenige Handlung ausführen, die den wie folgt definierten Erwartungsnutzen maximiert:

$$EU(h, w) = \sum_{w \in W} u(h, w) \cdot P(w)$$

Übertragen wir diesen Rahmen nun in unsere gegenwärtige Betrachtung des Nutzens kohärenter Mengen von Informationen, so sind die einzigen von uns zu betrachtenden Welten diejenigen, in denen diese Aussagen wahr sind einerseits, und diejenigen, in denen sie falsch sind, andererseits. Den Nutzen einer Menge von Informationen werden wir mit deren Informativität gleichsetzen, wobei wir diese wieder mit Hilfe der aus der Theorie semantischer Informationen bekannten Maße quantifizieren können. An dieser Stelle beschränken wir uns allerdings auf das Differenz-basierte Maß **cont**$_d$. Der Nutzen einer wahren Aussage x wird also mit deren Informativität **cont**$_d(x)$ gleichgesetzt, während wir den Nutzen einer falschen Theorie durch $-$**cont**$_d(\overline{x})$ darstellen; d. h., der Nutzen einer falschen Theorie ist umgekehrt proportional zum Nutzen einer wahren Theorie $\overline{x}$. Die Welten, in denen x wahr ist, markieren wir im Folgenden durch eine 1, diejenigen, in denen x falsch ist, durch eine 0. Entsprechend erhalten wir:

$$u(x, 1) = \mathbf{cont}_d(x)$$
$$u(x, 0) = -\mathbf{cont}_d(\overline{x})$$

Wollen wir nun den epistemischen Erwartungsnutzen einer Information x im Lichte einer bestimmten Menge von Evidenzen e quantifizieren, so ergibt sich dieser als gewichtetes Mittel über die beiden möglichen Welten 1 und 0:

$$EU(x, e) = u(x, 1) \cdot P(x|e) + u(x, 0) \cdot P(\overline{x}|e)$$

Unser konkretes Modell wird sich nun an demjenigen von Bovens und Hartmann (2003a) orientieren. Wir gehen daher wie zuvor von einem Zeugensystem $\mathbf{Z} = \{\langle x_1, E(x_1), R_1\rangle, \ldots, \langle x_n, E(x_n), R_n\rangle\}$ aus, bei dem wiederum $E(x_i)$ eine Evidenz für x_i ist, wobei R_i die Zuverlässigkeit der entsprechenden Quelle repräsentiert. Wiederum nehmen wir an, dass $R_i = R_j$ für alle $i, j \in \{1, \ldots, n\}$ und setzen $r = R_i$. Wie in Bovens und Hartmanns Modell treffen wir ferner die folgende Unabhängigkeitsbedingung:

$$E(x_i) \perp\!\!\!\perp x_1, E(x_1), \ldots x_{i-1}, E(x_{i-1}), x_{i+1}, E(x_{i+1}), \ldots, x_n, E(x_n) | x_i$$

Laut dieser Bedingung ist die Evidenz $E(x_i)$ also unabhängig von allen weiteren Evidenzen und ebenfalls unabhängig von allen Aussagen x_j für $i \neq j$ unter der Bedingung x_i. Es handelt sich damit, anders formuliert, ausschließlich um eine Evidenz dafür, dass x_i wahr ist.

In diesem Rahmen können wir nun eine weitere Möglichkeit der Wahrheitsförderlichkeit von Kohärenz als Förderlichkeit für den epistemischen Nutzen ausbuchstabieren.

Definition 6.7 (Wahrheitsförderlichkeit 5). Kohärenz ist förderlich für den epistemischen Nutzen genau dann, wenn für alle Zeugensysteme $\mathbf{Z}(X)$, $\mathbf{Z}(Y)$ gilt: Falls $\mathbf{Z}(X)$ kohärenter ist als $\mathbf{Z}(Y)$, dann gilt $EU(\mathbf{Z}(X)) > EU(\mathbf{Z}(Y))$ für alle $P \in \mathbf{P}$.

Hierbei ist der Erwartungsnutzen eines Zeugensystems $\mathbf{Z}(X)$ wie folgt definiert, wobei $\mathbf{E}(X) = \{E(x_1), \ldots, E(x_n)\}$:

$$EU(\mathbf{Z}(X)) = P\left(\bigwedge X | \bigwedge E(X)\right) \cdot u\left(\bigwedge X, 1\right) + P\left(\overline{\bigwedge X} | \bigwedge E(X)\right) \cdot u\left(\bigwedge X, 0\right)$$

Für eine kompaktere Darstellung dieser Formel verwenden wir die Abkürzungen aus Abschnitt 2.4 und zudem sei $y = \sum_{i=0}^{n} g_i \overline{r}^i$. Damit erhalten wir die folgende äquivalente Darstellung:

$$EU(\mathbf{Z}(X)) = g_0 \cdot \left(\frac{1-y}{y}\right)$$

Die g_i bilden nun einen sogenannten Gewichtsvektor $\langle g_0 \ldots, g_n\rangle$, der das Wahrscheinlichkeitstheoretische Profil des Zeugensystems angibt. Wenn wir nun den Zeugensystemen $\mathbf{Z}(X)$ und $\mathbf{Z}(Y)$ zwei verschiedene solche Profile zuordnen, können wir deren Erwartungsnutzen in Abhängigkeit von r untersuchen. Um obigen

Zusammenhang zwischen Kohärenz und Erwartungsnutzen zu erfüllen, müsste dementsprechend der Erwartungsnutzen des kohärenteren Zeugensystems unabhängig von r immer oberhalb des Erwartungsnutzens des weniger kohärenten Zeugensystems liegen. Dass dies nicht der Fall ist, können wir anhand der folgenden beiden Vektoren überprüfen: sei $\langle 0,05; 0,30; 0,10; 0,55\rangle$ der Gewichtsvektor für $Z(X)$ und $\langle 0,05; 0,20; 0,70; 0,05\rangle$ der entsprechend Vektor für $Z(Y)$, dann können wir den jeweiligen Erwartungsnutzen in Abhängigkeit von r anhand des jeweiligen zugehörigen Funktionsgraphen in Abbildung 6.1 auf Seite 137 untersuchen. Dass Kohärenz auch im Sinne von Definition 6.7 nicht wahrheitsförderlich bzw. Nutzen-förderlich ist, kann nun wie folgt gesehen werden: Nehmen wir zunächst an, dass $Z(X)$ kohärenter ist als $Z(Y)$, dann ist die für Definition 6.7 erforderliche entsprechende Ordnung der EU-Werte zwar für alle Werte im Intervall $[0; 0,2]$ erfüllt, nicht aber für die entsprechenden Werte im Intervall $(0,2; 1]$. Wenn wir auf der anderen Seite annehmen, dass $Z(Y)$ kohärenter ist als $Z(X)$, so kehrt sich dieses Verhältnis der entsprechenden Intervalle um. In keinem Fall ist es so, dass eine Kohärenz-Ordnung auch eine entsprechende Ordnung der EU-Werte impliziert. Somit kann Kohärenz nicht im Sinne von Definition 6.7 wahrheitsförderlich sein.

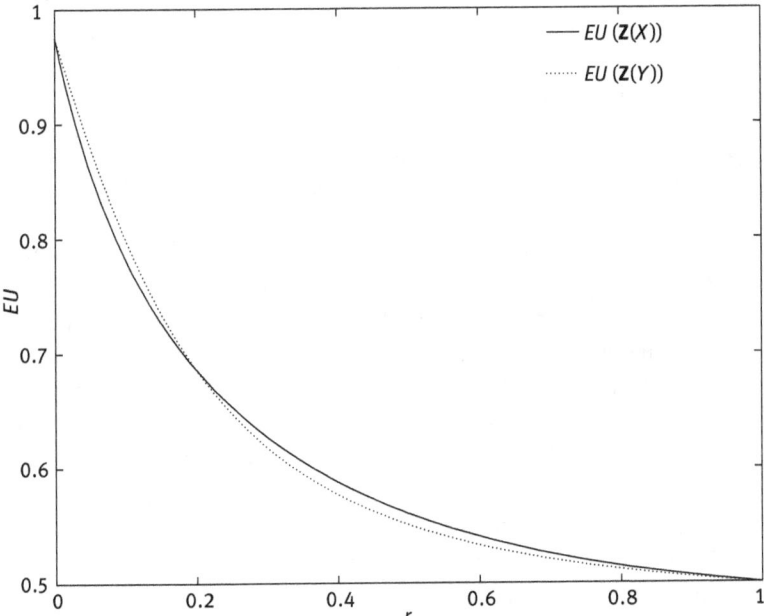

Abb. 6.1: Erwartungsnutzen für $Z(X)$ und $Z(Y)$

Mit dieser Analyse des Zusammenhangs von Kohärenz und epistemischem Nutzen schließen wir den ersten größeren Abschnitt unserer Untersuchung zur Wahrheitsförderlichkeit von Kohärenz ab. Zwar beschäftigt sich auch der folgende Abschnitt mit dieser Thematik, allerdings wählen wir hier einen gänzlich anderen Fokus: Anstatt auf der Ebene der Mengen von Aussagen zu fragen, inwiefern die Kohärenz einer Menge einen Einfluss auf ihren Grad der Wahrheitsähnlichkeit hat, wenden wir uns nun, dem Rat von Merricks (1995) folgend, einzelnen Aussagen zu und der Frage, inwiefern einzelne Aussagen mit einer höheren Wahrscheinlichkeit wahr sind, wenn sie Teil eines kohärenteren Gefüges von Aussagen sind, als wenn dieses Gefüge weniger kohärent ist.

6.1.2 Wahrheitsförderlichkeit für einzelne Aussagen

In einer frühen Replik auf die von Klein und Warfield (1994) vorgebrachten Argumente gegen die Wahrheitsförderlichkeit von Kohärenz verweist Trenton Merricks (1995) darauf, dass diese womöglich einer falschen Schwerpunktsetzung geschuldet sind. Die eigentliche Frage der Wahrheitsförderlichkeit von Kohärenz sollte ihm zufolge nicht sein, ob *Mengen* von Aussagen wahrscheinlicher wahr sind, wenn sie kohärenter sind. Vielmehr sollte man sich fragen, ob *einzelne* Aussagen wahrscheinlicher wahr sind, wenn sie Teil eines kohärenteren Überzeugungssystems sind als wenn sie einem weniger kohärenten Überzeugungssystem angehören. In Bezug auf Dunnit-Beispiel schreibt er:

> The important question is whether any *particular belief* is less likely to be true when part of the more coherent X' than when part of the less coherent X. (Merricks 1995, 309)

Schauen wir uns hierzu zunächst noch einmal kurz das Dunnit-Beispiel an. Ausgangspunkt war eine Situation, in der eine Kriminalbeamtin mit einer inkohärenten Menge von Zeugenaussagen konfrontiert war, die einerseits darauf hindeuteten, dass Mr. Dunnit einen Mord begangen hat und andererseits vermuten ließen, dass er zur Tatzeit an einem weit entfernten Ort gesehen wurde. Die Inkohärenz dieser Menge wird daraufhin beseitigt, indem als weitere Evidenz hinzukommt, dass Mr. Dunnit einen Zwillingsbruder hat, der ihm zum Verwechseln ähnlich sieht.

Wenden wir uns nun der Idee von Mericks zu, so müssen wir konstatieren, dass seine Einschätzung der Situation im Beispiel zutrifft: Das Hinzufügen der Zwillings-Evidenz führt neben der Beseitigung der Inkohärenz auf der Mengen-Ebene ebenfalls dazu, dass die einzelnen Aussagen wahrscheinlicher wahr sind. Insbesondere steigt die Wahrscheinlichkeit dafür, dass Mr. Dunnit tatsächlich den

Mord begangen hat, denn während diese Aussage vor dem Hintergrund der inkohärenten Menge von Zeugenaussagen eher unwahrscheinlich ist, erhöht sich ihre Wahrscheinlichkeit gravierend, wenn wir die Evidenz über seinen Zwillingsbruder hinzufügen.

Um im Folgenden zu untersuchen, inwiefern eines der obigen Kohärenzmaße in diesem Sinne wahrheitsförderlich ist, müssen wir zunächst eine formale Rekonstruktion des von Mericks vorgeschlagenen Modells erarbeiten. Hierzu ist es zunächst wichtig, dass der Vergleich der beiden mehr oder weniger kohärenten Mengen von Aussagen voraussetzt, dass diese Mengen nicht disjunkt sind; andernfalls könnten wir nicht untersuchen, inwiefern eine einzelne Aussage wahrscheinlicher wahr ist, wenn sie Teil der kohärenteren Menge ist, als wenn sie ein Teil der weniger kohärenten Menge ist. Eine erste Explikation dieser Idee der Wahrheitsförderlichkeit ist die folgende:

Definition 6.8 (Wahrheitsförderlichkeit 6). Kohärenz ist wahrheitsförderlich auf der Ebene einzelner Aussagen genau dann, wenn für alle nicht-disjunkten Mengen $X, Y \subset L$ gilt: Wenn X kohärenter als Y ist, dann gilt $P(x| \bigwedge X) > P(x| \bigwedge Y)$ für alle $x \in X \cap Y$.

In diesem Sinne würde also ein Unterschied im Grad der Kohärenz zweier nicht-disjunkter Mengen dazu führen, dass alle Elemente aus ihrer Schnittmenge wahrscheinlicher wahr sind, wenn sie Teil der kohärenteren Menge sind. Leider stellt sich heraus, dass auch in diesem Sinne keines der obigen Kohärenzmaße wahrheitsförderlich ist.

Beobachtung 6.3 (Schippers 2016b). Keines der in Kapitel 2 eingeführten Kohärenzmaße ist wahrheitsförderlich im Sinne der Definition 6.8.

Wenn wir uns aber noch einmal genauer das Dunnit-Beispiel ansehen, so fällt auf, dass auch ein alternatives Modell der Wahrheitsförderlichkeit in Betracht gezogen werden könnte. Was im Beispiel miteinander verglichen wird, sind nicht die Kohärenzgrade zweier beliebiger, nicht-disjunkter Mengen, sondern die Kohärenzgrade zweier Mengen, bei der die eine Menge eine Teilmenge der anderen ist. Entsprechend können wir auch unsere Definition der Wahrheitsförderlichkeit auf solche Fälle beschränken und untersuchen, inwiefern Kohärenzmaße in diesem Sinne wahrheitsförderlich sind. Dies scheint auch mehr im Sinne der ursprünglichen Idee von Klein und Warfield zu sein, die in ihrem Artikel die folgende Bedingung betrachten:

(KDH) *Kohärenzerhöhung durch Hinzufügen.*

Die Kohärenz einer Menge von Aussagen kann dadurch erhöht werden, dass eine oder mehrere Aussagen hinzugefügt werden.

Im Folgenden beschränken wir uns auf Fälle, in denen eine einzelne Aussage zu einer Menge von Aussagen hinzufügt wird. Dementsprechend erhalten wir die folgende alternative Charakterisierung der Wahrheitsförderlichkeit für einzelne Aussagen:

Definition 6.9 (Wahrheitsförderlichkeit 7). Kohärenz ist wahrheitsförderlich genau dann, wenn für alle Mengen $X \cup \{y\} \subset L$ gilt: Wenn $X \cup \{y\}$ kohärenter als X ist, dann gilt $P(x| \bigwedge X \wedge y) > P(x| \bigwedge X)$ für alle $x \in X$.

Auch in diesem Fall erhalten wir leider ein negatives Ergebnis in Hinblick auf die obigen Kohärenzmaße, denn es gilt:

Beobachtung 6.4 (Schippers 2016b). Keines der in Kapitel 2 eingeführten Kohärenzmaße ist wahrheitsförderlich im Sinne der Definition 6.9.

Mit diesem pessimistischen Resultat Wahrheitsförderlichkeit auf der Ebene einzelner Aussagen beenden wir unsere Untersuchung zum Zusammenhang von Kohärenz und Wahrheit und weden uns stattdessen einem anderen interessanten Zusammenhang zu.

6.2 Kohärenz und Verlässlichkeit

Einen ganz anderen Zusammenhang stellen Olsson und Schubert (2007) ins Zentrum ihrer Untersuchung. Ausgangspunkt ist die Einsicht, dass die Kohärenz von Zeugenaussagen intuitiv nicht nur mit der Plausibilität ihrer Aussagen korreliert ist, sondern ebenfalls mit der Glaubwürdigkeit der Zeugen selbst: Wenn mehrere Zeugen unabhängig voneinander Aussagen zum Hergang einer Tat machen und diese gut zusammen passen, so spricht dies für die Zuverlässigkeit der Zeugen. Ein Kohärenzmaß, welches in der Lage ist, einen solchen Zusammenhang zu modellieren, soll entsprechend *zuverlässigkeitsförderlich* (*reliability-conducive*) heißen:

> Our proposal is that coherence may be linked in a certain way to reliability. We define a measure of coherence to be reliability conducive if and only if a higher degree of coherence (as measured) results in a higher probability that the information sources are reliable. (Olsson und Schubert 2007, 297)

Für die genauere Betrachtung dieses Konzepts nimmt Schubert (2011, 2012a, 2012b) verschiedene Zeugenszenarien hinsichtlich der Frage in den Blick, welche der von ihm herangezogenen Kohärenzmaße in diesen jeweils zuverlässigkeitsförderlich sind. Im Folgenden werden wir einige der von ihm besprochenen Szenarien samt einer Auswertung der obigen Kohärenzmaße vorstellen.

Olsson und Schubert (2007) betrachten zunächst den Spezialfall von äquivalenten Zeugenaussagen. Stellen wir uns ein entsprechendes Szenario vor, in dem eine bestimmte Anzahl von Zeugen *logisch äquivalente* Aussagen abgibt, so scheinen die beiden folgenden *ceteris paribus*-Aussagen wahr zu sein:
1. Je spezifischer die gemachten Aussagen, desto stärker spricht dies für die Zuverlässigkeit der Zeugen.
2. Je höher die Anzahl der Zeugen, desto stärker spricht dies für die Zuverlässigkeit der Zeugen.

Olsson und Schubert haben zur formalen Bearbeitung dieser Intuitionen zunächst ein Zeugenmodell betrachtet, in dem alle relevanten Aspekte modelliert werden können. Wir gehen wie zuvor von einem Zeugensystem $\mathbf{Z} = \{\langle x_1, E(x_1), R_1\rangle, \ldots, \langle x_n, E(x_n), R_n\rangle\}$ aus, wobei x_i wiederum eine Proposition ist und $E(x_i)$ die Tatsache markiert, dass Zeuge i die Aussage x_i gemacht hat. R_i schließlich ist eine Variable, die angibt, ob der Zeuge i zuverlässig ist (R_i) oder nicht ($\overline{R}_i$).

In einem ersten Modell nehmen wir an, dass zuverlässige Zeugen immer die Wahrheit sagen, während die Aussagen von unzuverlässigen Zeugen insofern nutzlos sind, als dass sie keine weiterführenden Informationen bezüglich des Wahrheitsgehalts der von ihnen gemachten Aussagen bereithalten. Wir erhalten damit die folgenden Bedingungen:

$$P(x_i|E(x_i), R_i) = 1 \qquad P(x_i|E(x_i), \overline{R}_i) = P(x_i) \qquad (6.1)$$

Ferner müssen wir natürlich annehmen, dass die Zeugen *unabhängig* voneinander sind. Um dies zu modellieren nehmen wir im Folgenden an, dass die Wahrscheinlichkeit dafür, dass ein Zeuge eine bestimmte Aussage macht allein davon beeinflusst wird, ob diese Aussage wahr ist und ob der Zeuge zuverlässig ist. Entsprechend soll sie unabhängig von allen anderen möglichen Einflussfaktoren sein. Übersetzt in eine formale Bedingung erhalten wir somit:

$$E(x_i) \perp\!\!\!\perp x_1, E(x_1), R_1, \ldots x_{i-1}, E(x_{i-1}), R_{i-1},$$
$$x_{i+1}, E(x_{i+1}), R_{i+1}, \ldots, x_n, E(x_n), R_n | x_i, R_i \qquad (6.2)$$

Zudem nehmen wir einerseits an, dass die Zuverlässigkeit des Zeugen i unabhängig davon ist, ob andere Zeugen ebenfalls zuverlässig sind, oder nicht; andererseits auch unabhängig davon, ob die von anderen Zeugen gemachten Aussagen wahr sind oder nicht. Dementsprechend erhalten wir:

$$R_i \perp\!\!\!\perp x_1, R_1, \ldots x_{i-1}, R_{i-1}, x_i, x_{i+1}, R_{i+1}, \ldots, x_n, R_n \qquad (6.3)$$

Ausgehend von den Bedingungen (6.1)–(6.3) haben wir also ein erstes Modell zur genaueren Untersuchung des Zusammenhangs zwischen Kohärenz und Reliabilität. Bevor wir dieses allerdings formal auswerten, wollen wir uns anhand eines einfachen Beispiels davon überzeugen, dass die gewählten Annahmen plausibel sind. Hierzu nehmen wir eine Situation an, in der Anton ungläubig auf seine Uhr starrt und nicht glauben kann, dass es schon so spät ist. Er hegt daher ernsthafte Zweifel an der Zuverlässigkeit seiner Uhr und fragt daher den neben ihm stehenden Ben nach der Uhrzeit. Dieser schaut nun auf seine Uhr und bestätigt die von Antons Uhr angezeigte Zeit. Wir können diese Situation nun so interpretieren, dass wir zwei Quellen haben, die Uhren, die unseren Zeugen entsprechen und über deren Zuverlässigkeit ein Urteil gefällt werden muss. Wenden wir uns nun also den obigen Bedingungen (6.1)–(6.3) zu. Zunächst ist es eine plausible Annahme, dass eine funktionierende Uhr die korrekte Uhrzeit anzeigt. Wenn also eine der Uhren zuverlässig ist (R_i) und sagt, dass es beispielsweise zehn nach acht ist ($E(x_i)$), dann ist es auch genau so spät; also gilt: $P(x_i|E(x_i), R_i) = 1$. Andernfalls, falls die Uhr offensichtlich stehen geblieben ist und damit *nicht* zuverlässig ist ($\overline{R}_i$), so beurteilen wir die Uhrzeit nach anderen Faktoren und die Wahrscheinlichkeit, dass es zehn nach acht ist, wenn die nicht-zuverlässige Uhr dies anzeigt entspricht der Wahrscheinlichkeit, die dieser Uhrzeit zugeordnet wird, unabhängig von einem Blick auf die Uhr; entsprechend sollte gelten: $P(x_i|E(x_i), \overline{R}_i) = P(x_i)$.

Kommen wir nun zur zweiten Bedingung: Gemäß dieser Bedingung sollte gelten, dass ein Zeugenbericht nur von der Zuverlässigkeit des Zeugen und dem tatsächlichen Geschehen, über das berichtet wird, abhängt. Übersetzt in den Kontext unseres Uhren-Beispiels würde dies bedeuten, dass die von einer Uhr angezeigt Zeit unabhängig davon ist, welche Uhrzeit von einer anderen Uhr angezeigt wird und unabhängig davon, ob eine andere Uhr zuverlässig ist oder nicht; sie hängt allein von der Zuverlässigkeit der Uhr selbst und von der tatsächlichen Uhrzeit ab. Dies scheint also ebenfalls eine plausible Annahme des Modells zu sein. Annahme (6.3) fordert schließlich, dass die Zuverlässigkeit der Quelle i unabhängig davon ist, ob andere Quellen zuverlässig sind und darüber hinaus unabhängig davon, welche der Aussagen $x_1, \ldots x_n$ wahr sind. Auch diese Annahme ist im Uhren-Beispiel erfüllt: Wenn wir lediglich die in Frage stehende Zuverlässigkeit der ersten Uhr in Betracht ziehen wollen, so ist sie unabhängig von der Zuverlässigkeit der anderen Uhr und ebenfalls unabhängig davon, wie spät es tatsächlich ist: Die Wahrscheinlichkeit, dass die Uhr zuverlässig ist, ist nicht größer um zehn nach acht als um zehn vor elf.

Wir gehen somit davon aus, dass die getroffenen Annahmen plausibel sind und wenden uns nun der Auswertung mit Blick auf die Kohärenzmaße zu. Starten wir zunächst mit einem einfachen Modell, das wie im Beispiel der Uhren lediglich zwei Zeugen annimmt ($n = 2$) und betrachten den Einfluss, den der Bericht des zweiten Zeugen auf die Einschätzung der Zuverlässigkeit des ersten Zeugen hat, d. h. wir betrachten die Differenz zwischen $P(R_1|E(x_1), E(x_2))$ und $P(R_1|E(x_1))$.

Sei diese Differenz mit $\Delta(R_1)$ bezeichnet, d. h. allgemein gilt:

$$\Delta(R_1) = P(R_1|E(x_1), \ldots, E(x_n)) - P(R_1|E(x_1)) \qquad (6.4)$$

Wir nehmen des Weiteren an, dass die Wahrscheinlichkeit, dass die Zeugen zuverlässig sind, für beide identisch und nicht-extrem ist, d. h. wir gehen davon aus, dass gilt:

$$0 < P(R_1) = P(R_2) < 1 \qquad 0 < P(R_1|E(x_1)) = P(R_2|E(x_2)) < 1 \qquad (6.5)$$

Kehren wir noch einmal kurz zum Uhrenbeispiel zurück und fragen uns, wie genau der Einfluss der Kohärenz auf die Wahrscheinlichkeit dafür, dass die erste Uhr zuverlässig ist, aussehen sollte. Grundsätzlich scheinen hierfür zwei Aspekte eine Rolle zu spielen: Einerseits ist die Kohärenz der Ergebnisse wichtig; andererseits spielt es auch eine Rolle, wie spezifisch die gegebenen Informationen sind. Auch wenn sich dieser Zusammenhang in anderen Kontexten leichter erläutern lässt, bleiben wir zunächst noch beim Uhren-Beispiel. Wenn wir von beiden Uhren eine sehr spezifische Information in Form einer Minuten-genauen Uhrzeit erhalten, sollte gelten, dass je näher diese Zeiten beieinander liegen, d. h. je kohärenter die Informationen, desto größer schätzen wir die Zuverlässigkeit von Antons Uhr ein. Kleine Abweichungen könnten dadurch bedingt sein, dass einer der beiden seine Uhr vielleicht nicht ganz exakt gestellt hat. Gleiches sollte für weniger spezifische Informationen gelten. Also: Bei gleicher Genauigkeit der Informationen sollte die Einschätzung der Zuverlässigkeit unmittelbar von der Kohärenz der Informationen beeinflusst werden.

Gehen wir andererseits davon aus, dass wir bereits Informationen über die Kohärenz der Ergebnisse haben, so sollte gelten, dass je spezifischer die Informationen sind, desto größer wiederum ist der Einfluss auf die Einschätzung der Zuverlässigkeit. Hierbei gehen wir davon aus, dass die Kohärenz unabhängig von der Genauigkeit der Informationen gemessen werden sollte.[53] Wenn wir auf beide Uhren nur einen Blick von Weitem werfen und nur sagen können, dass sie eine Zeit zwischen acht und 10 Uhr anzeigen, dann mag diese Information bezüglich der Uhren für deren Kohärenz sprechen; da sie aber ziemlich unpräzise ist, hat dies keinen allzu großen Einfluss auf die Einschätzung der Zuverlässigkeit von Antons Uhr. Würden wir stattdessen ablesen, dass es auf beiden Uhren 10 nach acht ist, so wäre dieser Einfluss sehr viel stärker. Genau diese intuitiven Zusammenhänge finden sich auch auf formaler Ebene wieder, wenn wir Kohärenz mit Hilfe von absoluter Stützung messen:

---

[53] Vgl. hierzu unsere obige Diskussion zum Unterschied zwischen *agreement* und *striking agreement* in Abschnitt 4.2.

Theorem 6.2 (Schippers 2014a). *In einem Szenario mit zwei Zeugen, das die Bedingungen (6.1)–(6.5) erfüllt, gilt:*
1. *Wenn $P(x_1) = P(x_2)$ fixiert wird, dann ist $\Delta(R_1)$ streng monoton wachsend in $\mathcal{C}_\eta(x_1, x_2)$.*
2. *Wenn $\mathcal{C}_\eta(x_1, x_2)$ fixiert wird und $P(x_1) = P(x_2)$ gilt, dann ist $\Delta(R_1)$ streng monoton wachsend in $P(x_1)$.*

Wenn wir also davon ausgehen, dass die Kohärenz und die Informativität der Zeugenaussagen unabhängig voneinander modelliert werden sollten, so erhalten wir einen engen Zusammenhang zwischen dem Grad der Kohärenz der Zeugenaussagen, gemessen durch das auf absoluter Stützung basierende Maß $\mathcal{C}_\eta$, sowie dem jeweiligen Einfluss auf die Zuverlässigkeit der Zeugen. Genauer genommen gilt also: Bei gegebener Informativität der Zeugenaussagen ist der Einfluss auf R_1 umso höher, je höher der Grad der Kohärenz gemessen durch $\mathcal{C}_\eta$. Andererseits gilt bei fixiertem Kohärenzgrad $\mathcal{C}_\eta$, dass der Einfluss auf R_1 unmittelbar mit dem Grad der Informativität der Zeugenaussagen korreliert ist.

Wenn man die Annahme der getrennten Modellierbarkeit von Kohärenz und Informativität nicht teilt, so erhält man folgendes Resultat:

Theorem 6.3 (Schubert 2011). *In einem Szenario mit zwei Zeugen, das die Bedingungen (6.1)–(6.5) erfüllt, ist $\Delta(R_1)$ streng monoton wachsend in $\mathcal{D}^r$.*

Bezogen auf die Frage, welche der obigen Kohärenzmaße jeweils Zuverlässigkeitsförderlich sind, würde man hier also entsprechend unterschiedliche Resultate erhalten: Wenn man davon ausgeht (wie wir es tun), dass Kohärenz und Informativität separat modelliert werden sollten, so ist bezogen auf dieses eingeschränkte Szenario einzig ein Kohärenzmaß basierend auf dem Begriff der absoluten Stützung Verlässlichkeits-förderlich. Teilt man hingegen diese Annahme nicht, so sind diejenigen Kohärenzmaße in diesem Verlässlichkeits-förderlich, die eine streng monoton wachsende Funktion des Shogenji-Maßes $\mathcal{D}^r$ sind. Hierzu zählen im Falle von zwei Aussagen beispielsweise $\mathcal{D}^r_T$, $\mathcal{C}_\beta$ sowie $\mathcal{C}_{\beta'}$.

Noch deutlicher wird der Unterschied zwischen diesen beiden Ansätzen, wenn wir uns dem allgemeinen Fall *äquivalenter* Zeugenaussagen zuwenden. Wir behalten also die obigen Bedingungen (6.1)–(6.5) bei und betrachten nun ein Szenario mit n äquivalenten Zeugen. Unserer Ansicht nach handelt es sich hierbei zweifelsohne um einen Fall *maximaler* Kohärenz: Wenn Kohärenz ein Modell dafür ist, wie gut Aussagen zusammen passen, so gibt es keinen denkbar besseren Fall als denjenigen der logischen Äquivalenz. Nichtsdestotrotz gibt es auch hier zwei Einflussvariablen für R_1: Einerseits gilt nach wie vor, dass je spezifischer die gemachten (äquivalenten) Aussagen sind, desto größer der Einfluss auf die

Zuverlässigkeit. Auf der anderen Seite spielt intuitiv auch die Anzahl der Zeugen eine entscheidende Rolle bei der Bestimmung von $P(R_1|E(x_1),\ldots,E(x_n))$: Wenn *zwei* Zeugen unabhängig voneinander dieselbe Information zu einem möglichen Tathergang von sich geben, so hat dies schon einen gewissen Einfluss auf unsere Einschätzung von deren Zuverlässigkeit. Wenn man aber *zwölf* Zeugen findet, die unabhängig voneinander äquivalente Aussagen zum Tathergang machen, so bleibt kaum etwas anderes möglich, als von ihrer Verlässlichkeit auszugehen. Damit übereinstimmend erhalten wir die folgenden formalen Resultate:

Theorem 6.4 (Schippers 2014a). *In einem Szenario mit n äquivalenten Zeugen, das die Bedingungen (6.1)–(6.5) erfüllt, gilt:*
1. *Wenn $P(x_i)$ fixiert wird, so ist $\Delta(R_1)$ streng monoton wachsend in der Anzahl n der Zeugen.*
2. *Wenn die Anzahl n der Zeugen fixiert wird, so ist $\Delta(R_1)$ streng monoton fallend in $P(x_i)$.*

Dass dieses Theorem den Begriff der Kohärenz überhaupt nicht enthält, liegt einfach daran, dass es in einem Szenario mit äquivalenten Zeugenaussagen keinen Raum für eine Betrachtung des Einflusses variabler Kohärenzwerte gibt: Äquivalente Zeugenaussagen sind schlicht *maximal kohärent*. Entsprechend lassen sich in solch einem Fall auch keinerlei Aussagen zur Verlässlichkeits-Förderlichkeit einzelner Kohärenzmaße machen: Entweder die Kohärenzmaße entsprechen der Forderung, äquivalenten Zeugenaussagen einen maximalen Kohärenzwert zuzuordnen (wie die Überlappungsmaße $\mathcal{O}$ und $\mathcal{O}_T$, sowie die stützungsbasierten Maße $\mathcal{C}_\gamma$, $\mathcal{C}_\varepsilon$, $\mathcal{C}_\zeta$ und $\mathcal{C}_\eta$) oder eben nicht (wie die Abweichungsmaße $\mathcal{D}^r$, $\mathcal{D}^r_T$, $\mathcal{D}^d$ und $\mathcal{D}^d_T$ sowie die stützungsbasierten Maße $\mathcal{C}_\alpha$, $\mathcal{C}_\beta$ und $\mathcal{C}_\delta$).

Geht man allerdings davon aus, dass dies *kein* Adäquatheitskriterium für Kohärenzmaße ist und selbst äquivalente Zeugenaussagen *nicht* maximal kohärent sind, so kann man eine alternative Interpretation des obigen Theorems befürworten, nach der die in Punkt 1 und 2 genannten Bedingungen unmittelbar in Adäquatheitsbedingungen für Kohärenzmaße zu übersetzen sind (Schubert 2012b). In diesem Sinne wäre also ein Kohärenzmaß Verlässlichkeits-förderlich in einem Szenario mit n äquivalenten Zeugenaussagen, wenn Folgendes gilt: Im Falle von äquivalenten Aussagen $x_1,\ldots,x_n$ ist **coh** eine Funktion von $P(x_1)$ und n, die streng monoton fallend in $P(x_1)$ und streng monoton wachsend in n ist. Alle zuvor genannten Maße, die äquivalenten Aussagen den maximalen Kohärenzwert zuordnen, sind natürlich in diesem Sinne *nicht* Zuverlässigkeits-förderlich. Von denjenigen Maßen, die äquivalenten Aussagen unterschiedliche Kohärenzwerte zuordnen, erfüllen lediglich die Verhältnis-basierten Abweichungsmaße $\mathcal{D}^r$ und $\mathcal{D}^r_T$ diese Forderung.

Darüber hinaus lassen sich weitere Zeugenszenarien untersuchen, die vom bisherigen Modell insofern abweichen, als dass sie unterschiedliche Annahmen bezüglich der angemessenen Modellierung der Verlässlichkeit der Zeugen machen (vgl. Schippers 2014a). Während bisher Verlässlichkeit so modelliert wurde, dass ein Zeuge in einem Punkt verlässlich ist, wenn er diesbezüglich die Wahrheit sagt (d. h. $P(x_i|E(x_i), R_i) = 1$) und andernfalls die Qualität seines Urteils mit der Ausgangswahrscheinlichkeit der Aussage übereinstimmt (d. h. $P(x_i|E(x_i), \overline{R}_i) = P(x_i)$, so betrachtet Schippers (2014a) in Anlehnung an Bovens und Hartmann (2003a) zwei weitere Modelle. Eines der Modelle betrachtet die Wahrscheinlichkeit, einen Bericht von einem Zeugen zu erhalten in Abhängigkeit von dessen Zuverlässigkeit; in diesem Modell wird beispielsweise angenommen, dass zuverlässige Zeugen niemals eine Aussage machen, wenn sie nicht wahr ist und immer im Falle der Wahrheit auch eine entsprechende Aussage von sich geben (d. h. $P(\overline{E(x_i)}|x_i, R_i) = 0$ und $P(E(x_i)|\overline{x}_i, R_i) = 0$), und andernfalls die Wahrscheinlichkeit einer Aussage mit der Ausgangswahrscheinlichkeit der zugrunde liegenden Information übereinstimmt (d. h. $P(E(x_i)|x_i, \overline{R}_i) = P(E(x_i)|\overline{x}_i, \overline{R}_i) = P(x_i)$). Andererseits werden diese letzten Wahrscheinlichkeiten wiederum nicht durch die Ausgangswahrscheinlichkeit von $P(x_i)$, sondern durch einen „Randomisierungs-Parameter" $\mathfrak{r} \in \mathbb{R}$ modelliert. Wie dort gezeigt wird, können hier entsprechende Theoreme hergeleitet werden.

Wir wollen uns hier nicht weiter mit diesen alternativen Modellen beschäftigen, sondern kurz abschließend auf die Frage eingehen, ob Kohärenz vielleicht nicht nur in den eingeschränkten Szenarien, die wir bisher betrachtet haben, in engem Zusammenhang mit der Zuverlässigkeit der Zeugen steht, sondern ganz allgemein zuverlässigkeitsförderlich ist. Diese Frage gab ursprünglich den Anstoß für Olsson und Schubert (2007) sich in Anbetracht der negativen Ergebnisse zur Wahrheits-Förderlichkeit von Kohärenz überhaupt mit dem Begriff der Zuverlässigkeit zu beschäftigen.

Diesbezüglich finden sich zwei allgemeinere Resultate in einer weiteren Publikation von Schubert. Das erste dieser Resultate geht wiederum von einem Szenario mit äquivalenten Zeugenaussagen aus. Die grundlegende Situation beinhaltet zwei Mengen X und X', wobei X zwei äquivalente Aussagen mit einer Ausgangswahrscheinlichkeit von 0,375 beinhaltet, während X' drei äquivalente Aussagen beinhaltet, die eine Ausgangswahrscheinlichkeit von 0,5 haben. Zur Verbesserung der Lesbarkeit der folgenden Beobachtungen führen wir zunächst eine weitere Bedingung ein, nach der die bedingte Zuverlässigkeit eines Zeugen gegeben nur dessen Bericht in beiden Situationen für alle Zeugen identisch ist, d. h.

$$P(R_i|E(x_i)) = P(R_j|E(x_j)) = P(R'_i|E(x'_i)) = P(R'_j|E(x'_j)) \tag{6.6}$$

Vor diesem Hintergrund weist Schubert die folgende Beobachtung nach:

Beobachtung 6.5 (Schubert 2012b). Es gibt mindestens zwei Mengen äquivalenter Zeugenaussagen $X = \{x_1, x_2, x_3\}$ und $X' = \{x'_1, x'_2\}$, sodass das dazugehörige Szenario die Bedingungen (6.1)–(6.3) und es gilt:
1. Es gibt eine Verteilung P, die (6.6) erfüllt, sodass $\Delta(R_i) > \Delta(R'_i)$.
2. Es gibt eine Verteilung P', die (6.6) erfüllt, sodass $\Delta(R_i) < \Delta(R'_i)$.

Gemäß diesem Theorem lassen sich also Mengen äquivalenter Aussagen eingebettet in entsprechende Zeugensystem finden, die alle geforderten Unabhängigkeits- und ceteris-paribus Bedingungen erfüllen und für die trotzdem Folgendes gilt: Abhängig von der gewählten Wahrscheinlichkeitsverteilung liegt entweder die Zuverlässigkeit im Lichte der Evidenzen für das erste oder das zweite Zeugenszenario oberhalb der jeweils anderen. Entsprechend kann Kohärenz nicht im Allgemeinen zuverlässigkeitsförderlich sein.

Wir haben allerdings oben bereits dafür argumentiert, dass sich Szenarien mit äquivalenten Zeugenaussagen nicht dafür eignen, die Verlässlichkeits-Förderlichkeit von Kohärenz zu beurteilen, da es in unseren Augen gute Gründe dafür gibt, anzunehmen, dass die Kohärenz äquivalenter Aussagen *maximal* ist. Da also in diesem Sinne in der obigen Beobachtung die Kohärenz überhaupt nicht variiert wird, kann auch nicht deren Einfluss auf die Verlässlichkeits-Einschätzung der Zeugen beurteilt werden. Selbst wenn man aber diese Ansicht nicht teilt, scheint es ein Problem mit Schubert's Resultat zu geben, dass wir allerdings erst im Anschluss an ein weiteres Resultat Schuberts erläutern werden.

Neben dieser Beobachtung für die Zuverlässigkeits-Förderlichkeit von Kohärenz in Szenarien mit äquivalenten Zeugenaussagen hat Schubert nämlich auch ein entsprechendes Resultat bewiesen für Szenarien mit nicht-äquivalenten Aussagen. Diesbezüglich vergleicht er zwei Mengen $Y = \{y_1, y_2, y_3\}$ und $Y' = \{y'_1, y'_2, y'_3\}$ miteinander, die zusätzlich dahingehend eingeschränkt werden, dass alle Elemente beider Mengen dieselbe Ausgangswahrscheinlichkeit haben, d. h. es gilt $P(x_i) = P(y_j)$ für alle $1 \leq i, j \leq 3$.

Beobachtung 6.6 (Schubert 2012b). Es gibt mindestens zwei Mengen nicht-äquivalenter Zeugenaussagen $Y = \{y_1, y_2, y_3\}$ und $Y' = \{y'_1, y'_2, y'_3\}$ mit $P(y_i) = P(y'_j)$ für alle $1 \leq i, j \leq 3$, sodass das dazugehörige Szenario die Bedingungen (6.1)–(6.3) und es gilt:
1. Es gibt eine Verteilung P, die (6.6) erfüllt, sodass $\Delta(R_i) > \Delta(R'_i)$.
2. Es gibt eine Verteilung P', die (6.6) erfüllt, sodass $\Delta(R_i) < \Delta(R'_i)$.

Dasselbe Phänomen eines unterschiedlichen Einflusses auf die bedingte Wahrscheinlichkeit von R_i bzw. R'_i tritt also auch in Szenarien mit Mengen von nicht-äquivalenten Zeugenaussagen auf. Hier greift also der Einwand bezüglich äquivalenter Zeugenaussagen und deren identischem Kohärenzwert nicht mehr. Allerdings stellt sich unseres Erachtens ein weiteres Problem, das beide Szenarien gleichermaßen betrifft: Der Kohärenzwert einer Menge von Aussagen ist stets abhängig von den zwischen den Teilmengen dieser Menge bestehenden Stützungsbeziehungen; insbesondere hat nicht nur die Anzahl der Stützungsbeziehungen, sondern auch deren *Stärke* einen Einfluss auf den Grad der Kohärenz der Menge. dies ist ein Allgemeinplatz und gilt unabhängig davon, ob eine probabilistische Modellierung von Kohärenz gewählt wird oder nicht, denn auch bei BonJour (1985) findet sich ein entsprechendes Kriterium. Wenn nun aber das obige Resultat die Wahrscheinlichkeitsverteilung variiert, so kann die dort behauptete Ungleichung in den bedingten Wahrscheinlichkeiten für R_i mit einer entsprechenden Differenz in den Kohärenzgraden einhergehen; mit anderen Worten: es könnte sein, dass die Menge Y kohärenter unter der Verteilung P ist als die Menge Y', während sich diese Ungleichung umkehrt sobald wir von P zur Verteilung P' wechseln.

Wenn dieser Einwand greift, scheint also bezüglich der Zuverlässigkeits-Förderlichkeit von Kohärenz noch nicht das letzte Wort gesprochen zu sein. Und selbst wenn sich herausstellen sollte, dass keines der von uns diskutierten Kohärenzmaße in einem allgemeinen Sinne Zuverlässigkeits-förderlich ist, könnte es immer noch der Fall sein, dass Kohärenz eine gute Heuristik in dem Sinne ist, dass in einer beachtlichen Menge von Fällen ein enger Zusammenhang zwischen der Kohärenz einer Menge von Aussagen und der entsprechenden Zuverlässigkeit der Zeugen hergestellt werden kann. Diese Frage muss an dieser Stelle allerdings leider unbeantwortet bleiben.

6.3 Kohärenz und Inkonsistenz

Wir haben uns bereits in den vorherigen Abschnitten vereinzelt mit dem Zusammenhang zwischen Kohärenz und Konsistenz, bzw. demjenigen zwischen Inkohärenz und Inkonsistenz beschäftigt. In diesem Abschnitt soll es nun darum gehen, einen genaueren Einblick in das Verhältnis dieser beiden Begriffspaare zu erlangen. Zunächst ließe sich vermuten, dass es einen deutlichen Gegensatz zwischen beiden Begriffen gebe, denn während es sich bei Kohärenz klarerweise um einen graduellen Begriff handelt, scheint der Konsistenz-Begriff ausschließlich qualitativ zu sein und keinerlei Abstufungen zuzulassen: Entweder eine Menge ist widerspruchsfrei oder sie ist es nicht. In diesem Sinne gibt es sehr wohl einen Unterschied im Hinblick auf die Konsistenz zwischen den Mengen $X = \{x_1, x_2 \vee x_3, \overline{x}_3\}$

und $Y = \{x_1, x_1 \to x_2, \overline{x}_2\}$, nicht aber zwischen Y und $Z = \{x_1 \land x_2, \overline{x}_2\}$. Während X konsistent ist und sich somit in dieser Hinsicht deutlich von Y abhebt, sind Y und Z beide schlichtweg inkonsistent. Ganz anders beurteilen die meisten Erkenntnistheoretiker die entsprechende Frage, wie es um den Grad der Kohärenz von Y und Z bestellt sei (bzw. von entsprechenden inkonsistenten Mengen). Denn während die meisten sich darin einig sind, dass inkonsistente Mengen auch ausnahmslos inkohärent sind, so sind gleichzeitig viele der Ansicht, dass sich inkonsistente Mengen nichtsdestotrotz hinsichtlich ihres *Grades der Inkohärenz* unterscheiden können. So schreibt beispielsweise Siebel (2005):

> I do not deny that inconsistencies have a negative influence on coherence. It might even be the case that propositions are coherent only if they are consistent (cf. BonJour 1985, p. 95). But this does not entail that contradictory propositions make a system incoherent to the maximum. There may be further factors present which have a positive impact and thus partly compensate for inconsistencies. (Siebel 2005, 339)

Wir werden uns im nächsten Abschnitt zunächst mit diesem Zusammenhang zwischen dem qualitativen Begriff der Inkonsistenz und der Bemessung von Graden der Inkohärenz beschäftigen. Insbesondere wird dabei die Frage im Raum stehen, inwiefern die oben eingeführten probabilistischen Kohärenzmaße überhaupt in der Lage sind, inkonsistente Mengen hinsichtlich ihres Grades der Inkohärenz zu beurteilen bzw. verschiedene Grade von Inkohärenz zu unterscheiden. Im darauf folgenden Abschnitt werden wir uns dann näher mit dem Zusammenhang zwischen Graden von Inkonsistenz und Graden von Inkohärenz befassen.

6.3.1 Inkonsistenz als Testfall für Kohärenzmaße

In diesem Abschnitt werden wir mit Hilfe eines Testfalles versuchen, die Intuitionen zum Zusammenhang von Inkohärenz und Inkonsistenz klarer herauszuarbeiten; anschließend werden wir dann die einzelnen Kohärenzmaße vor dem Hintergrund des Testfalles auswerten. Hierbei wird sich allerdings zeigen, dass die große Mehrheit der Maße keine zufriedenstellenden Ergebnisse liefert, was in erster Linie der Tatsache geschuldet ist, dass viele der Maße für bestimmte inkonsistente Mengen überhaupt nicht definiert sind. Dementsprechend werden wir im weiteren Verlauf eine Möglichkeit der Anpassung dieser Maße diskutieren und aufzeigen, inwiefern dadurch eine Verbesserung der Ergebnisse im Hinblick auf den zuvor erwähnten Testfall erreicht werden kann.

Beginnen wir zunächst mit der Frage nach dem Zusammenhang zwischen den qualitativen Begriffen der Konsistenz und der Kohärenz. In diesem Zusammenhang wird häufig vorausgesetzt, dass beide Begriffe in einem logischen Zusammenhang stehen dergestalt, dass Konsistenz eine *notwendige* Voraussetzung für Kohärenz ist, d. h., dass alle inkonsistenten Mengen notwendigerweise auch inkohärent sind (vgl. BonJour 1985). Diese Ansicht wird gelegentlich mit Verweis auf das bekannte Vorwort-Paradox (vgl. Makinson 1965) kritisch hinterfragt. In diesem Paradoxon geht es um folgende Situation: Wir könnten im Vorwort dieses Buches mit gutem Gewissen behaupten, dass wir davon überzeugt sind, dass jede der von uns im Buch gemachten Behauptungen wahr ist. Gleichzeitig haben wir immer wieder die Erfahrung gemacht, dass auch den besten Autoren noch kleine Unachtsamkeiten unterlaufen, durch die sich Fehler in ihre Monographien einschleichen. Entsprechend wäre es überheblich zu denken, dies wäre bei uns nicht der Fall. Somit sind wir gleichzeitig gerechtfertigt in der Überzeugung, dass mindestens eine der von uns in diesem Buch gemachten Behauptungen falsch ist. Diese beiden Überzeugungen zusammen sind aber offenbar inkonsistent. Nun haben Erkenntnistheoretiker wie Foley (1992) argumentiert, dass wir nichtsdestotrotz in dieser Menge inkonsistenter Überzeugungen gerechtfertigt sein können; dies wäre aber merkwürdig in Verbindung mit einer Kohärenztheorie der Rechtfertigung, da hier für gewöhnlich angenommen wird, dass die Abwesenheit von Kohärenz (aufgrund einer Inkonsistenz) dazu führt, dass wir nicht in der entsprechenden Menge von Überzeugungen gerechtfertigt sein können. Zeigt dieses Beispiel also die Unhaltbarkeit einer solchen kohärentistischen Rechtfertigungstheorie? Oder zeigt es, dass wir die Voraussetzung lockern sollten, und nicht länger darauf pochen sollten, dass Widerspruchsfreiheit eine notwendige Voraussetzung für Kohärenz ist?

Für Pollock (1986) zeigt das Beispiel weder das eine noch das andere. Seiner Ansicht nach zieht Foleys Argumentation höchst problematische Konsequenzen nach sich, wenn man sie mit einem weitgehend akzeptierten Prinzip für den Rechtfertigungsbegriff verbindet, wonach gilt, dass man in einer Meinung gerechtfertigt ist, wenn diese aus einer Überzeugungsmenge folgt und man gerechtfertigt ist zu glauben, dass diese Meinung daraus folgt. Da nun aber inkonsistente Mengen von Aussagen innerhalb einer klassischen Logik *alle* möglichen Aussagen implizieren, wäre man in letzter Konsequenz auch darin gerechtfertigt, alles zu glauben. BonJour (1989) selbst hat allerdings aus diesen Überlegungen die Konsequenz gezogen, dass die Bedeutung von Konsistenz für Kohärenz bislang überschätzt wurde.

Wir werden uns in diesem Punkt neutral verhalten; zum einen sind wir an einer Explikation des Begriffs der Kohärenz interessiert, unabhängig davon als wie tragfähig sich eine Kohärenztheorie der Rechtfertigung herausstellen wird. Zum anderen spielt für unsere Überlegungen im Folgenden ein anderer Aspekt eine viel gewichtigere Rolle, nämlich die Frage, ob inkonsistente Mengen von Aussagen verschiedene *Grade von Inkohärenz* aufweisen können.

Wenden wir uns hierzu nun abermals dem zuvor bereits in Kapitel 5 diskutierten Testfall (vgl. Schippers und Siebel 2015) zu, bei dem es sich um eine Abwandlung des Zeugenszenarios aus Abschnitt 2.1 handelt. Ausgangspunkt dieses Szenarios war eine Situation mit acht Verdächtigen in einem Gerichtsprozess, von denen mit Sicherheit angenommen werden kann, dass sich der Täter unter ihnen befindet. Ferner komme jeder der Verdächtigen mit der gleichen Wahrscheinlichkeit als Täter in Frage. Nun wurden pro Situation drei gleich-zuverlässige Zeugen befragt, wobei Zeuge j in Szenario i die Aussage z_{ij} mache. Für Szenario 1 nahmen wir an, dass die Zeugenaussagen wie folgt aussehen:

(z_{11}) Der Täter ist einer der Verdächtigen 1 oder 2.
(z_{12}) Der Täter ist einer der Verdächtigen 2 oder 3.
(z_{13}) Der Täter ist einer der Verdächtigen 1 oder 3.

Offenbar ist die Menge $Z_1 = \{z_{11}, z_{12}, z_{13}\}$ der Zeugenaussagen in Szenario 1 inkonsistent und entsprechend sollten die Kohärenzmaße die Menge Z_1 als inkohärent bewerten. Vergleichen wir dies nun zunächst mit dem folgenden alternativen Szenario 2. In diesem Szenario machten die Zeugen die folgenden Aussagen:

(z_{21}) Der Täter ist einer der Verdächtigen 1 oder 2.
(z_{22}) Der Täter ist einer der Verdächtigen 3 oder 4.
(z_{23}) Der Täter ist einer der Verdächtigen 5 oder 6.

Auch die zweite Menge $Z_2 = \{z_{21}, z_{22}, z_{23}\}$ von Zeugenaussagen ist offenbar inkonsistent; was sie allerdings von der ersten Menge Z_1 unterscheidet, ist dass im Gegensatz zu dieser hier auch die einzelnen Paare von Aussagen nicht konsistent sind. Dies scheint ein klarer Hinweis darauf zu sein, dass die Menge Z_2 inkohärenter ist als Z_1, *obwohl* beide Mengen inkonsistent sind. Dies deckt sich auch mit den Ergebnissen aus entsprechenden empirischen Untersuchungen (vgl. Koscholke und Jekel 2017). Dementsprechend verblüffend ist das Ergebnis, das wir von den einzelnen Kohärenzmaßen erhalten und das in Tabelle 6.1 wiedergegeben wird.

Von allen von uns betrachteten Kohärenzmaßen geben lediglich *zwei* Maße, das Teilmengen-sensitive Abweichungsmaß $\mathcal{D}_T^d$ sowie das Teilmengen-sensitive Überlappungsmaß $\mathcal{O}_T$, die gewünschten Ergebnisse im Inkonsistenz-Testfall wieder. Dies scheint zunächst ein erstaunliches Resultat zu sein, wenn man annimmt, dass alle anderen Maße im Gegenzug ein kontra-intuitives Ergebnis ausspucken.

Tab. 6.1: Auswertung des Inkonsistenz-Testfalls

Maß	Z_1	Z_2
$\mathcal{D}^r$	$-\infty$	$-\infty$
$\mathcal{D}^d$	−0,037	−0,037
$\mathcal{D}^r_T$	$-\infty$	$-\infty$
$\mathcal{D}^d_T$	0,032	−0,093
$\mathcal{O}$	−0,333	−0,333
$\mathcal{O}_T$	−0,083	−0,333
$\mathcal{C}_\alpha$	−0,042	n.d.
$\mathcal{C}_\beta$	−0,250	n.d.
$\mathcal{C}_\gamma$	−0,038	n.d.
$\mathcal{C}_\delta$	0,000	n.d.
$\mathcal{C}_\varepsilon$	−0,375	n.d.
$\mathcal{C}_\zeta$	−0,333	n.d.
$\mathcal{C}_\eta$	−0,500	n.d.

Dies ist allerdings ein Trugschluss: Die große Mehrheit der Maße liefert nur deshalb kein zufriedenstellendes Ergebnis in diesem Testfall, da sie in bestimmten Fällen für inkonsistente Mengen *nicht definiert* sind.

Abhilfe könnte hier eine einfache Anpassung der Maße schaffen, wie sie beispielsweise in ähnlicher Form auch von Fitelson (2003) oder Roche (2013) vorgeschlagen wurden. Schippers und Siebel (2015) diskutieren insgesamt vier verschiedene Anpassungsmöglichkeiten und werten sie jeweils für eine Reihe von Maßen aus; wir wollen uns hier jedoch auf die geläufigste Variante beschränken, welche auch von Fitelson und Roche angewandt wird. Diese sieht eine Anpassung der dem $\mathcal{C}$-Rezept zugrunde liegenden Stützungsmaße vor.

$$\mathbf{b}'(x, y, P) = \begin{cases} \max_{\mathbf{b}} & \text{falls } x, y \in L \text{ und } y \vDash x \\ \min_{\mathbf{b}} & \text{falls } x, y \in L \text{ und } y \vDash \overline{x} \\ \mathbf{b}(x, y, P) & \text{sonst} \end{cases}$$

Diese Anpassung bezieht sich offenbar nur auf die Stützungs-basierten $\mathcal{C}$-Maße und es stellt sich die Frage, weshalb die verbleibenden Maße der Klassen der Abweichungs- sowie der Überlappungsmaße *nicht* angepasst werden. Die Gründe hierfür sind zweierlei: Einerseits meistern zwei Maße dieser Klassen ($\mathcal{D}^d_T$ und $\mathcal{O}_T$) den Testfall, sodass eine Anpassung nicht notwendig scheint. Andererseits liefern alle anderen Maße dieser beiden Klassen ebenfalls ein deutliches Ergebnis, denn gemäß $\mathcal{D}^r$, $\mathcal{D}^r_T$, $\mathcal{D}^d$ und $\mathcal{O}$ sind die beiden Mengen identisch hinsichtlich ihres Kohärenzgrades.

Wenden wir uns nun der erneuten Auswertung des Testfalls auf Grundlage der angepassten Maße zu; die entsprechenden Ergebnisse finden sich in Tabelle 6.2:

Tab. 6.2: Auswertung des Inkonsistenz-Testfalls mit angepassten Maßen

Maß	Z_1	Z_2
$\mathcal{D}^r$	$-\infty$	$-\infty$
$\mathcal{D}^d$	$-0{,}037$	$-0{,}037$
$\mathcal{D}^r_T$	$-\infty$	$-\infty$
$\mathcal{D}^d_T$	$0{,}032$	$-0{,}093$
$\mathcal{O}$	$-0{,}333$	$-0{,}333$
$\mathcal{O}_T$	$-0{,}083$	$-0{,}333$
$\mathcal{C}_\alpha$	$-0{,}042$	$-1{,}000$
$\mathcal{C}_\beta$	$-0{,}250$	$-1{,}000$
$\mathcal{C}_\gamma$	$-0{,}038$	$-1{,}000$
$\mathcal{C}_\delta$	$0{,}000$	$-1{,}000$
$\mathcal{C}_\varepsilon$	$-0{,}375$	$-1{,}000$
$\mathcal{C}_\zeta$	$-0{,}333$	$-1{,}000$
$\mathcal{C}_\eta$	$-0{,}500$	$-1{,}000$

Offenbar führt diese Anpassung der Maße zu deutlichen Verbesserungen hinsichtlich der Auswertung des von uns betrachteten Testfalls: Alle veränderten $\mathcal{C}$-Maße bewerten auf der Grundlage dieser Anpassung die zweite Situation des Zeugenszenarios als *maximal inkohärent*. Darüber hinaus lässt sich die Anpassung auch inhaltlich motivieren, da sie der Intuition entspricht, dass eine Evidenz, die der vorhandenen Hypothese logisch widerspricht, die maximal unterminiert. Nichtsdestotrotz ist es nicht die einzig mögliche Anpassung der Maße und Schippers und Siebel (2015) diskutieren weitere Möglichkeiten und werten diese im Hinblick auf den obigen Testfall aus.

Insgesamt bleibt festzuhalten, dass es sinnvoll sein kann, vor der Implementierung der Stützungsmaße innerhalb des $\mathcal{C}$-Schemas eine entsprechende Anpassung vorzunehmen, da die verwendeten Stützungsmaße häufig nicht für Inkonsistenzfälle ausgelegt sind. Damit beenden wir unseren Abschnitt zum Zusammenhang zwischen dem qualitativen Begriff der Inkonsistenz und dem quantitativen Begriff der Kohärenz und wenden uns im kommenden Abschnitt der Betrachtung von Graden der Inkonsistenz zu.

6.3.2 Grade von Inkonsistenz und Inkohärenz

In diesem Abschnitt werden wir uns näher mit der obigen Vermutung, wonach es sich bei dem Begriff der Konsistenz und einen binären Begriff handele, auseinander setzen. Unter Rückgriff auf entsprechende Diskussionen zu *Graden von Inkonsistenz* innerhalb der Informatik werden wir zwei Inkonsistenzmaße einführen und ihren Zusammenhang mit den obigen Kohärenzmaßen untersuchen. Insbesondere werden wir der Frage nachgehen, ob es einen Zusammenhang zwischen dem Grad der Inkonsistenz einer Menge von Aussagen und ihrem entsprechenden Grad der Inkohärenz für eines der möglichen Paare von Maßen gibt.

Wir haben uns bereits kurz mit der Frage beschäftigt, weshalb man überhaupt verschiedene Grade von Inkohärenz für inkonsistente Mengen von Aussagen in Betracht ziehen sollte. Ausschlaggebend war hier unsere agnostische Position hinsichtlich des Wertes einer Kohärenztheorie der Rechtfertigung. Selbst wenn es so sein sollte, dass ausnahmslos niemand darin gerechtfertigt sein kann, etwas vor dem Hintergrund eines inkonsistenten Überzeugungssystems zu glauben, so bewegen wir uns hier innerhalb des eher sterilen Rahmens, in dem die Frage im Vordergrund steht, ob es überhaupt möglich ist, verschiedene Grade von Inkohärenz in solche Fällen zu betrachten. Wenn man sich aber einmal auf diesen Vorschlag eingelassen hat, könnte man geneigt sein zu vermuten, dass die jeweiligen Grade der Inkohärenz von inkonsistenten Mengen mit deren *Graden der Inkonsistenz* korrelieren. So wäre also beispielsweise die Menge $X = \{x, \overline{x}\}$ vielleicht deshalb inkohärenter als die Menge $Y = \{x_1 x_1 \rightarrow x_2, \overline{x}_2\}$, da sie in einem gewissen Sinne offensichtlicher inkonsistent ist. Wem diese Unterschiede nicht signifikant genug sind, der kann stattdessen Y durch das Axiomensystem der *Grundgesetze der Arithmetik* von Gottlob Frege (1893) ersetzen; um deren Inkonsistenz zu bemerken, bedurfte es bekanntermaßen erst einer eingehenden Untersuchung durch Bertrand Russell.

Im Folgenden werden wir nun entsprechend den vermuteten Zusammenhang näher untersuchen. Hierzu werden wir zunächst zwei etablierte Inkonsistenzmaße einführen und sodann zeigen, dass es trotz anfänglicher Plausibilität *keinen* Zusammenhang der Art gibt, dass höhere Grade von Inkonsistenz auch höhere Grade von Inkohärenz implizieren. Um die verschiedenen Grade von Inkonsistenz zu motivieren, wenden uns erneut dem obigen Zeugenbeispiel zu. Bisher hatten wir uns ausschließlich mit deren verschiedenen Graden von Inkohärenz befasst. Genauso gut können wir den jeweiligen Mengen von Zeugenaussagen in beiden Situationen aber auch unterschiedliche Grade von Inkonsistenz attestieren: Zwar sind beide Mengen qualitativ inkonsistent, insofern die in ihnen enthaltenen Aussagen nicht gemeinsam wahr sein können. In der zweiten Menge von Zeugenaussagen sind darüber hinaus alle Aussagen ebenfalls *paarweise inkonsistent*, während dies in der ersten Menge nicht der Fall ist.

Wenn es nun darum, genauer zu begründen, in welcher Hinsicht die Menge Z_2 zu einem höheren Grad inkonsistent ist als die Menge Z_1, lassen sich zwei verschiedene Perspektiven wählen: Einerseits könnte man diese unterschiedlichen Inkonsistenzgrade aus der *Anzahl der inkonsistenten Teilmengen* der jeweiligen Menge begründen. In dieser Hinsicht ist Z_2 zu einem höheren Grad inkonsistent, insofern die Anzahl inkonsistenter Teilmengen hier bei vier liegt, während in Z_1 nur eine Teilmenge, nämlich Z_1 selbst, inkonsistent ist. Eine andere Perspektive vernachlässigt diese Anzahl inkonsistenter Teilmengen und stellt stattdessen den *Ursprung der Inkonsistenz* stärker in der Vordergrund. In dieser Hinsicht ist Z_2 insofern inkonsistenter, als dass die Inkonsistenz bereits auf der Ebene der zweielementigen Teilmengen auftritt, während bei Z_1 stattdessen 3 Aussagen nötig sind, um eine Inkonsistenz zu erhalten.

Im Folgenden werden wir zwei entsprechende Maße einführen, die diese beiden Ideen zur Motivation verschiedener Grade von Inkonsistenz formal ausbuchstabieren.[54] Sei hier zu einer Menge $X \subset L$ mit Cons(X) die Menge der konsistenten Teilmengen von X bezeichnet, d. h. Con(X) = $\{Y \subset X | Y \not\models \bot\}$; analog bezeichnen wir mit Inc(X) = $\{Y \subset X | Y \models \bot\}$ die Menge der inkonsistenten Teilmengen. Offenbar gilt Con(X) = 2^X genau dann, wenn X konsistent ist. Nun benötigen wir noch eine Darstellung für den Ursprung der Inkonsistenz innerhalb einer inkonsistenten Menge. Hierzu definieren wir eine *minimal inkonsistente Teilmenge* von Aussagen wie folgt:

Definition 6.10 (Minimal inkonsistente Teilmenge). Sei X eine inkonsistente Mengen von Aussagen, dann ist Y eine minimal inkonsistente Teilmenge von X genau dann, wenn gilt: $Y \in$ Inc(X) und es gibt kein $Z \in$ Inc(X) derart, dass $Z \subsetneq Y$. Die Menge der minimal inkonsistenten Teilmengen von X bezeichnen wir mit MI(X).

Die minimal inkonsistenten Teilmengen sind also diejenigen inkonsistenten Teilmengen, die wiederum nur konsistente Teilmengen haben. Zur Illustration betrachten wir die folgende inkonsistente Menge $X = \{a_1 \wedge a_2, \overline{a}_1, \overline{a}_2 \vee a_3, \overline{a}_3\}$. Diese Menge hat zwei minimal inkonsistente Teilmengen $Y = \{a_1 \wedge a_2, \overline{a}_1\}$ und $Z = \{a_1 \wedge a_2, \overline{a}_2 \vee a_3, \overline{a}_3\}$; entsprechend gilt MI($X$) = $\{Y, Z\}$.

Ein *Inkonsistenzmaß* ist nun eine Funktion i, die jeder Menge von Aussagen $X \subset L$ eine reelle Zahl zuweist, die den Grad der Inkonsistenz von X repräsentiert. Jedes solche Maß sollte die folgenden zwei Bedingungen erfüllen:
1. $0 \leq i(X) \leq 1$ für alle $X \in L$.
2. Wenn $i(X) = 0$, dann gilt $X \in$ Con(L).

Entsprechend gilt nun, dass eine Menge X zu einem höheren Grad inkonsistent ist als eine Menge Y, falls $i(X) > i(Y)$; alle konsistenten Mengen bekommen den minimalen Inkonsistenzgrad 0 zugewiesen.

---

[54] Einen ausführlichen Überblick über verschiedene Inkonsistenzmaße geben Hunter und Konieczny (2005).

Das auf der Anzahl inkonsistenter Teilmengen basierende Maß kann nun wie folgt definiert werden:[55]

$$i_1(X) = \frac{|MI(X)|}{|X|}$$

Dieses Maß setzt die Anzahl inkonsistenter Teilmengen einer Menge X ins Verhältnis zur Kardinalität von X. Entsprechend ist die Menge $X_1 = \{a_1 \wedge \overline{a}_1\}$ maximal inkonsistent mit $i_1(X_1) = 1$; demgegenüber ist die Menge $X_2 = \{a_1 \wedge \overline{a}_1, a_2\}$ mit $i_1(X_2) = 1/2$ zu einem geringeren Grad inkonsistent.

Dies unterscheidet das Maß von dem im Folgenden eingeführten Maß i_2, welches den Ursprung der Inkonsistenz in der Vordergrund stellt.[56] Sei hierzu $\delta_X = \min\{|Y\| Y \in MI(X)\}$ das Minimum der Kardinalitäten der einzelnen inkonsistenten Teilmengen von X, so erhalten wir:

$$i_2(X) = (\delta_X)^{-1}$$

Dieses Maß ist also umgekehrt proportional zur Kardinalität der minimal inkonsistenten Teilmengen von X. Wenn innerhalb einer Menge also bereits einzelne Aussagen inkonsistent sind, weist dieses Maß den maximalen Inkonsistenzgrad 1 zu, unabhängig von anderen in der Menge enthaltenen Aussagen und ebenso unabhängig von der Anzahl der minimal inkonsistenten Teilmengen. Entsprechend gilt für die soeben betrachteten Mengen X_1 und X_2: $i(X_1) = i(X_2) = 1$. Allerdings ist hier zu beachten, dass der Fall konsistenter Mengen gesondert betrachten werden muss, da $(0)^{-1}$ nicht definiert ist; wir setzen dementsprechend fest, dass $i_2(X) = 0$, falls X konsistent ist.

Auf der Grundlage beider Maße können nun (partielle) Ordnungen der Elemente von 2^L aufgestellt werden. Hierzu setzen wir für jedes der beiden Maße i_j: $X \leq_{i_j} Y$ genau dann, wenn $i_j(X) \leq i_j(Y)$. Die entsprechenden Relationen $<_{i_j}$ und $=_{i_j}$ werden wie gewöhnlich definiert.

Um zu zeigen, dass diese beiden Inkonsistenzmaße nicht ordinal äquivalent sind, betrachten wir dir folgenden inkonsistenten Mengen von Aussagen:
1. $X_1 = \{a_1, \overline{a}_1 \vee a_2, a_2, a_3 \wedge \overline{a}_3\}$
2. $X_2 = \{a_1, \overline{a}_1 \vee a_2, \overline{a}_2\}$
3. $X_3 = \{a_1, a_2 \wedge \overline{a}_2, \overline{a}_1\}$

Zwar sind alle Mengen qualitativ inkonsistent, allerdings auf verschiedene Arten: In X_1 findet sich die inkonsistente Aussage $a_3 \wedge \overline{a}_3$ als einziger Ursprung der In-

---

[55] Dieses Maß entspricht der „incompatibility ratio" in Hunter und Konieczny (2005).
[56] Einen alternativen Ansatz, der auf derselben Idee beruht, findet man bei Knight (2002).

konsistenz, der Rest der Menge ist konsistent. Ein analoger Widerspruch findet sich in X_3 ($a_2 \wedge \overline{a}_2$), allerdings findet sich hier *zusätzlich* ein Paar inkonsistenter Aussagen ($a_1, \overline{a}_1$). X_2 besteht aus paarweise konsistenten Aussagen, die lediglich zusammengenommen widersprüchlich werden. Intuitiv könnte man also dafür argumentieren, dass X_2 weniger inkonsistent als X_1 ist, und X_1 wiederum weniger inkonsistent als X_3. Dieses Urteil spiegelt sich in einem der beiden Maße wieder. Wir erhalten:

$$X_1 <_{i_1} X_2 <_{i_1} X_3$$
$$X_2 <_{i_2} X_1 =_{i_2} X_3$$

Beide Maße sind sich also darin einig, dass keine Menge zu einem höheren Grade inkonsistent ist als die Menge X_3; allerdings beurteilt das Maß i_2 die Mengen X_1 und X_3 aus bekanntem Grunde gleich, während i_1 hier aufgrund der verschiedenen Anzahlen minimal inkonsistenter Teilmengen unterscheidet. Auch besteht Uneinigkeit dahingehend, welche die am wenigsten inkonsistente Menge ist. Während i_2 hier unserer Intuition entsprechend hier die Menge X_2 verortet, bewertet i_1 die Menge X_1 als weniger inkonsistent, da zwar beide Mengen lediglich eine minimal inkonsistente Teilmenge haben, X_1 aber im Vergleich zu X_2 weniger Elemente enthält.

Mit diesen zwei Inkonsistenzmaßen können wir auch ein weiteres Mal einen Blick auf die obigen Mengen von inkonsistenten Zeugenaussagen werfen. In Z_1 sind alle zwei-elementigen Teilmengen konsistent, lediglich die Menge Z_1 insgesamt ist inkonsistent. Wir haben somit *eine* minimal inkonsistente Teilmenge mit drei Elementen. Betrachten wir hingegen Z_2, so ist nicht die Menge selbst inkonsistent, sondern ebenfalls alle zwei-elementigen Teilmengen. Somit haben wir drei minimal inkonsistente Teilmengen, die jeweils zwei Elemente enthalten. Somit erhalten wir die folgenden Auswertungen:

$$i_1(Z_1) = 1/3 < 1 = i_1(Z_2)$$
$$i_2(Z_1) = 1/2 < 1 = i_2(Z_2)$$

Nach diesen Betrachtungen der Funktionsweise der beiden Maße wenden wir uns nun wieder dem eigentlichen Thema dieses Abschnitts zu, nämlich dem Zusammenhang zwischen dem Grad der Inkonsistenz einer Menge von Aussagen und ihrem Grad der Inkohärenz. Genauer genommen werden wir klären, ob ein Zusammenhang der folgenden Art besteht:

(IIK) *Inkonsistenz und Inkohärenz (komparativ).*

Für alle $X, Y \subseteq L$: Wenn X zu einem höheren Grade inkonsistent ist als Y, so ist X auch inkohärenter als Y.

Dass dies nicht der Fall ist, ist Inhalt der folgenden Beobachtung:

Beobachtung 6.7 (Schippers 2014b). Jedes der obigen Kohärenzmaße verletzt das Kriterium **(IIK)** für $i \in \{i_1, i_2\}$.

Dies bedeutet, dass es für jedes der obigen Kohärenzmaß **coh** und jedes der beiden von uns betrachteten Inkonsistenzmaße i ein Paar von Mengen $X, Y \in L$ gibt, sodass $i(X) < i(Y)$, aber **coh**$(X, P) <$ **coh**(Y, P) für ein $P \in \mathbf{P}$. Somit gilt nicht, dass ein höherer Grad der Inkonsistenz (gemessen durch eines der beiden Maße) automatisch auch einen höheren Grad der Inkohärenz impliziert.

Mit dieser Beobachtung schließen wir den vorliegenden Abschnitt zum Zusammenhang von Inkonsistenz und Inkohärenz ab. Im folgenden Kapitel wenden wir uns einigen Einwänden zu, die einerseits gegen einzelne probabilistische Kohärenzmaße und andererseits gegen die generelle Idee sprechen, den Begriff der Kohärenz mit Hilfe der Wahrscheinlichkeitstheorie zu explizieren.

7 Einwände und Probleme

In diesem letzten Abschnitt wollen wir uns mit allgemeinen Einwänden gegen das Projekt einer wahrscheinlichkeitstheoretischen Modellierung von Kohärenz befassen. Der wohl bekannteste Einwand in dieser Hinsicht beruht auf der Einsicht, dass alle existierenden Kohärenzmaße äquivalenten Mengen von Aussagen unterschiedliche Grade von Kohärenz zuweisen können und sich im Extremfall sogar hinsichtlich der qualitativen Beurteilung der Mengen unterscheiden können. Dadurch, so der Einwand, ist es kinderleicht den Grad der Kohärenz einer gegebenen Menge von Aussagen zu erhöhen, indem man deren Inhalt einfach auf eine andere, aber äquivalente Art darstellt. Dadurch verlöre der Begriff der Kohärenz seinen Nutzen innerhalb der Erkenntnistheorie. Wir werden uns mit diesem Problem der Individuierung von Überzeugungen sowie möglichen Auswegen in Abschnitt 7.1 auseinandersetzen. Sodann kommen wir in Abschnitt 7.2 zu einem Problem, dass zwar nicht alle Kohärenzmaße betrifft, aber sehr wohl die Klasse der überlappungs-basierten Maße. Im Mittelpunkt dieses Abschnitts steht die basale Intuition, dass es mögich sein sollte, den Grad der Kohärenz einer Menge von Informationen dadurch zu erhöhen, dass man der Menge weitere Informationen hinzufügt. Wie sich zeigen wird, ist eine solche Intuition nicht mit Hilfe des Überlappungsmaßes zu repräsentieren. Nach einem solchen Problem für überlappungs-basierte Maße kommen wir in Abschnitt 7.3 auf ein Problem zu sprechen, welches im Gegenzug sämtliche relevanz-sensitiven Maße betrifft. Der Kern dieses Problems liegt in der Kohärenzberechnung in Szenarien mit Wirkungen einer gemeinsamen Ursache. Aufgrund einfacher Gesetzmäßigkeiten der Wahrscheinlichkeitstheorie lässt sich zeigen, dass in einem solchen Szenario der Grad der Kohärenz zweier Wirkungen *sinkt*, wenn deren gemeinsame Ursache als Hintergrundwissen berücksichtigt wird. Wir werden die Auswirkungen dieser Einsicht im genannten Unterabschnitt thematisieren.

Anschließend widmen wir uns der Frage, inwiefern Kohärenzmaße auch dazu genutzt werden können, den Grad der Kohärenz von Einermengen, also Mengen von Aussagen, die lediglich ein Element enthalten, zu bestimmen. Es wird sich zeigen, dass dies mit Hilfe der vorgestellten Maße nicht ohne Weiteres möglich ist, dass es aber Möglichkeiten gibt, diese Maße entsprechend anzupassen. Das Problem der *Kohärenzerhaltung*, welches in Abschnitt 7.5 diskutiert wird, widmet sich der Frage, inwiefern das Hinzufügen einer Information zu einer Menge von Aussagen den Grad der Kohärenz dieser Menge senken kann, obwohl jedes einzelne Element der Menge von der neuen Information bestätigt wird.

Zuletzt widmen wir uns dann wieder einem Einwand, der ebenso wie das Problem der Individuierung von Überzeugungen das gesamte Projekt der probabilistischen Kohärenzmaße in Frage stellt. Ausgangspunkt dieses Einwands ist ein Argument, dass sich in einer sehr knappen Version wie folgt zusammenfassen lässt: Da zum einen der Begriff der Kohärenz in einem sehr engen Zusammenhang mit demjenigen der Erklärung steht und sich zum anderen der Begriff der Erklärung nach einhelliger Meinung nicht wahrscheinlichkeitstheoretisch explizieren lässt, ist folglich auch das Projekt einer wahrscheinlichkeits-theoretischen Modellierung des Kohärenzbegriffs zum Scheitern verurteilt. Wir werden das Problem sowie mögliche Auswege in Abschnitt 7.6 vorstellen.

7.1 Die Individuierung von Überzeugungen

7.1.1 Kohärenzmaße und Individuation

In einem sich kritisch mit den bis dato diskutierten Kohärenzmaßen beschäftigenden Artikel hat Siebel (2005) eine Klasse von Testfällen diskutiert, die sich mit Erweiterungen einer Menge von Aussagen durch Elemente aus deren deduktivem Abschluss hinsichtlich ihres Einflusses auf den Grad von Kohärenz beschäftigen. Er konnte beispielsweise zeigen, dass der Grad der Kohärenz einer Menge $X = \{x, y\}$ gemessen durch das naive Abweichungsmaß $\mathcal{D}^r$ in fast allen Fällen erhöht werden kann, indem man die Konjunktion $x \wedge y$ oder die Disjunktion $x \vee y$ der Menge hinzufügt. Aber, so fügt er hinzu, dieses Resultat mag zwar in gewissen Szenarien plausibel sein; als generelle Eigenschaft eines Kohärenzmaßes ist es seiner Ansicht nach aber problematisch, da es impliziert, dass sich die Kohärenz einer Überzeugungsmenge auch allein dadurch erhöhen lässt, dass man beliebige Schlussfolgerungen zieht und diese der Menge hinzufügt:

> If we consider just one person who does not integrate new input but merely draws conclusions from what she already believes, the above inequalities seem to amount to a ‚cut-prize offer'. For they allow one to increase the coherence of one's doxastic system too simply, viz., just by inferring trivial consequences. (Siebel 2005, 340)

Ähnliche Resultate weist er ebenfalls für einige andere Maße nach und kommt daher zu dem Schluss, dass diese Maße nicht zur Explikation von Kohärenz geeignet sind, da sie es ermöglichen, durch Hinzufügen von trivialen Konsequenzen die Kohärenz einer Menge von Aussagen zu erhöhen.

Systematisch entwickelt wird dieser Punkt dann in einem kurz darauf erschienenen Artikel von Moretti und Akiba (2007). In *Probabilistic measures of coherence and the problem of belief individuation* stellen sie das heute unter dem Begriff „Problem der Individuierung von Überzeugungen" (*problem of belief individuation*) bekannte Problem vor, und weisen nach, dass alle bis zu diesem Zeitpunkt vorgeschlagenen Maße ihm zum Opfer fallen. Die Grundidee ist dabei folgende: Nehmen wir an, wir haben eine Menge X von Aussagen, die einen gewissen Grad von Kohärenz aufweist. Nun verändern wir die Menge dahingehend, dass derselbe Inhalt in einer verschiedenen Form dargestellt wird und betrachten wiederum den Grad der Kohärenz der neuen Menge. Es zeigt sich, dass sich dieser in vielen Fällen verändert hat, obgleich beide Mengen denselben Inhalt nur unterschiedlich darstellen. Ein Beispiel für eine solche unterschiedliche Darstellung desselben Inhalts haben wir bereits bei der Besprechung des Artikels von Siebel (2005) kennengelernt: Beispielsweise können wir den Inhalt der Menge $X = \{x, y\}$ auch äquivalent durch die folgende Menge $Y = \{x, y, x \wedge y\}$ darstellen. Dass die Mengen denselben Inhalt haben, bedeutet an dieser Stelle einfach nur, dass man alle Aussagen der Menge X logisch aus denen der Menge Y ableiten kann, und umgekehrt.[57] Man kann damit das von Moretti und Akiba aufgeworfene Problem der Individuierung von Überzeugungen auch in der Einsicht zusammenfassen, dass die folgende Forderung nicht für alle existierenden Kohärenzmaße erfüllt ist:[58] Seien $X, Y \subset L$ zwei äquivalente Mengen von Aussagen, dann gilt für jedes Kohärenzmaß $\mathbf{coh}(X, P) = \mathbf{coh}(Y, P)$ für alle $P \in \mathbf{P}$.

Zur Illustration betrachten wir eine Menge $X = \{x, y, z\}$ und nehmen an, dass X von einem der obigen Kohärenzmaße **coh** als inkohärent bewertet wird; nun betrachten wir in einem zweiten Schritt die logisch äquivalente Menge $Y = \{x \wedge y \wedge z, x\}$. Wie wir im Abschnitt 3.1.5 bei der Besprechung des Kriteriums zum Zusammenhang von Kohärenz und logischer Implikation gesehen haben, gilt, dass ein Paar von Aussagen im inkrementellen Sinne qualitativ kohärent ist, wenn eine der enthaltenen Aussagen die andere logisch impliziert. Somit würde jedes inkrementell-basierte Kohärenzmaß **coh** die Menge Y als kohärent bewerten. Dies steht aber im Widerspruch zur obigen Annahme, dass äquivalente Mengen von Aussagen denselben Grad von Kohärenz zugewiesen bekommen sollen, denn auf der Grundlage dieser Annahme wäre die Menge X gleichzeitig kohärent *und* inkohärent. Somit wäre jedes inkrementell-basierte Kohärenzmaß *nicht* zur Explikation des Kohärenzbegriffs geeignet. Ähnliche Überlegungen

---

[57] Ein ähnlicher Punkt findet sich schon bei Akiba (2000), der in Bezug auf das von Shogenji (1999) vorgeschlagene Maß dafür argumentiert, dass die Mengen $\{x, y\}$ und $\{x \wedge y\}$ denselben Grad von Kohärenz aufweisen sollten, da alle Aussagen der einen Menge jeweils aus denjenigen der anderen Menge abgeleitet werden können.

[58] Schippers und Schurz (2017) weisen nach, dass dieses Problem für probabilistische Kohärenzmaße in einem engen Zusammenhang mit dem sogenannten „problem of tacking by conjunction" steht, welches probabilistische Bestätigungsmaße konfrontiert. Dies beruht darauf, dass in vielen Fällen, in denen eine Hypothese x durch eine Evidenz e inkrementell bestätigt wird, die konjunktive Hypothese $x \wedge x'$ für eine irrelevante weitere Hypothese x' ebenfalls bestätigt wird. Vgl. hierzu Brössel (2013), Fitelson (2002) und Glymour (1980).

führen zu demselben Schluss sowohl für die Klasse der Überlappungsmaße als auch für die Kohärenzmaße basierend auf dem Begriff der absoluten Bestätigung. Entsprechend halten wir fest:

Beobachtung 7.1. Für jedes existierende Kohärenzmaß **coh** gibt es Wahrscheinlichkeitsverteilungen $P \in \mathbf{P}$ über logisch äquivalenten Mengen von Aussagen X, Y sodass gilt $\mathbf{coh}(X, P) \neq \mathbf{coh}(Y, P)$.

Damit wäre das Projekt einer probabilistischen Rekonstruktion des Begriffs der Kohärenz zum Scheitern verurteilt: Wenn innerhalb einer Kohärenztheorie der Rechtfertigung der Grad der Kohärenz einer gegebenen Überzeugungsmenge darüber bestimmt, wie gut diese Überzeugungen gerechtfertigt sind, dann sollte es nicht so sein, dass durch eine geringfügige Veränderung der Darstellung der Überzeugungen jede beliebige Menge als kohärent bewertet wird.

7.1.2 Unabhängigkeit, Quellen und Gehaltselemente

Das Problem der Individuierung von Überzeugungen hat in der Literatur zu Kohärenzmaßen nur vereinzelt Nachklang gefunden. Eine erste Reaktion findet sich in dem bereits häufiger erwähnten Artikel „Measuring coherence" von Douven und Meijs (2007). Dort erwähnen sie zunächst zustimmend das Problem, wenn auch ohne Bezugnahme auf Moretti und Akiba, und setzen es in einen Zusammenhang mit der Frage nach der Wahrheitsförderlichkeit von Kohärenz:

> We take the foregoing to suggest that there ought to be no difference between the degree of coherence of a set X and that of another set Y if $X \subset Y$ and for every proposition $y \in Y \setminus X$ there is an $x \in X$ such that $x \vDash y$. For those who do not find this intuition immediately compelling, let us note that if it were wrong, it would be puzzling how the idea that coherence is truth-conducive, in the sense that a higher degree of coherence of a set implies a higher probability of its members being jointly true, could ever have caught on, or at any rate how it could have elicited the amount of debate it did elicit. Naturally that idea may ultimately prove wrong, but it does not appear to be obviously wrong. Yet that is how it should appear if one set can be more coherent than another and yet both are equally probable, and quite patently so (as sets are which only differ in that one contains some extra propositions that are logically implied by members they both contain). It would thus seem to be a desideratum for any measure of coherence that it be insensitive to the operation of adding to a set (or subtracting from it) propositions logically implied by or even logically equivalent to ones already in the set. (Douven und Meijs 2007, 417f., Notation angepasst)

Als möglichen Ausweg schlagen sie vor, den Definitionsbereich von Kohärenzmaßen einzuschränken auf solche Mengen, die aus logisch-unabhängigen Aussagen bestehen. Dabei heißen zwei Aussagen $x, y \in L_c$ logisch unabhängig, wenn weder $x \vDash \pm y$, noch $y \vDash \pm x$.

Obwohl dadurch das Problem gelöst werden kann, führt es zu der unangenehmen Konsequenz, dass die obigen Mengen X und Y überhaupt nicht mehr hinsichtlich ihres Kohärenzgrades verglichen werden können. Zwar erscheint das Ergebnis, dass sie, obwohl äquivalent, verschiedene Grade von Kohärenz aufweisen, problematisch. Daraus aber die Konsequenz zu ziehen, dass beide Mengen aufgrund der in Y enthaltenen logischen Relationen überhaupt nicht mehr verglichen werden können, würde über das Ziel hinausschießen.

Wir werden im Folgenden eine weitere Lösungsmöglichkeit vorstellen, die unter Verwendung von *Gehaltselementen* einen Ansatz zur Bemessung von Kohärenz liefert, dessen Resultat ebenfalls Mengen von logisch unabhängigen Aussagen sind; der aber gleichzeitig keinerlei Einschränkungen hinsichtlich der sinnvollerweise zu betrachtenden Mengen von Aussagen vornimmt. Bevor wir allerdings diesen Ansatz vorstellen, möchten wir noch kurz auf einen Vorschlag eingehen, der im Kontext von Shogenji's Antwort auf die kritischen Anmerkungen von Akiba (2000) zu seinem Kohärenzmaß vorgebracht wurde (siehe Fußnote 57). Dieser hatte darauf hingewiesen, dass $\mathcal{D}^r$ den beiden Mengen $\{x, y\}$ und $\{x \wedge y\}$ verschiedene Grade von Kohärenz zuweist, und Shogenji merkt nun hierzu Folgendes an:

> What is missing in Akiba's reasoning is an individuation of beliefs that is appropriate for the evaluation of coherence. I is common – regrettably, even among epistemologists – to individuate beliefs by their contents, but this will not do for the purpose of evaluating coherence. (Shogenji 2001, 149)

Stattdessen müsse man, so Shogenji, Überzeugungen unter Rückgriff auf ihre jeweiligen Quellen individuieren. Zur Illustration verwendet er das folgende Fossilien-Beispiel:
1. Das Fossil ist 64–66 Millionen Jahre alt. (Messung 1)
2. Das Fossil ist 63–67 Millionen Jahre alt. (Deduktion aus 1)
3. Das Fossil ist 63–67 Millionen Jahre alt. (Messung 2)
4. Das Fossil ist 64–66 Millionen Jahre alt. (Messung 3)

Die Aussagen in 1. und 4. haben den gleichen Inhalt, gehen aber auf verschiedene Messungen zurück. Daher, so Shogenji, sollte der Grad ihrer Kohärenz als sehr hoch bewertet werden, auf jeden Fall höher als derjenige zwischen 1. und 3. aufgrund der höheren Übereinstimmung der Ergebnisse der verschiedenen Messungen. Demgegenüber sollten 1. und 2. nicht als unterschiedlich in relevanter Hinsicht betrachtet werden, da sie auf dieselbe Messung zurückgehen und 2. lediglich eine Folgerung aus 1. ist. Er folgert:

> If we wish to relate the concept of coherence to epistemic justification, as most epistemologists do, we must individuate beliefs by their sources, and not by their contents.

Mit Bezug auf den von Akiba vorgebrachten Einwand bedeutet dies entsprechend, dass die obigen Mengen X und Y nicht äquivalent sein können: entweder beide Aussagen x und y gehen auf dieselbe Quelle zurück, dann ist Y die einzig korrekte Darstellung oder sie stammen von verschiedenen Quellen; in diesem Fall muss die Menge wie in X dargestellt werden. Was auch immer der Fall ist, X und Y sind im Rahmen einer Quellen-basierten Individuation von Überzeugungen *nicht* äquivalent und somit lässt sich das Problem der Individuierung von Überzeugungen umgehen.

Eine Quellen-basierte Individuierung von Überzeugungen kann zumindest als eine Teillösung des von Moretti und Akiba aufgeworfenen Problems betrachtet werden. Auf der anderen Seite gibt es aber viele Kontexte, in denen Kohärenzbetrachtungen eine Rolle spielen, ohne dass genauere Informationen über die jeweiligen Quellen der einzelnen in einer Menge enthaltenen Aussagen gegeben sind. Darüber hinaus scheint es Probleme mit anderen Beispielen von Mengen zu geben, unabhängig von deren Quellen. So scheint es so zu sein, dass die Aussagen x und $x \wedge y$ (unabhängig von deren Quellen) nur dann *wirklich* kohärent sind, wenn x und y kohärent sind.

Einen Ansatz zur Bemessung von Kohärenz, der einerseits ebenfalls das Problem der Individuierung von Überzeugungen löst, und andererseits auch solche Effekte herausfiltert, haben Schippers und Schurz (2017) auf der Grundlage von *Gehaltselementen* entwickelt. Die Grundidee hierbei ist es, bereits auf der Ebene der mengentheoretischen Darstellung der zu betrachtenden Aussagen einen Algorithmus zu verwenden, der die Mengen einer kanonischen Repräsentation zuführt, die für alle logisch äquivalenten Mengen identisch ist. Man sieht sehr schnell, dass naheliegende Versuche wie beispielsweise eine einfache konjunktive Dekomposition, bei der alle Konjunktionen in ihre einzelnen Konjunkte zerlegt werden, nicht zufriedenstellend funktionieren. Zwar ist es dadurch möglich, den obigen Problemfall der beiden Mengen $X = \{x, y, z\}$ und $Y = \{x \wedge y \wedge z, x\}$ aufzulösen, jedoch gelangen wir in Schwierigkeiten, wenn wir anstelle von Y den Vergleich mit der folgenden Menge $Z = \{\overline{x \vee y}, \overline{y \vee z}\}$ ins Feld führen. Auch Z ist logisch äquivalent zu X, da jedoch keinerlei konjunktive Aussagen in Z enthalten sind, kann auch die einfache Methode der konjunktiven Dekomposition durch Auflösung von Konjunktionen in ihre Konjunkte nicht zur Anwendung gelangen.

Daher plädieren Schippers und Schurz für einen differenzierteren Ansatz der konjunktiven Dekomposition, der für alle logisch äquivalenten Darstellungen einer Menge gleichermaßen Anwendung finden kann. Ihren Ausgangspunkt nimmt diese Darstellung bei der bekannten Tatsache, dass jedes Element einer aussagenlogischen Sprache L logisch äquivalent zu einer Mengen von Klauseln ist.[59] Eine Dekomposition einer Aussage mit Hilfe ihrer Klauseln ist somit eine natürliche Art der Repräsentation ihres Gehalts. Gehaltselemente sind allerdings im Allgemeinen nicht gleichzusetzen mit Klauseln, sondern erfüllen zusätzlich die folgende semantische Restriktion: Eine von der Aussage x deduktiv implizierte Klausel y ist ein Gehaltselement von x genau dann, wenn y *relevant* aus x folgt, d. h., wenn y keinerlei irrelevante Bestandteile enthält, die *salva validitate* eliminiert oder ersetzt werden können. Zur Illustration: $x_1 \vee x_2$ ist eine Klausel, die relevant aus $x_1 \vee (x_2 \wedge x_3)$ abgeleitet werden kann, $x_1 \vee x_2 \vee x_4$ allerdings nicht, da das Disjunkt x_4 ohne Beeinträchtigung der Gültigkeit der Deduktion (d. h. *salva validitate*) durch eine andere beliebige Formel x_5 ersetzt werden kann. Insbesondere gilt, dass $x \vee y$ kein Gehaltselement von x ist.

Ohne diese Einschränkungen auf *relevant* implizierte Klauseln würden allerlei Klauseln innerhalb des deduktiven Abschlusses einer Menge berücksichtigt werden, durch die sich wiederum Probleme bei der probabilistischen Modellierung des Kohärenzbegriffs ergäben. So könnte beispielsweise die Einermenge $\{x\}$ dadurch zu einer kohärenten Menge gemacht werden, dass alle disjunktiven Abschwächungen $x \vee y_1, x \vee y_1 \vee y_2$, etc. der Menge hinzugefügt würden, wodurch sich der Grad der Kohärenz durch die Präsenz zahlreicher inferentieller Beziehungen erhöhen würde.[60] Wie man leicht sieht, lässt sich die obige Idee der Gehaltselemente auch so formulieren, dass eine Klausel y relevant von einer Aussage x impliziert wird, wenn keine andere Klausel z, die logisch stärker als y ist, ebenfalls von x impliziert wird. Entsprechend sind Gehaltselemente die logisch stärksten implizierten Klauseln:[61]

Definition 7.1 (Gehaltselemente). Sei $X \subset L$, dann ist eine Klausel $y \in Ab(X)$ ein Gehaltselement von X genau dann, wenn es keine von y verschiedene Klausel z gibt, sodass $z \in Ab(X)$ und $z \vDash y$. Die Menge der Gehaltselemente einer Menge X bezeichnen wir im Folgenden mit GE(X).

---

59 Zur Erinnerung: Eine *Klausel* ist eine Disjunktion von Literalen $\pm a_{i_1} \vee \ldots \vee \pm a_{i_m}$, wobei $a_{i_j} \in A$ und $a_{i_j} \neq a_{i_k}$. Ein *Literal* ist entweder eine atomare Aussage $x \in L$ oder die Negation einer atomaren Aussagen.
60 Die Probleme, die durch diese disjunktiven Abschwächungen beispielsweise im Bereich der deontischen Logik oder der Wissenschaftstheorie entstehen, werden von Schurz (1991) und Gemes (1993) thematisiert.
61 Diese Methode der Dekomposition von Aussagen in ihre (logisch stärksten) Klauseln hat sich auch im Bereich von Informatik und KI als sehr hilfreich erwiesen. Gehaltselemente werden in diesem Kontext manchmal unter dem Begriff der *Prim-Implikate* diskutiert (vgl. Bienvenu 2009). Viele Jahre zuvor hat sich bereits Quine (1955) mit dieser Thematik beschäftigt. Schippers und Schurz (2017) geben ebenfalls eine Definition für Gehaltselemente für reichere Sprachen wie die Prädikatenlogik und die durch ein intensionales Konditional erweiterte Aussagenlogik.

Zur Illustration dienen die folgenden Beispiele:
1. $GE(\{a_1 \wedge a_2\}) = GE(\{\overline{\overline{a}_1 \vee \overline{a}_2}\}) = \{a_1, a_2\}$
2. $GE(\{a_1 \vee (a_2 \wedge a_3)\}) = \{a_1 \vee a_2, a_1 \vee a_3\}$
3. $GE(\{a_1 \vee \overline{a}_2, a_1 \vee a_2\}) = GE(\{a_1\}) = \{a_1\}$
4. $GE(\{a_1 \rightarrow a_2, a_2 \rightarrow \overline{a}_3\}) = \{\overline{a}_1 \vee a_2, \overline{a}_2 \vee \overline{a}_3, \overline{a}_1 \vee \overline{a}_3\}$
5. $GE(\{a_1, a_2\}) = GE(\{a_1, a_1 \rightarrow a_2, a_2\}) = \{a_1, a_2\}$
6. $GE(\{a_1 \vee \overline{a}_1\}) = \{\top\}$, $GE(\{a_1 \wedge \overline{a}_1\}) = \{\bot\}$

Die Gehaltselemente stellen damit den logischen „Kern" der jeweils betrachteten Menge von Aussagen heraus; alle aus diesem Kern abgeleiteten Aussagen gehen nicht mehr in die kanonische Darstellung der Menge ein. Dies könnte man insbesondere mit Blick auf das Beispiel 5 kritisch sehen, da es doch so zu sein scheint, als käme durch die Implikation $a_1 \rightarrow a_2$ eine kohärenzstiftende Information zu den beiden Aussagen a_1 und a_2 hinzu: Im Gegensatz zur Menge $\{a_1, a_2\}$ bei der die beiden atomaren Aussagen unverbunden nebeneinander stehen, kommt hier ein verbindendes Element hinzu, dass es erlaubt, a_2 aus a_1 und $a_1 \rightarrow a_2$ herzuleiten. Dass dieser Schein trügt, sieht man aber schnell, wenn man „$a_1 \rightarrow a_2$" in der äquivalenten Darstellung mit Hilfe einer Disjunktion schreibt. Dann sieht man, dass „$a_1 \rightarrow a_2$" nichts anderes besagt als „nicht a_1 oder a_2". Wenn allein durch das Hinzufügen solcher disjunktiven Abschwächungen, so könnte man argumentieren, die Kohärenz einer Menge von Aussagen erhöht werden könnte, so wäre es ein Kinderspiel, beliebige Mengen von Aussagen kohärent zu machen. Was stattdessen vermutlich im Hintergrund steht, wenn man der Meinung ist, dass in $\{a_1, a_1 \rightarrow a_2, a_2\}$ eine kohärenzstiftende Verbindung zwischen a_1 und a_2 existiert, ist ein logisch stärkeres, intensionales Konditional (vgl. hierzu Schippers und Schurz 2017).

Neben diesen konkreten Beispielen lassen sich auch folgende allgemeine Eigenschaften zum näheren Verständnis des Begriffs des Gehaltselements anführen:
1. Für jede Menge $X \subset L$ ist $GE(X)$ logisch äquivalent zu X, sodass durch Anwendung des Darstellungs-Verfahrens mit Hilfe von Gehaltselementen keinerlei Informationen der ursprünglichen Menge verloren gehen.
2. Sind $X, Y \subset L$ selbst logisch äquivalent, so lässt sich zeigen, dass sie dieselben Gehaltselemente haben, d. h. in diesem Fall gilt: $GE(X) = GE(Y)$. Somit überträgt sich jede Eigenschaft, die der durch $GE(X)$ dargestellten Menge zugesprochen werden kann (wie beispielsweise ein bestimmter Grad genuiner Kohärenz), auf alle zu X logisch äquivalenten Mengen.
3. Sofern die Menge $X \subset L$ logisch widerspruchsfrei ist, sind alle in $GE(X)$ enthaltenen Aussagen paarweise logisch unabhängig.

Mit Hilfe der Gehaltselemente können wir nun den Grad der genuinen Kohärenz einer Menge von Aussagen ausbuchstabieren:

Definition 7.2. Sei $X \subset L$ eine Menge von Aussagen und **coh** ein beliebiges Kohärenzmaß, dann ist der *Grad der genuinen Kohärenz* der Menge X, **gcoh**(X), definiert als **coh**$(GE(X))$.

Man erhält also den Grad der genuinen Kohärenz einer Menge von Aussagen einfach dadurch, dass man das gewählte probabilistische Kohärenzmaß **coh** nicht auf die gegebene Menge von Aussagen direkt, sondern auf die dazugehörige Menge von Gehaltselementen anwendet. Dadurch entgeht man auch naheliegenderweise den im Rahmen des Individuierungsproblems aufgeworfenen Einwänden, denn es gilt:

Beobachtung 7.2 (Schippers und Schurz 2017). Der Grad der genuinen Kohärenz einer Menge von Aussagen ist invariant in Bezug auf logische Äquivalenz.

Mit anderen Worten, wenn $X, Y \subset L$ zwei logisch äquivalente Mengen von Aussagen sind, so gilt für jedes der obigen Kohärenzmaße **gcoh**(X) = **gcoh**(Y).

Mit der Definition genuiner Kohärenz liegt damit ein Ansatz zur Bemessung von Kohärenz auf der Grundlage der Wahrscheinlichkeitstheorie vor, der nicht dem Problem der Individuierung von Überzeugungen ausgesetzt ist. Schippers und Schurz (2017) betonen, dass die Idee von genuiner Kohärenz zunächst einmal als Ansatz unabhängig von der genauen Charakterisierung von Gehaltselementen ist. Sollte sich also herausstellen, dass eine andere kanonische Darstellung besser geeignet ist, könnte man den Ansatz entsprechend anpassen. Nichtsdestotrotz lassen sich auch gegen diesen Ansatz Einwände vorbringen. Insbesondere führt er dazu, dass keinerlei kohärenzbasierte Unterscheidungen zwischen verschiedenen inkonsistenten Mengen von Aussagen getroffen werden können, da alle diese Mengen logisch äquivalent sind.

7.2 Kohärenz unter Mengenerweiterung

Wir kommen nun zu einem Kriterium für Kohärenzmaße, das so naheliegend ist, dass es erstaunlich ist, dass bis vor Kurzem niemand gemerkt zu haben scheint, dass es von einem der bekanntesten Kohärenzmaße verletzt wird. Das Kriterium kann als eine Form der *Nicht-Monotonie* von Kohärenz unter Mengenerweiterung aufgefasst werden. Die grundlegende Idee ist dabei, dass die Erweiterung einer Menge X durch eine beliebige Aussage x a priori keinen Aufschluss über den Kohärenzgrad der daraus resultierenden Menge $X' = X \cup \{x\}$ erlaubt; d. h., der Kohärenzgrad der Menge X' kann sowohl identisch zu demjenigen von X sein als auch davon abweichen, und diese Abweichung ist in beide Richtungen möglich. Insbesondere ist es also möglich, dass eine Erweiterung der Menge zu einem *Ansteigen* des Kohärenzgrades führt.[62] Das entsprechende Kriterium, das wir im Folgenden betrachten wollen, lautet:

(NMK) *Nicht-Monotonie von Kohärenz.*

> Es existieren Aussagenmengen $X \in L$ und Wahrscheinlichkeitsverteilungen $P \in \mathbf{P}$ sodass gilt, $X' \subset X$ und $\mathbf{coh}(X', P) < \mathbf{coh}(X, P)$

Zur Illustration kann das bereits in Kapitel 2 besprochene Tweety-Beispiel dienen. Wir waren hier mit einer Situation konfrontiert, in der eine Menge X bestehend aus den folgenden Aussagen x_1 und x_2 einen gewissen Grad von Kohärenz r aufweist:

(x_1)   Tweety ist ein Vogel.
(x_2)   Tweety ist ein Bodenbewohner (*ground dweller*).

Dazu haben wir eine Situation betrachtet, in der diese Menge durch die Aussage x_3 darüber, dass Tweety ein Pinguin ist, ergänzt wurde. Offenbar erhöht sich durch Hinzufügen dieser Aussage zur Menge $X = \{x_1, x_2\}$ der Grad der Kohärenz insofern, als dass eine gewisse Spannung zwischen den Aussagen in X durch Hinzufügen der Information x_3 gelöst wird.

Wie wir auch bereits in Kapitel 2 gesehen haben, konnte dieses Urteil unter einer gegebenen Wahrscheinlichkeitsverteilung (vgl. Tabelle 2.1 auf Seite 40) nicht durch das naive Überlappungsmaß $\mathcal{O}$ angemessen formal repräsentiert werden. Tabelle 7.1 enthält noch einmal das entsprechende Resultat; ergänzt wird dieses allerdings durch die dazugehörigen Werte für alle anderen von uns betrachteten Kohärenzmaße.

Für alle Maße mit Ausnahme des naiven Überlappungsmaßes kann diese Tabelle bereits als Existenzbeweis im Zusammenhang mit dem obigen Kriterium **(NMK)** dienen. Für $\mathcal{O}$ selbst kann man allerdings zeigen, dass dieses Resultat kein Artefakt der gegebenen Wahrscheinlichkeitsverteilung ist, sondern auf einen systematischen Defekt des Maßes hinweist. Wie sich nämlich zeigen lässt, gilt, dass es nicht nur unter der Verteilung Tabelle 2.1 zu keiner Kohärenz-Erhöhung kommt, sondern unter *keiner* möglichen Verteilung. Genauer gilt die folgende Beobachtung:

Beobachtung 7.3. Für alle $X \subset X' \subset L$ und alle Wahrscheinlichkeitsverteilungen $P \in \mathbf{P}$ gilt: $\mathcal{O}(X, P) \geq \mathcal{O}(X', P)$.

---

[62] Dies ist der Kern der von Klein und Warfield (1994) thematisierten Bedingung zur „Kohärenzerhöhung durch Hinzufügen" (vgl. Abschnitt 6.1.2).

Tab. 7.1: Auswertung im Tweety-Fall

Kohärenzmaß	coh(X, P)	coh(X', P)
$\mathcal{D}^r$	−1,398	0,602
$\mathcal{D}^d$	−0,240	0,008
$\mathcal{D}^r_T$	−1,398	−0,048
$\mathcal{D}^d_T$	−0,240	−0,056
$\mathcal{O}$	−0,323	−0,323
$\mathcal{O}_T$	−0,323	−0,318
$\mathcal{C}_\alpha$	−0,480	0,255
$\mathcal{C}_\beta$	−0,960	17,602
$\mathcal{C}_\gamma$	−0,960	0,182
$\mathcal{C}_\delta$	−0,980	n.d.
$\mathcal{C}_\varepsilon$	−0,960	0,343
$\mathcal{C}_\zeta$	−0,980	0,343
$\mathcal{C}_\eta$	−0,960	0,020

Wie man zeigen kann, gilt dies allerdings nur für das naive Überlappungsmaß $\mathcal{O}$, nicht aber für die Teilmengen-sensitive Variante $\mathcal{O}_T$. Wir halten daher zunächst fest:

Beobachtung 7.4. Von allen von uns betrachteten Kohärenzmaßen verletzt lediglich $\mathcal{O}$ das obige Kriterium **(NMK)**.

Was allerdings nicht weiter verwunderlich ist, ist, dass diese Eigenschaft des $\mathcal{O}$-Maßes sehr wohl einen Einfluss auf die Eigenschaften des verfeinerten Überlappungsmaßes $\mathcal{O}_T$ hat. Zwar ist es nach diesem Maß möglich, die Kohärenz einer Menge durch Hinzufügen eines Elementes zu erhöhen, allerdings ergibt sich dennoch ein verwandtes Problem: Es lässt sich zeigen, dass keine Menge kohärenter als ihre kohärenteste Teilmenge mit zwei Elementen ist. Dies lässt sich leicht wie folgt einsehen: Wenn wir eine gegebene drei-elementige Menge $X = \{x_1, x_2, x_3\}$ betrachten, so ergibt sich deren Kohärenzwert nach $\mathcal{O}_T$ als arithmetisches Mittel aller $\mathcal{O}$-Werte der mindestens zwei-elementigen Teilmengen von X, d. h. als arithmetisches Mittel der $\mathcal{O}$-Werte von $\{x_1, x_2\}$, $\{x_2, x_3\}$, $\{x_1, x_3\}$ und $\{x_1, x_2, x_3\}$. Für diese Werte gilt nach Beobachtung 7.3, dass die $\mathcal{O}$-Kohärenzwerte aller zwei-elementigen Teilmengen mindestens genauso groß sind wie derjenige von $\{x_1, x_2, x_3\}$; sei ohne Einschränkung $\{x_1, x_2\}$ die kohärenteste zwei-elementige Teilmenge von X, dann ist jedes arithmetische Mittel der obigen Werte höchstens so groß wie der Kohärenzwert für diese Menge. Dies bedeutet folglich, dass der $\mathcal{O}_T$-Wert von X höchstens so groß sein kann wie derjenige von $\mathcal{O}$. Auch wenn man nun zu X weitere Elemente hinzufügt und den entsprechenden $\mathcal{O}_T$-basierten Kohärenzwert dieser neuen Mengen berechnet, wird er doch immer unterhalb des Kohärenzwertes von $\{x_1, x_2\}$ landen. Somit erhalten wir:

Beobachtung 7.5. Sei $X \subset L$ eine Menge von Aussagen, dann ist $\mathcal{O}_T(X, P)$ für alle $P \in \mathbf{P}$ höchstens so groß wie der größte $\mathcal{O}_T$-Kohärenzwert einer zwei-elementigen Teilmenge von X.

Auch dies ist ein für Kohärenzmaße sehr merkwürdiges Ergebnis. Es scheint daher so zu sein, als hätten Überlappungs-basierte Kohärenzmaße deutliche Probleme bei der angemessenen Modellierung des Kohärenzbegriffs.

7.3 Kohärenz und gemeinsame Ursachen

Im Folgenden werden wir uns mit einer Analyse von Kohärenzmaßen beschäftigen, bei der die Hintergrundannahmen von entscheidender Bedeutung sein werden. Entsprechend sollten wir kurz auf die formale Darstellung der Kohärenzmaße in drei-stelliger Form eingehen, die wir in Kapitel 2 zugunsten der Lesbarkeit vernachlässigt haben. Grundsätzlich hatten wir ein Kohärenzmaß in Abschnitt 1.4 definiert als eine drei-stellige Funktion **coh** : $2^L \times L \times \mathbf{P} \to \mathbb{R}$, die jedem Tripel (X, z, P) bestehend aus einer Menge $X \subset L$ einen Grad der Kohärenz relativ zu einer Hintergrundannahme $z \in L$ und einer Wahrscheinlichkeitsverteilung $P \in \mathbf{P}$ zuordnet. Wenden wir uns nun den einzelnen Maßen zu und beginnen mit dem einfachen Abweichungsmaß $\mathcal{D}^r$. Dieses ist in der drei-stelligen Form wie folgt definiert:

$$\mathcal{D}^r(X, z, P) = \log \left[\frac{P(\bigwedge X|z)}{\prod_{x_i \in X} P(x_i|z)} \right]$$

Das verfeinerte Abweichungsmaß $\mathcal{D}^r_T(X, z, P)$ in der drei-stelligen Form ergibt sich einfach, indem man in der Definition von $\mathcal{D}^r_T$ das zwei-stellige Maß $\mathcal{D}^r$ durch das obige drei-stellige Maß ersetzt. Kommen wir als Nächstes zum einfachen Überlappungsmaß $\mathcal{O}$; die drei-stellige Variante $\mathcal{O}(X, z, p)$ erhält man auch hier, indem man die Wahrscheinlichkeiten durch bedingte Wahrscheinlichkeiten ersetzt. Entsprechend erhalten wir:

$$\mathcal{O}(X, z, P) = \frac{P(\bigwedge X|z)}{P(\bigvee X|z)} - \frac{1}{3}$$

Analog dazu erhält man die Teilmengen-sensitive Variante $\mathcal{O}_T$, indem man das in der Definition verwendete zwei-stellige Maß $\mathcal{O}(X, P)$ durch das drei-stellige $\mathcal{O}(X, z, P)$ ersetzt.

Schließlich benötigen wir noch eine drei-stellige Version der C-Maße. Hierzu ersetzen wir die zuvor verwendeten drei-stelligen Bestätigungsmaße $\mathbf{b}(x, y, P)$ durch vier-stellige Maße $\mathbf{b}(x, y, z, P)$, wobei alle Wahrscheinlichkeiten durch bedingte Wahrscheinlichkeiten ersetzt werden, und bei allen bedingten Wahrscheinlichkeiten z als zusätzliche Bedingung angefügt wird. Zur Illustration diene das einfache Differenzmaß α; in der vier-stelligen Variante ist es wie folgt charakterisiert:

$$\alpha(x, y, z, P) = P(x|y \wedge z) - P(x|z)$$

Entsprechend werden alle anderen Bestätigungsmaße ebenfalls angepasst und sodann ins C-Rezept eingesetzt. Wir erhalten dementsprechend:

$$\mathcal{C}(X, z, P) = (k)^{-1} \cdot \sum_{(X, X') \in [X]} \mathbf{b}\left(\bigwedge X', \bigwedge X'', z\right)$$

Wie man leicht sieht, erhalten wir die obigen zwei-stelligen Kohärenzmaße als Spezialfall für $z = \top$.

Kommen wir nun zum eigentlichen Thema des Abschnitts, nämlich der Frage inwiefern die von uns betrachteten Kohärenzmaße ein unseren Intuitionen entsprechendes Urteil in Fällen abgeben, in denen ein kausales Szenario mit zwei Ereignissen x und y und einer gemeinsamen Ursache z im Vordergrund steht. Solche kausalen Strukturen sind sowohl im Alltag als auch in der Wissenschaft allgegenwärtig. So verursacht beispielsweise das Aufziehen eines Tiefdruckgebiets *sowohl* Änderungen des Barometerstandes als auch Veränderungen des Wetters; starkes Rauchen verursacht *sowohl* Verfärbungen an den Fingern als auch Lungenkrebs. In der Wissenschaftstheorie werden solche Strukturen unter anderem deshalb häufig diskutiert, weil sie Probleme für einige der vorgeschlagenen Explikationen des Kausalbegriffs generieren. So geht beispielsweise die *Regularitätstheorie*, wie sie beispielsweise von Hume (1999) oder Mackie (1965) entwickelt wurden, davon aus, dass sich Kausalität auf Regularitäten, also das regelmäßige Aufeinanderfolgen verschiedener Ereignisse, zurückführen lässt. Kausalstrukturen mit einer gemeinsamen Ursache z zweier Ereignisse x und y führen nun häufig zu Problemen, insofern „leere" Regularitäten auch zwischen x und y bestehen, ohne dass diese jedoch in einem unmittelbaren Kausalverhältnis stehen. So gilt zwar, dass eine Veränderung der Anzeige eines funktionierenden Barometers in der Regel auch mit einer Wetterveränderung einhergeht; trotzdem bedeutet diese Regularität natürlich nicht, dass die Veränderung des Wetters durch den veränderten Barometerstand *verursacht* wird.

Ähnliche Probleme treten auch mit Bezug auf *probabilistische Theorien der Kausalität* auf (vgl. Reichenbach 1956, Suppes 1970). Der gemeinsame Nenner solcher Theorien ist der Versuch, die Verursachungsbeziehung mit Hilfe der Wahrscheinlichkeitstheorie zu explizieren. Sie tun dies ausgehend von der zentralen

Einsicht, dass Ursachen sich dadurch auszeichnen, dass sie die Wahrscheinlichkeit des Auftretens ihrer Wirkungen erhöhen. Nun ist es so, dass Kausalstrukturen mit einer gemeinsamen Ursache z für zwei Ereignisse x und y dadurch ein Problem der Analyse darstellen, dass das Auftreten von x zwar die Wahrscheinlichkeit erhöht, dass y ebenfalls auftritt. Trotzdem liegt hier keine direkte kausale Verbindung zwischen x und y vor.

Bevor wir nun klären, inwiefern Kausalstrukturen dieser Art ebenfalls ein Problem für probabilistische Kohärenzmaße darstellen können, wollen wir zunächst einmal formal eine Kausalstruktur mit gemeinsamer Ursache charakterisieren. Starten wir hierzu mit einer graphischen Repräsentation einer solchen Struktur:

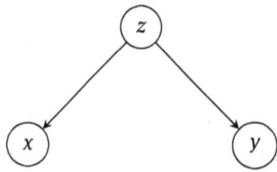

Abb. 7.1: Kausalstruktur mit gemeinsamer Ursache z

Das entsprechende Modell einer solchen Kausalstruktur wird in der Literatur gewöhnlich mit Hilfe der folgenden Bedingungen eingeführt:
1. $P(x|z) > P(x)$ und $P(y|z) > P(y)$
2. $P(x \wedge y) > P(x) \cdot P(y)$
3. $P(x \wedge y|z) = P(x|z) \cdot P(y|z)$

Bedingung 1 beschreibt, dass z kausal relevant für x und für y ist, und damit eine gemeinsame Ursache der beiden Faktoren. Bedingung 2 repräsentiert die Annahme, dass die beiden Wirkungen x und y positiv korreliert sind. Um nun zu verhindern, dass diese Korrelation zwischen x und y ebenfalls kausal interpretiert wird, fügt man die *Abschirmungsbedingung* 3 hinzu, nach der die Korrelation zwischen x und y verschwindet, wenn man die relevanten Wahrscheinlichkeiten auf z konditionalisiert. Äquivalent hierzu sind die beiden Bedingungen $P(x|y \wedge z) = P(x|z)$ und $P(y|x \wedge z) = P(y|z)$, bei denen die Abschirmung deutlicher zu Tage tritt: Unter Voraussetzung der gemeinsamen Ursache z haben x und y keinen weiteren probabilistischen Einfluss aufeinander. Dies trifft beispielsweise auf das obige Barometerbeispiel zu: Auch wenn es eine probabilistische Korrelation zwischen dem sinkenden Barometerstand und dem Wetterumschwung gibt, so hat doch die Information über den Barometerstand keinen wahrscheinlichkeitstheoretischen Einfluss auf das Auftreten des Wetterumschwungs, sofern bereits bekannt ist, dass ein Tiefdruckgebiet aufzieht.

Wenden wir uns nun der Frage zu, welchen Einfluss diese Kausalstrukturen im Hinblick auf die Frage nach der Angemessenheit probabilistischer Kohärenzmaße haben. Beginnen wir konkret mit dem Barometer-Beispiel: Intuitiv sind die Aussagen, dass der Barometerstand fällt (x) und dass sich das Wetter verändert (y) auch ohne weitere Hintergrundannahmen kohärent, d. h. **coh**($\{x, y\}, \top, P$) > 0. Dies liegt einfach daran, dass x und y in der Regel zusammen auftreten. Dieser Grad der Kohärenz verringert sich nun aber nicht dadurch, dass wir weiterhin annehmen, dass die gemeinsame Ursache z instantiiert ist, d. h. auch wenn wir annehmen, dass ein Tiefdruckgebiet aufzieht, bleiben x und y mindestens genauso kohärent wie zuvor, d. h. es sollte gelten, dass **coh**($\{x, y\}, z, P$) ≥ **coh**($\{x, y\}, \top, P$) für alle $P \in \mathbf{P}$. Diese naheliegende Annahme wird allerdings durch alle Kohärenzmaße basierend auf der Idee der inkrementellen Stützung verletzt:

Beobachtung 7.6 (Koscholke und Schippers 2019). Seien $x, y, z \in L$ und $P \in \mathbf{P}$ so gewählt, dass die obigen Bedingungen 1–3 für eine Kausalstruktur mit gemeinsamer Ursache z erfüllt sind, dann gilt **coh**($\{x, y\}, z, P$) = 0 und damit insbesondere **coh**($\{x, y\}, z, P$) < **coh**($\{x, y\}, \top, P$) für alle Maße **coh**, welche die Bedingung **(KIB)** erfüllen.

Dieses Ergebnis ist in zweierlei Hinsicht problematisch. Zum einen beurteilen die betroffenen Maße zwei Aussagen über die Wirkungen einer gemeinsamen Ursache grundsätzlich als weder kohärent noch inkohärent. Einer solchen Beurteilung scheint jedoch die argumentative Grundlage zu fehlen. Intuitiv betrachtet sollten solche Aussagemengen durchaus hochgradig kohärent sein können, wie das oben genannte Beispiel verdeutlicht. Zum anderen beurteilen die genannten Maße in Abwesenheit jeglicher Hintergrundannahmen als durchaus kohärent und damit als weniger kohärent unter der Annahme, dass die gemeinsame Ursache der beiden Wirkungen vorliegt. Auch für diese Beurteilung scheint es keine guten Gründe zu geben. Ganz im Gegenteil: die Hintergrundannahme, dass die Ursache zweier Wirkungen vorliegt, sollte dazu führen können, dass der Grad der Kohärenz der Aussagen über diese Wirkungen steigt oder zumindest gleich bleibt.

Um die Bedeutung dieses Ergebnisses für die entsprechenden Maße zu sehen, betrachten wir folgendes medizinische Beispiel. Versetzen wir uns in eine Zeit zurück, in der die mikrobiologischen Kenntnisse der Medizin noch recht beschränkt sind. Wir beobachten eine Vielzahl von Patientinnen und Patienten mit zwei verschiedenen, jedoch häufig gemeinsam vorzufindenden Symptomen X und Y. Bezeichnen wir nun mit P die Wahrscheinlichkeitsverteilung, die das Vorkommen dieser beiden Symptome repräsentiert und mit x bzw. y die Aussage, dass Symptom X bzw. Symptom Y vorliegt. Intuitiv betrachtet sind die beiden Aussagen zu einem hohen Grad kohärent, da beide Symptome häufig gemeinsam auftreten. Nehmen wir nun an, dass wir zu einem späteren Zeitpunkt, in dem die Möglichkeiten der medizinischen Forschung sehr viel fortgeschrittener sind, durch mikrobiologische Untersuchungen herausfinden, dass die zuvor betrachteten Symptome X und Y eine gemeinsame Ursache, nämlich einen Virus haben. Entsprechend aktualisieren wir die Wahrscheinlichkeitsverteilung P durch Konditionalisierung und nennen diese neue Verteilung P'. Unter dieser neuen Verteilung sollten die Aussagen x und y mindestens so kohärent sein wie unter der alten – idealerweise sogar kohärenter. Denn die aktualisierte Verteilung enthält die Information, dass die entsprechenden Ereignistypen Wirkungen ein und derselben Ursache sind.

Nun lässt sich einwenden, dass das hier vorgestellte Ergebnis ein Artefakt der von uns verwendeten Modellierungsart sein könnte und daher keine genuine Einsicht in einen möglicherweise problematischen Anwendungskontext bietet. Mit anderen Worten, man könnte versuchen zu argumentieren, dass unsere Entscheidung, das Vorliegen einer gemeinsamen Ursache z per Konditionalisierung zu formalisieren, zwar notwendigerweise die angegebenen Konsequenzen nach sich zieht, aber für sich genommen eine illegitime oder zumindest suboptimale Modellierung darstellt. Konsequenterweise müsste man dann eine alternative Modellierung vorstellen und nachweisen, dass sich unter deren Voraussetzung keine derart desaströsen Resultate zeigen.

In dieser Hinsicht könnte man eine weitere, durchaus etablierte Art der formalen Modellierung einer Hintergrundannahme z in Erwägung ziehen, bei der die in Frage stehende Menge $\{x, y\}$ einfach mengentheoretisch um z erweitert wird. Doch auch bei diesem Verfahren lässt sich zeigen, dass es noch plausiblere Fälle von gemeinsamen Ursachen gibt, bei denen es dennoch möglich ist, dass die wie gefordert mengentheoretisch erweiterte Menge *weniger* kohärent ist als die ursprüngliche. Mit plausibleren Fällen sind hier Fälle von gemeinsamen Ursachen gemeint, die zusätzlich die folgenden Bedingungen erfüllen:
4. $P(x|y \wedge z) \geq P(x|y)$ und $P(y|x \wedge z) \geq P(y|x)$

Dass diese Annahme zu plausibleren Fällen gemeinsamer Ursachen führt, lässt sich wie folgt einfach begründen: Stellen wir uns eine Wahrscheinlichkeitsverteilung vor, unter der eine der beiden oder beide Wirkungen unter der Annahme, dass ihre gemeinsame Ursache vorliegt, weniger wahrscheinlich werden, d. h. wir nehmen an, dass wir es mit einer Verteilung P zu tun haben, unter der gilt: $P(x|y \wedge z) < P(x|y)$. Eine solche Wahrscheinlichkeitsverteilung scheint der Idee eines Falls einer gemeinsamen Ursache schlichtweg nicht gerecht zu werden. Ein konkretes Beispiel für einen plausiblen Fall einer gemeinsamen Ursache ist die folgende Wahrscheinlichkeitsverteilung in Tabelle 7.2.

Durch die gegebene Verteilung von Wahrscheinlichkeiten ist einerseits ausgeschlossen, dass die gemeinsame Ursache z auftritt, ohne dass sich ihre Wirkun-

Tab. 7.2: Verteilung die Bedingungen 1–4 erfüllt

x	y	z	P
0	0	0	277/7812
0	0	1	0
0	1	0	1/124
0	1	1	0
1	0	0	1/124
1	0	1	0
1	1	0	23/36
1	1	1	13/42

gen x und y einstellen. Andererseits folgt daraus auch, dass die Wahrscheinlichkeit dafür, dass x unter der Voraussetzung von y und z eintritt, maximal ist und somit keinesfalls kleiner als die entsprechende Wahrscheinlichkeit von x gegeben y sein kann. Nun lässt sich allerdings der folgende Zusammenhang nachweisen: Für nahezu alle Maße gilt unter dieser Verteilung, dass der Kohärenzgrad der Menge $\{x, y, z\}$ im Vergleich zur Menge $\{x, y\}$ geringer ist. Die Ergebnisse für die oben dargestellte Verteilung sind in folgender Tabelle gegeben:

Tab. 7.3: Auswertung der Verteilung in Tabelle 7.2

Kohärenzmaß	$\{x_1, x_2\}$	$\{x_1, x_2, x_3\}$
$\mathcal{D}^r$	0,016	0,039
$\mathcal{D}^d$	0,034	0,026
$\mathcal{D}^r_T$	0,016	0,023
$\mathcal{D}^d_T$	0,034	0,022
$\mathcal{O}$	0,650	−0,012
$\mathcal{O}_T$	0,650	0,155
$\mathcal{C}_\alpha$	0,035	0,031
$\mathcal{C}_\beta$	0,037	0,046
$\mathcal{C}_\gamma$	0,806	0,297
$\mathcal{C}_\delta$	4,351	n.d.
$\mathcal{C}_\varepsilon$	0,806	0,560
$\mathcal{C}_\zeta$	0,990	0,717
$\mathcal{C}_\eta$	0,983	0,434

Es gilt also: unabhängig davon, welche Art der formalen Modellierung wir wählen, relevanz-sensitive Kohärenzmaße verhalten sich in Fällen gemeinsamer Ursachen schlicht inadäquat. Im Gegensatz dazu lässt sich zeigen, dass andere Kohärenzmaße nicht von diesem Problem betroffen sind.

7.4 Kohärenz und Einer-Mengen

In diesem Abschnitt wollen wir uns näher mit einem Grenzfall von Kohärenz beschäftigen. Wir haben in Abschnitt 1.4 Kohärenzmaße als Funktionen definiert, die einer beliebigen, nicht-leeren Menge $X \subset L$ eine reelle Zahl zuordnen, die den Grad der Kohärenz der Menge X repräsentiert. Nun gehen viele Kohärenztheoretiker davon aus, dass eine weitere Einschränkung getroffen werden muss, um Kohärenzmaße sinnvoll anwenden zu können. Gemeint ist hier die Einschränkung des Definitionsbereichs von Kohärenzmaßen auf Mengen von mindestens zwei Aussagen. Denn, so Rescher:

> Coherence is [...] a feature that propositions cannot have in isolation but only in groups, containing several – i.e. at least two – propositions. (Rescher 1973, 32)

Dies deckt sich zunächst mit dem intuitiven Verständnis des Kohärenzbegriffs, bei dem es ja darum geht, wie gut *verschiedene* Aussagen zusammenpassen; bei dieser Umschreibung bleibt es zunächst unklar, was es überhaupt heißen soll zu fragen, wie kohärent die Menge $\{x\}$ ist: Da keine verschiedenen Aussagen vorhanden sind, die hinsichtlich ihres mehr oder weniger guten Zusammenpassens beurteilt werden können, handelt es sich bei der Frage gewissermaßen um einen „Kategorienfehler". Das entsprechende Prinzip, dass Kohärenzmaße ausschließlich bei mindestens zwei-elementigen Mengen Anwendung finden sollten, wird gelegentlich als *Rescher's principle* bezeichnet (vgl. Olsson 2005, 17).

Formal gesehen spricht aber natürlich zunächst nichts dagegen, auch Einer-Mengen im Definitionsbereich von Kohärenzmaßen zuzulassen. Entsprechend hat sich beispielsweise Akiba (2000) im Anschluss an Shogenjis einflussreichen Vorschlag des Abweichungsmaßes $\mathcal{D}^r$ mit der Frage beschäftigt, wie die Selbst-Kohärenz einer Aussage zu beurteilen sei und ob das formale Ergebnis des Abweichungsmaßes intuitiv nachvollziehbar sei. Er schreibt hierzu:

> This brings up another problem, the problem of self-coherence. According to Shogenji's formula, the degree of self-coherence of a single belief is always 1, regardless of its content. But it can't be. There definitely are more self-coherent and less self-coherent beliefs. For instance, the belief that $1 = 1$ if 1 exists or that $x \to x$ for any x is definitely more coherent than the belief that $1 = 2$ or that $x \wedge \overline{x}$. I think that a belief in a necessary truth ought to have the highest degree of self-coherence, and an inconsistent belief the lowest. But Shogenji's formula neglects this fact, that is, the fact that there is a difference in the degrees of self-coherence among single beliefs. The notion of coherence should start with a single belief, not a pair of beliefs. (Akiba 2000, 357, Notation angepasst)

Nach Akiba spricht also nichts dagegen, den Kohärenzbegriff auch bei Einer-Mengen ins Spiel zu bringen. Er schlägt hierzu zunächst nur eine grobe Charakterisierung vor, nach der bei der Selbst-Kohärenz notwendigen Wahrheiten der maximale Kohärenzgrad zuzuweisen sei, und Kontradiktionen der minimale Grad von Kohärenz.

Fitelson (2003) ergänzt diese Charakterisierung dahingehend, dass ausnahmslos *allen* konsistenten Einer-Mengen der maximale Kohärenzgrad zugesprochen werden sollte. Er schreibt hierzu:

> necessary truths should be viewed as more self-coherent than necessary falsehoods [...]. Intuitively, all propositions ‚cohere with themselves' (maximally), except for necessary falsehoods. (Fitelson 2003, 198)

Wir erhalten daher das folgende Adäquatheitskriterium für Kohärenzmaße hinsichtlich der Frage, als wie kohärent eine Einer-Menge zu bewerten sei.

(KEM) *Kohärenz von Einer-Mengen.*
Sei $x \in L$, dann ist $\mathbf{coh}(\{x\}, P)$ maximal für alle $P \in \mathbf{P}$, falls $\not\models \bar{x}$; andernfalls ist $\mathbf{coh}(\{x\}, P)$ minimal für alle $P \in \mathbf{P}$.

Wenden wir uns nun der Auswertung der Maße vor dem Hintergrund der Bedingung **(KEM)** zu, so gibt es zunächst Maße, die ohne weitere Anpassung auch auf Einer-Mengen angewendet werden können. Hierzu zählen die Abweichungsmaße $\mathcal{D}^r$ und $\mathcal{D}^r_T$ (sowie ihre Teilmengen-sensitiven Varianten) sowie die Überlappungsmaße $\mathcal{O}$ und $\mathcal{O}_T$. Für diese Maße erhalten wir die folgenden Ergebnisse:

1. $\mathcal{D}^r(\{x\}, P) = \mathcal{D}^r_T(\{x\}, P) = \log \frac{P(x)}{P(x)} = \begin{cases} 0 & \text{falls } \not\models \bar{x} \\ \text{n.d.} & \text{sonst} \end{cases}$

2. $\mathcal{O}(\{x\}, P) = \mathcal{O}_T(\{x\}, P) = \frac{P(x)}{P(x)} - 1/3 = \begin{cases} 2/3 & \text{falls } \not\models \bar{x} \\ \text{n.d.} & \text{sonst} \end{cases}$

3. $\mathcal{D}^d(\{x\}, P) = \mathcal{D}^d_T(\{x\}, P) = 0$

Offenbar erfüllt keines der Maße in der gegebenen Form das Einer-Mengen-Kriterium **(KEM)**, allerdings aus unterschiedlichen Gründen. Während die Abweichungsmaße allen konsistenten Einer-Mengen den neutralen Kohärenzwert zuweisen und schon allein dadurch das Kriterium verletzen, erfüllen die Überlappungsmaße zumindest diesen Teil von **(KEM)**; allerdings sind sie nicht definiert für inkonsistente Einer-Mengen, was dazu führt, dass auch sie in der gegebenen Form das Kriterium verletzen.

Eine einfache Anpassung der Überlappungsmaße würde hier allerdings leicht Abhilfe schaffen können. Wir könnten beide Maße nach folgendem Schema anpassen:

$$\mathbf{coh}'(X, P) = \begin{cases} \mathbf{coh}(X, P) & \text{falls } \mathbf{coh}(X, P) \text{ definiert ist} \\ -1/3 & \text{sonst} \end{cases}$$

Damit wäre für beide Maße garantiert, dass konsistente Einer-Mengen als maximal kohärent bewertet werden, während inkonsistente Einer-Mengen maximal inkohärent sind.

Wenden wir uns nun den $\mathcal{C}$-Maßen zu. Hier entsteht zunächst das Problem, dass nicht ganz klar ist, wie diese Maße anzuwenden sind. Der gemeinsame Nenner aller $\mathcal{C}$-Maße ist die Idee der *wechselseitigen* Stützung, und da im Falle von Einer-Mengen nur eine Aussage vorhanden ist, scheint die Grundidee nicht anwendbar zu sein. Auch formal gibt es Schwierigkeiten, da die zugrundeliegende Menge der Paare aller nicht-leeren, nicht-überlappenden Teilmengen einer Einer-Menge leer ist. Fitelson (2003) hat den folgenden Ausweg vorgeschlagen: Im Falle einer Einer-Menge $\{x\}$ setzen wir fest:

$$\mathcal{C}_{\mathbf{b}}(\{x\}, P) = \mathbf{b}(x, x, P)$$

Diese Festsetzung ermöglicht es sämtliche der obigen $\mathcal{C}$-Maße auch auf Einer-Mengen anzuwenden. Wie sich leicht zeigen lässt, ist keines der $\mathcal{C}$-Maße basierend auf den obigen Stützungsmaßen für den Fall inkonsistenter Einer-Mengen definiert. Wir nehmen deshalb zunächst eine Anpassung der Maße vor. Hierbei verwenden wir ein der Literatur entnommenes Schema (vgl. Fitelson 2003, Roche 2013), wobei $\min_{\mathbf{b}}$ das jeweilige Minimum (bzw. Infimum) der entsprechenden Maße ist und $\max_{\mathbf{b}}$ das entsprechende Maximum (bzw. Supremum).

$$\mathbf{b}'(x, x, P) = \begin{cases} \max_{\mathbf{b}} & \text{falls } x \in L \text{ und } \vDash x \\ \mathbf{b}(x, x, P) & \text{falls } x \in L_c \\ \min_{\mathbf{b}} & \text{falls } x \in L \text{ und } \vDash \overline{x} \end{cases}$$

Mit Hilfe dieser Anpassung wenden wir uns nun den einzelnen Maßen zu. Beginnen wir mit den Maßen α und β, so stellen wir fest, dass sie das Kriterium **(KEM)** trotz der vorherigen Anpassung verletzen. Beide Maße beurteilen zwar aufgrund der Anpassung notwendigerweise wahre Aussage als maximal kohärent und notwendigerweise falsche Aussagen als maximal inkohärent. Allerdings weisen sie kontingenten Aussagen einen Grad der Kohärenz in Abhängigkeit von der Ausgangswahrscheinlichkeit der jeweiligen Aussage zu, d. h. wir erhalten:

1. $\mathcal{C}_{\alpha}(\{x\}, P) = 1 - P(x)$ für alle $x \in L_c$
2. $\mathcal{C}_{\beta}(\{x\}, P) = P(x)^{-1} - 1$ für alle $x \in L_c$

Diese Abhängigkeit des Kohärenzgrades kontingenter Aussagen von deren Ausgangswahrscheinlichkeit ist in unseren Augen hochgradig kontraintuitiv. Sie hätte zur Folge, dass die Aussage „Der Würfel landet auf der 2" unterschiedliche Grade von Selbst-Kohärenz hätte, je nachdem, ob es sich um ein Hexaeder oder ein Dodekaeder handelt.

Als Nächstes wenden wir uns den Maßen zu, die einen Vergleich zwischen $P(x|y)$ und $P(x|\bar{y})$ ins Zentrum der Berechnung stellen, d. h. $\mathcal{C}_\gamma$, $\mathcal{C}_\delta$ und $\mathcal{C}_\zeta$. Diese Maße sind zunächst offenbar weder für inkonsistente Einer-Mengen noch für tautologische Einer-Mengen definiert und verletzen daher **(KEM)**. Passt man sie nun nach obigem Schema an, so ist das resultierende Urteil hinsichtlich der Erfüllung von **(KEM)** nur noch abhängig von der Frage, wie sie mit kontingenten Einer-Mengen umgehen. Hier stehen $\mathcal{C}_\gamma$ und $\mathcal{C}_\zeta$ besser da als $\mathcal{C}_\delta$, denn:

3. $\mathcal{C}_\gamma(\{x\}, P) = 1 = \max_\gamma$ für alle $x \in L_c$
4. $\mathcal{C}_\delta(\{x\}, P) =$ n.d. für alle $x \in L_c$
5. $\mathcal{C}_\zeta(\{x\}, P) = 1 = \max_\zeta$ für alle $x \in L_c$

Während also $\mathcal{C}_\gamma$ und $\mathcal{C}_\zeta$ nach der Anpassung **(KEM)** erfüllen, ist $\mathcal{C}_\delta$ nach wie vor nicht definiert für kontingente Einer-Mengen und verletzt daher weiterhin **(KEM)**.

Nun verbleiben noch ε sowie das Maß η der absoluten Bestätigung. Beide sind aufgrund ihrer funktionalen Abhängigkeit von $P(x|x)$ zunächst nicht für inkonsistente Einer-Mengen definiert, lassen sich aber nach obigem Schema anpassen. Im Anschluss an diese Anpassung erfüllen beide Maße das geforderte Kriterium, denn es gilt:

6. $\mathcal{C}_\varepsilon(\{x\}, P) = 1 = \max_\varepsilon$ für alle $x \in L_c$
7. $\mathcal{C}_\eta(\{x\}, P) = 1 = \max_\eta$ für alle $x \in L_c$

Es lässt sich somit insgesamt feststellen, dass zwar keines der Maße in der gegebenen Form das Kriterium **(KEM)** erfüllt, was insbesondere an der Auswertung inkonsistenter Einer-Mengen liegt; dass aber die meisten Maße durch die obige Anpassung zu einem zufriedenstellenden Ergebnis in der Bewertung von Einer-Mengen gebracht werden können. Dies deckt sich mit den entsprechenden Ergebnissen der Anpassungen in Abschnitt 6.3.

7.5 Kohärenzerhaltung

Ein weiterer Einwand, der sich gegen eine Vielzahl prominenter Kohärenzmaße richtet, wurde von Kuan (2015) formuliert. Dieser Einwand basiert auf der Forderung einer Eigenschaft für Kohärenzmaße, die Kuan *Kohärenzerhaltung* nennt. Als Ausgangspunkt dieser Eigenschaft kann die besonders von Douven und Meijs (2007) hervorgehobene Sichtweise betrachtet werden, dass Kohärenz als gegenseitige Stützung verstanden werden kann. Entsprechend schreibt Kuan:

> It is generally accepted that coherence is the *mutual support* between the elements of a set. If every element in a set supports some other elements in the set, the set should be regarded

as highly coherent. It is then natural to think that for any set of propositions, if extended with a proposition which confirms every element of that set, the degree of coherence of the new set should be greater than, or at least equal to the coherence of the original set. In other words, the degree of coherence of a set should be *preserved* when the set is confirmed. We call this requirement *coherence preservation*. (Kuan 2015, 56)

Akzeptieren wir also die Sichtweise, dass eine Menge von Aussagen, die sich gegenseitig stützen, hochgradig kohärent sein sollte, ist auch die Sichtweise nicht unplausibel, dass eine Erweiterung einer beliebigen Aussagenmenge um eine Aussage, die alle Aussagen der Menge stützt, kohärenter oder mindestens so kohärent sein sollte wie die ursprüngliche Menge. In einer präzisen, formalen Fassung lautet die geforderte Eigenschaft dementsprechend:

(KEH) *Kohärenzerhaltung.*

Sei X eine Aussagenmenge unter einer Wahrscheinlichkeitsverteilung P. Wenn für alle Aussagen $x_i \in X$ und $x_j \notin X$ gilt $P(x_i|x_j) > P(x_i)$, dann gilt **coh**$(X \cup \{x_j\}, P) \geq$ **coh**(X, P).

Diese Bedingung mag auf den ersten Blick plausibel wirken. Doch wie Kuan zeigt, verletzen alle bisher in der Kohärenzliteratur betrachteten Maße diese Forderung:

Beobachtung 7.7. Keines der diskutierten Maße ist kohärenzerhaltend im Sinne der Bedingung **(KEH)**.

Diese Beobachtung lässt sich durch die Angabe eines einfachen Gegenbeispiels in Form einer Wahrscheinlichkeitsverteilung beweisen. Kuan führt folgende Verteilung an:

Tab. 7.4: Kuans Verteilung

x_1	x_2	x_3	P
0	0	0	45/100
0	0	1	5/100
0	1	0	11/100
0	1	1	9/100
1	0	0	11/100
1	0	1	9/100
1	1	0	9/100
1	1	1	1/100

Wie sich leicht berechnen lässt, ergibt sich unter dieser Verteilung für die betroffenen Maße: **coh**$(\{x_1, x_2\}, P) >$ **coh**$(\{x_1, x_2, x_3\}, P)$. Obwohl unter dieser Verteilung die Aussage x_3 die Aussagen x_1 und x_2 stützt, führt eine Erweiterung der Menge

$\{x_1, x_2\}$ um die Aussage x_3 zu keiner Erhöhung oder Erhaltung des Kohärenzgrades der Menge sondern zu einer Verringerung.

Für Kuan stellen diese Ergebnisse eine ernstzunehmende Bedrohung für probabilistische Kohärenzmaße dar und tatsächlich handelt es sich um ein interessantes Ergebnis. Doch das Ergebnis bedarf einiger Erläuterungen. Zunächst sei angemerkt, dass das Ergebnis für das Glass-Olsson Maß wenig überraschend ist, da für dieses Maß für beliebige Wahrscheinlichkeitsverteilungen und nicht nur für die von Kuan angenommenen gilt, dass der Kohärenzgrad einer Menge bei Erweiterung nicht steigen und in bestimmten Fällen nicht einmal gleich bleiben kann (vgl. Koscholke und Schippers 2016). Zum anderen ist bekannt, dass die probabilistische Abhängigkeit einer Menge von Aussagen durchaus von den probabilistischen Abhängigkeiten aller Teilmengen abweichen kann (vgl. Pfeiffer 1990). Dementsprechend ist es kaum überraschend, dass es eine Wahrscheinlichkeitsverteilung gibt, unter der Shogenjis Kohärenzmaß der erweiterten Menge einen geringeren Kohärenzgrad zuordnet als der ursprünglichen Menge. Desweiteren scheint Kuans Stützungsannahme zu schwach. Kuan setzt lediglich voraus, dass die zu einer Aussagenmenge hinzugefügte Aussage x_3 die bereits in der Menge enthaltenen Aussagen x_1 und x_2 stützen soll. Dies lässt jedoch zahlreiche andere Beziehungen außer Acht, die in der Berechnung der meisten Kohärenzmaße berücksichtigt werden. Nutzen wir Douven und Meijs' Ansatz der durchschnittlichen gegenseitigen Stützung, so ergeben sich bei $n = 3$ Aussagen $m = (3^3 - 2^{3+1}) + 1 = 12$ Stützungsbeziehungen, die zur Berechnung des Kohärenzgrades in Betracht genommen werden. Kuans Annahme fordert lediglich, dass 2 dieser 12 Beziehungen einen hohen Grad an Stützung aufweisen sollen, damit der Kohärenzgrad der erweiterten Menge steigt. Diese zwei Beziehungen sind in Abbildung 7.2 als gepunktete Linien im Gegensatz zu den restlichen Beziehungen durchgezogenen Linien dargestellt.

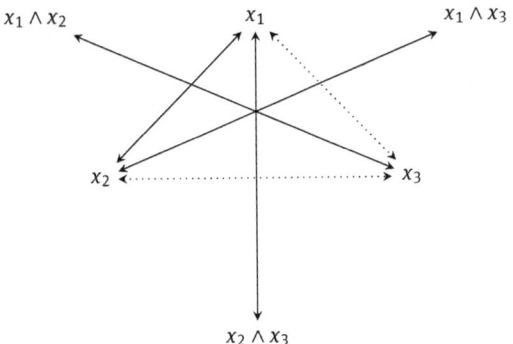

Abb. 7.2: Stützungsbeziehungen in Kuans Gegenbeispiel

Damit gibt es allerdings noch 10 Beziehungen, die den Kohärenzgrad sinken lassen können. Dementsprechend ist es kaum verwunderlich, dass Kuan eine Wahrscheinlichkeitsverteilung findet, unter der genau dies der Fall ist.

Ähnlich verhält es sich bei Schupbachs und Meijs' Ansätzen. Hierbei werden für eine gegebene Aussagenmenge jedoch nicht die Stützungsbeziehungen zwischen allen Aussagen betrachtet, sondern die Kohärenzgrade bestimmter Teilmengen der Aussagenmenge. Die Potenzmenge, also die Menge aller Teilmengen einer Aussagenmenge bestehend aus drei Aussagen lässt sich in einem sogenannten Hasse-Diagramm darstellen (vgl. Hasse 1952):

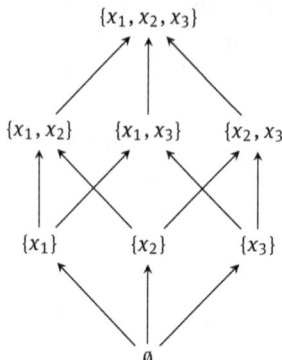

Abb. 7.3: Hasse-Diagramm für Menge mit 3 Aussagen

Da die Ansätze von Schupbach und Meijs' sich auf Teilmengen mit mindestens zwei Elementen beziehen, ergeben sich für $n = 3$ Aussagen $m = (2^n - n) - 1 = 4$ Werte, die den Kohärenzgrad beeinflussen können. Diese Werte gehören zu den oberen vier Mengen im Diagramm. Kuan berücksichtigt jedoch nur zwei dieser Mengen, und zwar für die Mengen $\{x_1, x_3\}$ und $\{x_2, x_3\}$. Auch hier besteht also noch ausreichend Spielraum für ein Sinken des Kohärenzgrades.

Nichtsdestotrotz könnte es sein, dass die dem Beispiel zugrundeliegende Intuition so basal ist, dass das Resultat als ernstzunehmender Einwand gegen alle existierenden Kohärenzmaße zu betrachten ist. Dass dies jedoch nicht der Fall ist, könnte man wie folgt zu begründen versuchen: Einerseits gibt es in der Debatte über probabilistische Bestätigungsmaße sehr aufschlussreiche Artikel zu einem verwandten Problem, bei dem eine Evidenz zwei unterminierte Hypothesen zwar für sich genommen unterminiert, deren Konjunktion aber bestätigt (vgl. Atkinson et al. 2009). Entsprechend lassen sich auch Fälle konstruieren, in denen die Evidenz zwar zwei Hypothesen bestätigt, deren Konjunktion aber unterminiert, sodass sich ernsthaft in Zweifel ziehen lässt, ob die Evidenz tatsächlich mit den Hypothesen zusammenpasst. Kuan müsste auf der Grundlage seines Kriteriums dafür argumentieren, dass es allein auf die Bestätigung auf der Ebene der einzelnen Hypothesen ankommt; uns scheint es demgegenüber sehr viel plausibler, beide Aspekte zu berücksichtigen. Es mag Fälle geben, in denen beispielsweise die einzelnen Hypothesen sehr stark bestätigt werden, während ihre Konjunktion nur schwach unterminiert wird. In diesem Fall scheint die Evidenz insgesamt zu einem gewissen Grad mit den Hypothesen zusammen zu passen; auf der anderen Seite gibt es aber auch Fälle, in denen zwei Hypothesen zwar geringfügig bestätigt werden, ihre Konjunktion aber zu einem hohen Grad unterminiert wird. Hier scheint es sehr viel problematischer, automatisch von Kohärenz zwischen der Evidenz und den Hypothesen zu sprechen.

Darüber hinaus könnten wir uns zur Einordnung des Kuanschen Resultats ein Modell von Kohärenz ansehen, das dem Kriterium **(KEH)** sehr viel näher kommt als das allgemeine Rezept zur Konstruktion von stützungsbasierten Kohärenzmaßen; ein solches Modell ist beispielsweise durch eine Abwandlung des von Douven und Meijs vorgeschlagenen Ansatzes zu erhalten. In diesem vereinfachten Kohärenzmodell aggregieren wir nun nicht mehr die wechselseitigen Bestätigungsgrade aller Paare nicht-leerer, nicht-überlappender Teilmengen, sondern betrachten lediglich alle Paare von Elementen der gegebenen Menge. Sei $X = \{x_1, \ldots, x_n\}$ eine solche Menge, so wäre ein entsprechendes Kohärenzmaß wie folgt definiert:

$$\mathcal{C}^*(X) = \frac{1}{n^2 - n} \sum_{1 \leq i \neq j \leq n} \mathbf{b}(x_i, x_j)$$

Betrachten wir nun den Übergang von einer zwei-elementigen Menge $\{x_1, x_2\}$ zur drei-elementigen Menge $\{x_1, x_2, x_3\}$, wobei x_3 sowohl x_1 als auch x_2 bestätigt, so sieht man recht schnell, dass selbst dieses vereinfachte Modell die Forderung Kuans nicht erfüllt. Für das gegebene Beispiel von drei Aussagen würden wir entsprechend die folgende Berechnung für den Kohärenzwert erhalten:

$$\frac{\mathbf{b}(x_1, x_2) + \mathbf{b}(x_2, x_1) + \mathbf{b}(x_1, x_3) + \mathbf{b}(x_3, x_1) + \mathbf{b}(x_2, x_3) + \mathbf{b}(x_3, x_2)}{6} \quad (7.1)$$

Obwohl neben den ursprünglichen Bestätigungswerten $\mathbf{b}(x_1, x_2)$ und $\mathbf{b}(x_2, x_1)$ lediglich Werte eine Rolle spielen, die unmittelbar die in **(KEH)** genannten Paare von Aussagen betreffen, so ist festzustellen, dass die dortige Annahme lediglich eine qualitative Aussage über diese Werte macht. Zwar ist bekannt, dass alle vier verbleibenden Bestätigungswerte $\mathbf{b}(x_1, x_3)$, $\mathbf{b}(x_3, x_1)$, $\mathbf{b}(x_2, x_3)$ und $\mathbf{b}(x_3, x_2)$ positiv sind, allerdings ist weder eine Aussage über die Höhe der jeweiligen Bestätigungsgrade enthalten, noch darüber, in welchem Verhältnis diese zu den anderen beiden Bestätigungsgraden zwischen x_1 und x_2 stehen. Somit kann es selbst in diesem vereinfachten Modell der Fall sein, dass x_3 zwar sowohl x_1 als auch x_2 bestätigt, die jeweiligen Grade der Bestätigung aber geringer sind als diejenigen zwischen x_1 und x_2, sodass selbst hier der Kohärenzwert der erweiterten Menge $\{x_1, x_2, x_3\}$ unterhalb von demjenigen der Ausgangsmenge $\{x_1, x_2\}$ liegen kann.

Es lässt sich also festhalten, dass Kuans Ergebnis einen interessanten Beitrag zur Debatte um probabilistische Kohärenzmaße darstellt. Seine Schlussfolgerungen bezüglich der Inadäquatheit existierender Kohärenzmaße sind jedoch voreilig.

7.6 Kohärenz und Erklärung

Wir haben an mehreren Stellen in der Einleitung auf den engen Zusammenhang zwischen dem Begriff der Erklärung und demjenigen der Kohärenz hingewiesen. Es mag dem ein oder anderen Leser dementsprechend aufgefallen sein, dass dieser bisher in unseren formalen Modellierungen keine Rolle gespielt zu haben scheint. Die Kohärenzmaße integrieren lediglich die unterschiedlichen wahrscheinlichkeitstheoretischen Beziehungen zwischen den einzelnen Elementen der Aussagenmenge und scheinen keinerlei Rücksicht auf erklärungstheoretische Zusammenhänge zu nehmen. Hinzu kommt, dass es in der Debatte um die formale Explikation des Begriffs der Erklärung fast schon zu einem Gemeinplatz geworden ist, dass dieser sich nicht auf der Grundlage der Wahrscheinlichkeitstheorie charakterisieren lässt. So haben Carl Gustav Hempel (1965) und Wesley C. Salmon (1970) wahrscheinlichkeitstheoretische Analysen vorgelegt, die versuchen den Begriff der Erklärung entweder auf der Grundlage des Begriffs der absoluten Stützung (Hempel) oder auf dem der inkrementellen Stützung (Salmon) zu charakterisieren. Beide Versuche gelten heute aufgrund der zahlreichen Gegenbeispiele, in denen intuitiv zwar eine Erklärung vorliegt, diese aber nicht die jeweils geforderte probabilistische Struktur aufweist, als gescheitert. Auch alternative Versuche, ein formales Modell der Erklärung auf der Grundlage der Wahrscheinlichkeitstheorie aufzustellen, scheinen von vornherein zum Scheitern verurteilt, da der Begriff der Erklärung hyper-intensional ist, während derjenige der Wahrscheinlichkeit lediglich intensional ist. Dies bedeutet, dass logisch äquivalente Aussagen zwar immer die gleiche Wahrscheinlichkeit haben, nicht aber automatisch auch immer dieselbe Erklärungskraft.

Diese Erkenntnis nimmt Siebel (2005, 2011) als Ausgangspunkt seines Angriffs auf probabilistische Kohärenzmaße. Die Grundidee seines Arguments lässt sich dabei wie folgt zusammenfassen: Wenn zum einen der Begriff der Erklärung nicht befriedigend wahrscheinlichkeitstheoretisch expliziert werden kann, und zum anderen der Begriff der Kohärenz entscheidend auf demjenigen der Erklärung basiert, dann lässt sich auch der Begriff der Kohärenz nicht auf der Grundlage der Wahrscheinlichkeitstheorie explizieren:

> If probabilistic accounts cannot cope with explanation, they will hardly be able to deal with coherence because, as BonJour (1985) and many others have pointed out, coherence is a function of explanation. Among other things, explanatory relations between the elements of a system increase its coherence. [...] That is, in order to gain control over *coherence* with purely probabilistic means, it is required that *explanation* be captured solely in terms of probability. Since the latter is impossible, there is also no hope for the former. (Siebel 2011, 266)

Zur Illustration verwendet Siebel das folgende Beispiel, in welchem verschiedene Hypothesen als Erklärung für einen fallenden Barometerstand (y) herangezogen werden:

(x_1) Mein Barometer ist einem fallenden Luftdruck ausgesetzt; und in Fällen, in denen ein Barometer einem fallenden Luftdruck ausgesetzt ist, sinkt der Barometerstand.

(x_2) Der Barometerstand sinkt; und mein Barometer ist einem fallenden Luftdruck ausgesetzt oder der Barometerstand sinkt nicht; und in Fällen, in denen ein Barometer einem fallenden Luftdruck ausgesetzt ist, sinkt der Barometerstand.

Wie man leicht überprüft, sind die Hypothesen h_1 und h_2 logisch äquivalent und haben damit ein identisches Wahrscheinlichkeitsprofil; das heißt, alle Wahrscheinlichkeiten, in denen x_1 auftaucht, sind identisch zu den entsprechenden Wahrscheinlichkeiten, in denen x_1 durch x_2 ersetzt wurde. Nichtsdestotrotz haben die Hypothesen eine unterschiedliche Erklärungskraft, denn während x_1 den fallenden Barometerstand (y) erklärt, kann x_2 nicht als Erklärung für y angesehen werden, da sie y selbst an entscheidender Stelle als Konjunkt enthält. Da nichts durch sich selbst erklärt werden kann, und die anderen Bestandteile von x_2 nicht als Erklärung von y taugen, kann x_2 nicht als Erklärung angesehen werden.

Bis hierher handelt es sich lediglich um eine Rekapitulation des klassischen Arguments gegen die wahrscheinlichkeitstheoretische Analyse des Erklärungsbegriffs. Nun behauptet Siebel allerdings darüber hinaus, dass dieses Problem unmittelbar Konsequenzen für probabilistische Kohärenzmaße hat. Denn, so Siebel, es ist nicht nur so, dass x_1 die Evidenz y erklärt, während x_2 dies nicht tut; darüber hinaus ist es aufgrund dieses Unterschieds auch so, dass die Menge $\{x_1, y\}$ kohärenter ist als die Menge $\{x_2, y\}$.[63] Aufgrund der identischen Wahrscheinlich-

---

[63] Genau genommen legt sich Siebel auf eine geringfügig andere These fest: Wenn in einer Situation mit zwei Hypothesen x_1 und x_2 und zwei Evidenzen y_1 und y_2 die erste Hypothese beide

keitsprofile lässt sich allerdings leicht nachweisen, dass *alle* von uns betrachteten probabilistischen Kohärenzmaße beiden Mengen einen identischen Grad der Kohärenz zuweisen. Dies, so Siebel, zeigt, dass probabilistische Kohärenzmaße kein adäquates Modell zur Explikation von Kohärenz darstellen.

Wir werden im Folgenden davon ausgehen, dass die klassischen Einwände gegen eine wahrscheinlichkeitstheoretische Analyse des Erklärungsbegriffs stichhaltig sind und argumentieren, dass es nichtsdestotrotz möglich ist, den Begriff der Kohärenz auf der Grundlage der Wahrscheinlichkeitstheorie zu analysieren. Unser Vorgehen wird dabei folgendermaßen sein: Zunächst werden wir das Argument von Siebel genauer unter die Lupe nehmen und versuchen zu zeigen, dass es hinsichtlich seiner Implikationen für probabilistische Analysen des Kohärenzbegriffs keinesfalls so eindeutig ist, wie es zunächst den Anschein haben mag. In einem zweiten Schritt werden wir unter Rückgriff auf einige neuere Resultate in der Debatte über Erklärungsstärken und deren formale Rekonstruktion zu zeigen versuchen, dass selbst wenn wir davon ausgehen, dass die zuvor in Zweifel gezogenen Implikationen bestehen, diese doch keineswegs so verheerend sind wie von Siebel behauptet. Dieses zweite Argument beruht auf der Idee, dass es für die Möglichkeit einer probabilistischen Analyse von Kohärenz keinesfalls erforderlich ist, dass der Begriff der Erklärung wahrscheinlichkeitstheoretisch gefasst werden kann, sondern lediglich der Begriff der Erklärungsstärke einer solchen Analyse zugänglich sein muss.[64]

Beginnen wir zunächst damit, uns das Argument noch einmal genauer anzusehen. Involviert sind zwei Hypothesen x_1 und x_2, die eine Evidenz y zwar beide deduktiv implizieren, wobei x_1 y darüber hinaus auch noch erklärt, während x_2 dies nicht tut. In Siebels Augen scheint es nun so zu sein, dass dadurch ein Unterschied im Grad der Kohärenz der Mengen $\{x_1, y\}$ und $\{x_2, y\}$ entsteht, dass im einen Fall zwischen x_1 und y *zwei* Kohärenz-fördernde Beziehungen bestehen, nämlich die der Ableitbarkeit und die der Erklärung, während im anderen Fall zwischen x_2 und y lediglich eine dieser beiden Beziehungen besteht, nämlich die der Ableitbarkeit.

Es lässt sich allerdings auch eine andere Interpretation der Situation finden, die in unseren Augen sehr viel plausibler ist (vgl. Roche und Schippers 2013, 824f.). Gemäß dieser Interpretation gibt es keinen Unterschied in der Anzahl der Kohärenz-fördernden Beziehungen, wohl aber in ihrer Art. In beiden Fälle ist demgemäß *eine* Kohärenz-fördernde, deduktive Beziehung vorhanden; nur ist

---

Evidenzen zu erklären vermag, während x_2 lediglich y_1 erklärt, so ist *ceteris paribus* die Menge $\{x_1, y_1, y_2\}$ kohärenter als die Menge $\{x_2, y_1, y_2\}$. Im persönlichen Gespräch hat Siebel allerdings mitgeteilt, dass er unser obiges verändertes Beispiel ebenfalls akzeptiert.

64 Die Überlegungen in diesem Kapitel basieren auf Roche und Schippers (2013).

diese im ersten Fall erklärend, während sie im zweiten Fall nicht-erklärend ist. Siebels Schlussfolgerung bezüglich des dadurch bedingten Unterschieds im Grad der Kohärenz der Mengen $\{x_1, y\}$ und $\{x_2, y\}$ lässt sich nun nur Aufrecht erhalten, wenn man davon ausgeht, dass eine erklärende, deduktive Beziehung *stärker* Kohärenz-fördernd ist als eine nicht-erklärende. Dies scheint uns nicht der Fall zu sein und auch in der Literatur finden wir keine Anhaltspunkte dafür, dass Vertreter einer Kohärenztheorie der Rechtfertigung einer solchen Ansicht sind. So schreibt beispielsweise BonJour:

> As I have already suggested by mentioning the ideal of unified science, the coherence of a system of beliefs is enhanced by the presence of explanatory relations among its members. Indeed, if we accept something like the familiar Hempelian account of explanation, this claim is to some extent a corollary of what has already been said. According to that account, particular facts are explained by appeal to other facts and general laws from which a statement of the explanandum fact may be deductively or probabilistically inferred; and lower-level laws and theories are explained in an analogous fashion by showing them to be deducible from more general laws and theories. Thus the presence of relations of explanation within a system of beliefs enhances the inferential interconnectedness of the system simply because explanatory relations *are* one species of inference relations. (BonJour 1985, 98ff.)

In dieser Passage ist unter anderem die Rede von Erklärungsbeziehungen im Sinne des Hempelschen deduktiv-nomologischen Modells der Erklärung, nach dem sich Erklärungen dadurch auszeichnen, dass sie deduktiv aus einer Menge von Tatsachen und allgemeinen Gesetzen abgeleitet werden können. Mit Bezug auf ein solches Erklärungsmodell schreibt BonJour, dass diese die Kohärenz einer Menge erhöhen, da sie eine Art von inferentieller Beziehung sind. Er schreibt nicht, dass eine Erklärung im Sinne der Hempelschen Theorie zweifach die Kohärenz einer Menge erhöht, einerseits dadurch, dass in einem solchen Fall eine deduktiv inferentielle Beziehung vorliegt und andererseits darüber hinaus eine erklärende inferentielle Beziehung.

Wir schließen daraus, dass wir mit unserer alternativen Interpretation der von Siebel geschilderten Situation nicht alleine stehen. Wenn es also so zu sein scheint, dass in beiden oben betrachteten Menge jeweils *eine* Kohärenz-fördernde Beziehung vorhanden ist, und diese mag erklärend oder nicht-erklärend sein, und es darüber hinaus aber keine Indizien dafür gibt, dass eine erklärende deduktive Beziehung stärker Kohärenz-fördernd ist als eine nicht-erklärende deduktive Beziehung, so folgern wir, dass es auch keinen Grund gibt, davon auszugehen, dass die beiden betrachteten Mengen einen unterschiedlichen Grad von Kohärenz aufweisen.

Siebel bringt noch ein weiteres Argument gegen probabilistische Kohärenzmaße in Stellung, das auf der folgenden ceteris paribus-Bedingung beruht: Nehmen wir an, dass wir im Gegensatz zur vorherigen Situation nun nicht zwei, sondern nur noch eine Hypothese x haben, die zwei Evidenzen y_1 und y_2 zwar erklärt, aber y_1 besser erklärt als y_2, so sollte die Menge $\{x, y_1\}$ *ceteris paribus* kohärenter sein als die Menge $\{x, y_2\}$. Zunächst scheint diese Bedingung unzweifelhaft wahr zu sein; wenn nicht nur die Tatsache, dass eine Erklärungsbeziehung vorliegt, Kohärenz-fördernd ist, sondern auch deren Grad unmittelbar einen Einfluss auf den Grad der Kohärenz der Menge hat, so sollte es natürlich der Fall sein, dass die erste Menge kohärenter ist als die zweite. Dies würde allerdings nur dann zu einem Problem für Kohärenzmaße, wenn wir davon ausgehen können, dass beide Mengen darüber hinaus in ihren Kohärenz-Profilen übereinstimmen; mit anderen Worten, es müsste der Fall sein, dass die Hypothese x die Evidenz y_1 besser erklärt als y_2, die entsprechenden Wahrscheinlichkeiten aber in beiden Mengen identisch sind.

Es gibt gute Gründe dafür anzunehmen, dass eine solche Situation nicht möglich ist. Diese basieren auf einigen in den letzten Jahren angestellten Überlegungen zur Bemessung von Erklärungsstärken unter Rückgriff auf die Wahrscheinlichkeitstheorie, wie sie beispielsweise von Schupbach und Sprenger (2011) sowie von Crupi und Tentori (2012) vorgestellt wurden. Diese Ansätze gehen davon aus, dass es zwar vermutlich nicht möglich ist, den Begriff der Erklärung wahrscheinlichkeitstheoretisch zu explizieren, sehr wohl aber denjenigen der Erklärungs*stärke*. Wir können also in einer gegebenen Situation mit einem Wahrscheinlichkeitsprofil anhand dieses Profils nicht klären, ob eine Erklärung vorliegt oder nicht; wenn wir aber wissen, dass in der Situation eine Erklärung vorliegt, dann können wir auf der Grundlage des Wahrscheinlichkeitsprofils sehr wohl klären, welche Erklärungsstärke die gegebene Erklärung besitzt. In der Literatur finden sich nun verschiedene probabilistische Maße zur Explikation des Begriffs der Erklärungsstärke; allen Ansätzen ist gemeinsam, dass die vorgeschlagenen Maße wahrscheinlichkeitstheoretisch fundiert sind und allen Situation mit identischen Wahrscheinlichkeitsprofilen dieselbe Erklärungsstärke zuordnen. Entsprechend ist eine Situation im Sinne Siebels, bei der trotz identischer Wahrscheinlichkeitsprofile *unterschiedliche* Erklärungsstärken vorliegen, im Rahmen dieser Analysen nicht möglich.

Darüber hinaus sind die wahrscheinlichkeitstheoretischen Modelle auf der Grundlage von Douven und Meijs' Rezept hinreichend flexibel, um Erklärungsstärken einen größeren Stellenwert innerhalb der Modellierung von Kohärenz einzuräumen. So wäre es beispielsweise denkbar, nicht per se davon auszugehen, dass Kohärenz als wechselseitige Stützung zu modellieren ist, sondern in Abhängigkeit von der jeweils vorliegenden inferentiellen Beziehung *unterschiedliche* Maße zu verwenden. Eine Beispielklasse von solchen Funktionen für die

Kohärenz einer Zweiermenge von Aussagen $\{x, y\}$ könnte wie folgt aussehen:

$$\mathbf{coh}(\{x, y\}) = 1/2 \cdot (\xi(x, y) + \xi(y, x))$$

Hierbei ist $\xi(x, y)$ entweder ein Maß für Erklärungsstärke, falls y durch x erklärt wird, und ein Bestätigungsmaß andernfalls.

Alles in allem schlussfolgern wir, dass auch Siebels Argument keinesfalls den endgültigen Nachweis bringt, dass das Projekt einer wahrscheinlichkeitstheoretischen Analyse des Kohärenzbegriffs zum Scheitern verurteilt ist.

8 Schlussbetrachtungen

In den vorangegangenen Kapiteln haben wir uns mit verschiedenen Aspekten der wahrscheinlichkeitstheoretischen Modellierung des Kohärenzbegriffs befasst. Hierbei wurden drei grundlegende Ideen voneinander unterschieden: Kohärenz als Grad der Abweichung von probabilistischer Unabhängigkeit, als Grad relativer mengentheoretischer Überlappung und als durchschnittlicher Grad gegenseitiger Stützung. In einem weiteren Kapitel haben wir aus diesen Maßen verschiedene qualitative Relationen herausgearbeitet und ihre unterschiedlichen formalen Eigenschaften analysiert. Im daran anschließenden Kapitel standen dann Adäquatheitsbedingungen sowie die sich daraus ergebende „Grammatik" der Kohärenzmaße im Vordergrund. Diesbezüglich haben wir eine Reihe von Desiderata diskutiert und ihre Abhängigkeiten untereinander genauer betrachtet. Ein zentrales Ergebnis hierbei war ein Unmöglichkeitsresultat, welches zeigt, dass es mathematisch unmöglich ist ein Kohärenzmaß zu formulieren, das alle geforderten Kriterien erfüllt. Dies ist ein starkes Argument für eine pluralistische Position in Bezug auf probabilistische Kohärenzmaße.

Desweiteren haben wir unterschiedliche Testfälle betrachtet, die in der Literatur als paradigmatische Anwendungsbeispiele für Kohärenzmaße diskutiert werden. Mit Hilfe eines von uns für diesen Zweck entwickelten Computerprogramms konnten wir angeben, welches der von uns betrachteten Kohärenzmaße wie in welchem Testfall abschneidet. Es zeigte sich einerseits, dass viele der Maße in einer großen Menge von Testfällen normativ korrekte Ergebnisse liefern, die wiederum durch eine empirische Untersuchung gestützt werden. Andererseits stellte sich jedoch heraus, dass es Unterschiede im Abschneiden der einzelnen Maße gibt. Diese Unterschiede können entweder als Schwachpunkte der jeweiligen Maße betrachtet werden oder es kann ausgehend von einem pluralistischen Ansatz zur Modellierung von Kohärenz dafür argumentiert werden, dass kontra-intuitive Ergebnisse in konkreten Fällen weniger problematisch sind als zunächst gedacht: wie bereits das zuvor erwähnte Unmöglichkeitsresultat nahelegt, hat Kohärenz möglicherweise einfach verschiedene Facetten.

In einem weiteren Kapitel haben wir uns den Zusammenhängen zwischen Kohärenz und anderen erkenntnistheoretisch relevanten Begriffen gewidmet. Hierzu zählten Wahrheit, Verlässlichkeit und Inkonsistenz. Wie wir gesehen haben, spielt gerade Wahrheit im Zusammenhang mit der Kohärenztheorie der Rechtfertigung eine entscheidende Rolle, insofern Kohärenz häufig als Wahrheitsindikator verstanden wird. Wir haben in diesem Zusammenhang verschiedene Möglichkeiten zur Explikation des Begriffs der Wahrheits-Förderlichkeit von Kohärenz betrachtet und umfassend ausgewertet. Im Anschluss haben wir den Begriff der

Verlässlichkeits-Förderlichkeit in den Vordergrund gestellt. Auch hier stand die Frage nach der epistemischen Nützlichkeit von Kohärenz im Mittelpunkt: Es wurde untersucht, ob kohärente Zeugenaussagen im Zusammenhang mit der Verlässlichkeit der Zeugen stehen, die diese Aussagen machen. Schließlich haben wir untersucht, welcher Zusammenhang zwischen Kohärenz, Inkohärenz, Konsistenz und Inkonsistenz besteht. Hierbei stellte sich heraus, dass neben der klassischen Einsicht, dass Kohärenz und Konsistenz nicht miteinander identifiziert werden sollten, auch Inkohärenz und Inkonsistenz deutlich voneinander zu unterscheiden sind. Zwar scheint es, als ziehe Inkonsistenz Inkohärenz nach sich. Doch es ist möglich, verschiedene *Grade* von Inkohärenz für inkonsistente Mengen zu unterscheiden. Es wurde eine Anpassung der Maße vorgestellt, die die Behandlung von Inkonsistenz-Fällen ermöglicht.

Das letzte Kapitel setzte sich mit Einwänden und Problemen auseinander, darunter das Problem der Individuierung von Überzeugungen, das alle von uns betrachteten Maße gleichermaßen betrifft. Wir haben verschiedene Lösungsmöglichkeiten dieses Problems diskutiert, darunter insbesondere der „genuine-coherence"-Ansatz. Anschließend haben wir ein naheliegendes Adäquatheitskriterium für Kohärenzmaße formuliert, das überraschenderweise vom einfachen Überlappungsmaß verletzt wird. Neben der Auswertung dieses Kriteriums für sämtliche zuvor betrachteten Maße haben wir die Konsequenzen dieses Ergebnisses im Hinblick auf die Haltbarkeit des einfachen Überlappungsmaßes sowie verwandter Maße diskutiert. Auch konnten wir zeigen, dass sämtliche Relevanzsensitiven Maße zwar das zuvor genannte Kriterium erfüllen, jedoch mit einem Problem in Fällen gemeinsamer Ursachen konfrontiert sind. Das einzige Maß, das in beiden Kontexten gut abschneidet, ist das auf absoluter Bestätigung basierende Kohärenzmaß. Schließlich sind wir auf das Problem der Kohärenzerhaltung eingegangen: wir konnten zeigen, dass dieses Problem nur dann auftritt, wenn zahlreiche Kohärenz-relevante Faktoren vernachlässigt werden. Zu guter Letzt sind wir auf ein Problem bezüglich des Zusammenhangs zwischen Kohärenz und Erklärung eingegangen. Hier konnten wir zeigen, dass das Problem einerseits weniger eindeutig ist als es scheint und andererseits Möglichkeiten bestehen, probabilistische Kohärenzmaße unter Berücksichtigung der Diskussion um probabilistische Maße der Erklärungsstärke zu verteidigen.

Insgesamt hoffen wir, den Leserinnen und Lesern vor Augen geführt zu haben, dass das Projekt der Explikation des Kohärenzbegriffs auf der Grundlage der Wahrscheinlichkeitstheorie viele neue Einsichten innerhalb der Diskussion um Kohärenz bietet. Selbst wenn sich keines der momentan diskutierten Maße als ein in jeder Hinsicht adäquates Modell des Kohärenzbegriffs herausstellen sollte, so kann die zuvor informell und dadurch häufig auch unpräzise geführte Diskussion um Kohärenz durch formale Hilfsmittel und die dadurch gewonnene Präzisierung der relevanten Fragestellungen vorangebracht werden.

Literatur

Akiba, K. (2000). Shogenji's Probabilistic Measure of Coherence Is Incoherent. *Analysis*, 60:356–359.
Albert, H. (1968). *Traktat über kritische Vernunft*. Mohr Siebeck, Tübingen.
Atkinson, D. und Peijnenburg, J. (2013). Transitivity and Partial Screening Off. *Theoria*, 79(4):294–308.
Atkinson, D., Peijnenburg, J. und Kuipers, T. (2009). How to Confirm the Conjunction of Disconfirmed Hypotheses. *Philosophy of Science*, 76(1):1–21.
Bar-Hillel, Y. und Carnap, R. (1953). Semantic Information. *The British Journal for the Philosophy of Science*, 4(14):147–157.
Bartelborth, T. (1996). *Begründungsstrategien. Ein Weg durch die analytische Erkenntnistheorie*. Akademie-Verlag, Berlin.
Bergström, M., Hansson, K., Lundblad, A.-M. und Cederblad, M. (2006). Sense of coherence: definition and explanation. *International Journal of Social Welfare*, 15(3):219–229.
Bienvenu, M. (2009). Prime Implicates and Prime Implicants: From Propositional to Modal Logic. *J. Artif. Int. Res.*, 36(1):71–128.
Blaauw, M. (2012). *Contrastivism in Philosophy*. Routledge.
Blanshard, B. (1939). *The Nature of Thought*. Band 1 von *Library of philosophy*. G. Allen & Unwin.
BonJour, L. (1985). *The Structure of Empirical Knowledge*. Harvard University Press, Cambridge.
BonJour, L. (1989). *Replies and Clarifications*.
BonJour, L. (1999). The Dialectic of Foundationalism and Coherentism. In Greco, J. und Sosa, E. (Hrsg.), *The Blackwell Guide to Epistemology*, S. 117–142. Blackwell Publishing Inc, Malden MA.
Bovens, L. und Hartmann, S. (2003a). *Bayesian Epistemology*. Oxford University Press, Oxford.
Bovens, L. und Hartmann, S. (2003b). Solving the Riddle of Coherence. *Mind*, 112(448):601–633.
Bovens, L. und Hartmann, S. (2005). Why there cannot be a single probabilistic measure of coherence. *Erkenntnis*, 63:361–374.
Bovens, L. und Hartmann, S. (2006). An impossibility result for coherence rankings. *Philosophical Studies*, 128:77–91.
Bovens, L. und Olsson, E. J. (2000). Coherentism, Reliability and Bayesian Networks. *Mind*, 109(436):685–719.
Bovens, L. und Olsson, E. J. (2002). Believing More, Risking Less: On Coherence, Truth and Non-Trivial Extensions. *Erkenntnis*, 57(2):137–150.
Brewka, G. (1991). *Nonmonotonic Reasoning: Logical Foundations of Commonsense*. Cambridge University Press, Cambridge.
Brink, C. und Heidema, J. (1987). A Verisimilar Ordering of Theories Phrased in a Propositional Language. *British Journal for the Philosophy of Science*, 38(4):533–549.
Brössel, P. (2013). The Problem of Measure Sensitivity Redux. *Philosophy of Science*, 80(3):378–397.
Carnap, R. (1950). *Logical foundations of probability*. University of Chicago Press, Chicago.
Carnap, R. und Bar-Hillel, Y. (1954). An Outline of a Theory of Semantic Information. *Journal of Symbolic Logic*, 19(3):230–232.

Cevolani, G., Crupi, V. und Festa, R. (2010). The Whole Truth About Linda: Probability, Verisimilitude and a Paradox of Conjunction. In D'Agostino, M., Laudisa, F., Giorello, G., Pievani, T. und Sinigaglia, C. (Hrsg.), *New Essays in Logic and Philosophy of Science*, S. 603–615. College Publications.

Cevolani, G., Crupi, V. und Festa, R. (2011). Verisimilitude and belief change for conjunctive theories. *Erkenntnis*, 75(2):183–202.

Cevolani, G. und Festa, R. (2017). Exploring and extending the landscape of conjunctive approaches to verisimilitude. In Florio, C. D. und Giordani, A. (Hrsg.), *From Arithmetic to Metaphysics: A Path through Philosophical Logic. Studies in honor of Sergio Galvan*. Forthcoming.

Cevolani, G. und Tambolo, L. (2013). Progress as Approximation to the Truth: A Defence of the Verisimilitudinarian Approach. *Erkenntnis*, 78(4):921–935.

Chandler, J. (2013). Contrastive confirmation: some competing accounts. *Synthese*, 190(1):129–138.

Christensen, D. (1999). Measuring Confirmation. *Journal of Philosophy*, 96:437–461.

Cross, C. B. (1999). Coherence and Truth Conducive Justification. *Analysis*, 59(3):186–193.

Crupi, V. und Tentori, K. (2012). A Second Look at the Logic of Explanatory Power (with Two Novel Representation Theorems). *Philosophy of Science*, 79(3):365–385.

Crupi, V., Tentori, K. und Gonzales, M. (2007). On Bayesian Measures of Evidential Support: Theoretical and Empirical Issues. *Philosophy of Science*, 74:229–252.

Douven, I. (2011). Further Results on the Intransitivity of Evidential Support. *The Review of Symbolic Logic*, 4(4):487–497.

Douven, I. und Meijs, W. (2007). Measuring Coherence. *Synthese*, 156:405–425.

Eagle, A. (2004). Twenty-One Arguments Against Propensity Analyses of Probability. *Erkenntnis*, 60:371–416.

Eells, E. und Fitelson, B. (2002). Symmetries and Asymmetries in Evidential Support. *Philosophical Studies*, 107:129–142.

Ewing, A. C. (1934). *Idealism: A Critical Survey*. Methuen, London.

Festa, R. (2012). „For Unto Every One That Hath Shall Be Given". Matthew Properties for Incremental Confirmation. *Synthese*, 184:89–100.

Fitelson, B. (1999). The Plurality of Bayesian Measures of Confirmation and the Problem of Measure Sensitivity. *Philosophy of Science*, 66(3):362–378.

Fitelson, B. (2001). *Studies in Bayesian Confirmation Theory*. Doktorarbeit, University of Wisconsin, Madison.

Fitelson, B. (2002). Putting the Irrelevance Back Into the Problem of Irrelevant Conjunction. *Philosophy of Science*, 69(4):611–622.

Fitelson, B. (2003). A Probabilistic Theory of Coherence. *Analysis*, 63:194–199.

Fitelson, B. (2007). Likelihoodism, Bayesianism, and relational confirmation. *Synthese*, 156(3):473–489.

Fitelson, B. (2008). A DECISION PROCEDURE FOR PROBABILITY CALCULUS WITH APPLICATIONS. *The Review of Symbolic Logic*, 1:111–125.

Foley, R. (1992). The Epistemology of Belief and the Epistemology of Degrees of Belief. *American Philosophical Quarterly*, 29(2):111–124.

Frege, G. (1893). *Grundgesetze der Arithmetik*. Band I. Verlag Hermann Pohle, Jena.

Gemes, K. (1993). Hypothetico-Deductivism, Content, and the Natural Axiomatization of Theories. *Philosophy of Science*, 60(3):477–487.

Gemes, K. (2007). Verisimilitude and Content. 154:293–306.

Gettier, E. L. (1963). Is Justified True Belief Knowledge? *Analysis*, 23(6):121–123.

Gillies, D. (1986). In Defense of the Popper-Miller Argument. *Philosophy of Science*, 53:110–113.
Gillies, D. (2000). *Philosophical Theories of Probability*. Routledge.
Glass, D. H. (2002). Coherence, Explanation, and Bayesian Networks. In O'Neill, M., Sutcliffe, R. F. E., Ryan, C., Eaton, M. und Griffith, N. J. L. (Hrsg.), *Artificial Intelligence and Cognitive Science. 13th Irish Conference, AICS 2002, Limerick, Ireland, September 2002*, S. 177–182. Springer, Berlin.
Glass, D. H. (2005). PROBLEMS WITH PRIORS IN PROBABILISTIC MEASURES OF COHERENCE. *Erkenntnis*, 63:375–385.
Glymour, C. (1980). *Theory and Evidence*. Princeton University Press.
Good, I. J. (1984). The best explicatum for weight of evidence. *Journal of Statistical Computation and Simulation*, 19:294–299.
Hansson, S. O. (2018). Coherence. In Hansson, S. O. und Hendricks, V. F. (Hrsg.), *Introduction to Formal Philosophy*, S. 443–453. Springer, Berlin.
Harman, G. (1986). *Change in view: Principles of reasoning*. MIT Press, Cambridge.
Harris, A. und Hahn, U. (2009). Bayesian rationality in evaluating multiple testimonies: Incorporating the role of coherence. *Journal of Experimental Psychology: Learning, Memory, and Cognition*, 35(5):1366–1373.
Hasse, H. (1952). *Über die Klassenzahl abelscher Zahlkörper*. Akademie-Verlag, Berlin.
Hawthorne, J. (2017). Inductive Logic. In Zalta, E. N. (Hrsg.), *The Stanford Encyclopedia of Philosophy*. Metaphysics Research Lab, Stanford University. Aufl. Spring 2017.
Hempel, C. (1965). *Aspects of Scientific Explanation and Other Essays in the Philosophy of Science*. The Free Press.
Hempel, C. G. (1960). Inductive Inconsistencies. *Synthese*, 12(4):439–469.
Herzberg, F. (2014). A Graded Bayesian Coherence Notion. *Erkenntnis*, 79(4):843–869.
Hintikka, J. (1968). The Varieties of Information and Scientific Explanation. In Rootselaar, B. V. und Staal, J. (Hrsg.), *Logic, Methodology and Philosophy of Science III*, Band 52 von *Studies in Logic and the Foundations of Mathematics*, S. 311 – 331. Elsevier.
Hintikka, J. (1970). *On Semantic Information*. S. 147–172. Springer US, Boston, MA.
Hintikka, J. und Pietarinen, J. (1966). Semantic Information and Inductive Logic. In Hintikka, J. und Suppes, P. (Hrsg.), *Aspects of Inductive Logic*, Band 43 von *Studies in Logic and the Foundations of Mathematics*, S. 96–112. Elsevier.
Hitchcock, C. (1999). Contrastive Explanation and the Demons of Determinism. *The British Journal for the Philosophy of Science*, 50(4):585–612.
Hitchcock, C. R. (1996). The Role of Contrast in Causal and Explanatory Claims. *Synthese*, 107(3):395–419.
Hume, D. ([1748] 1999). *An Enquiry Concerning Human Understanding*. Oxford University Press, Oxford.
Humphreys, P. (1985). Why Propensities Cannot be Probabilities. *The Philosophical Review*, 94(4):557–570.
Hunter, A. und Konieczny, S. (2005). Approaches to Measuring Inconsistent Information. In Bertossi, L., Hunter, A. und Schaub, T. (Hrsg.), *Inconsistency Tolerance*, Band 3300 von *Lecture Notes in Computer Science*, S. 191–236. Springer.
Hájek, A. (2012). Interpretations of Probability. In Zalta, E. N. (Hrsg.), *The Stanford Encyclopedia of Philosophy*. Aufl. Winter 2012.
Joyce, J. (2008). Bayes' Theorem. http://plato.stanford.edu/archives/fall2008/entries/bayes-theorem/.

Kemeny, J. G. (1955). Fair bets and inductive probabilities. *The Journal of Symbolic Logic*, 20(03):263–273.
Keynes, J. (1921). *A Treatise on Probability*. Macmillan, London.
Klein, P. und Fumerton, R. (1998). Foundationalism and the Infinite Regress of Reasons. *Philosophy and Phenomenological Research*, 58(4):919.
Klein, P. und Warfield, T. A. (1994). What Price Coherence? *Analysis*, 54(3):129–132.
Knight, K. (2002). Measuring Inconsistency. *Journal of Philosophical Logic*, 31(1):77–98.
Kolmogorov, A. (1956). *Foundations of the Theory of Probability*. AMS Chelsea Publishing, New York.
Koscholke, J. (2015). Evaluating Test Cases for Probabilistic Measures of Coherence. *Erkenntnis*, 81(1):155–181.
Koscholke, J. (2017). Carnap's relevance measure as probabilistic measure of coherence. *Erkenntnis*, 82(2):339–350.
Koscholke, J. und Jekel, M. (2017). Probabilistic Coherence Measures: A Psychological Study of Coherence Assessment. *Synthese*, 194(4).
Koscholke, J. und Schippers, M. (2016). Against Relative Overlap Measures of Coherence. *Synthese*, 193(9).
Koscholke, J. und Schippers, M. (2019). Coherence and Common Causes: Against Relevance-Sensitive Measures of Coherence. *British Journal for the Philosophy of Science*, 70(3):771–785.
Kuan, K.-H. (2015). Coherence Preservation: A Threat to Probabilistic Measures of Coherence. Masterarbeit, Rijksuniversiteit Groningen, the Netherlands.
Kuipers, T. A. F. (1982). Approaching Descriptive and Theoretical Truth. *Erkenntnis*, 18(3):343–378.
Kuipers, T. A. F. (1987). *What is Closer-to-the-Truth?: A Parade of Approaches to Truthlikeness*. Rodopi.
Kuipers, T. A. F. (2000). *From Instrumentalism to Constructive Realism*. Reidel, Dordrecht.
Laplace, P. S. ([1814] 1902). *A Philosophical Essay on Probabilities*. Chapman & Hall, London.
Laudan, L. (1981). A Confutation of Convergent Realism. *Philosophy of Science*, 48(1):19–49.
Lehrer, K. (1990). *Theory of Knowledge*. Routledge, London.
Leitgeb, H. (2013). Reducing belief simpliciter to degrees of belief. *Annals of Pure and Applied Logic*, 164(12):1338–1389.
Levi, I. (1967). *Gambling with Truth: An Essay on Induction and the Aims of Science*. MIT Press.
Lewis, C. I. (1946). *An Analysis of Knowledge and Valuation*. Open Court, LaSalle.
Lipton, P. (1990). Contrastive Explanation. *Royal Institute of Philosophy Supplement*, 27:247–266.
Mackie, J. L. (1965). Causes and conditions. *American Philosophical Quarterly*, 2:245–264.
Makinson, D. C. (1965). The Paradox of the Preface. *Erkenntnis*, 25(6):205.
McGrew, T. (2003). Confirmation, Heuristics, and Explanatory Reasoning. *British Journal for The Philosophy of Science*, 54:553–567.
Meijs, W. (2005). *Probabilistic Measures of Coherence*. Doktorarbeit, Erasmus University, Rotterdam.
Meijs, W. (2006). Coherence as Generalized Logical Equivalence. *Erkenntnis*, 64:231–252.
Meijs, W. (2007). A corrective to Bovens and Hartmann's measure of coherence. *Philosophical Studies*, 133(2):151–180.
Meijs, W. und Douven, I. (2007). On the alleged impossibility of coherence. *Synthese*, 157(3):347–360.

Merricks, T. (1995). On behalf of the coherentist. *Analysis*, 55:306–309.
Miller, D. (1974). Popper's Qualitative Theory of Verisimilitude. *The British Journal for the Philosophy of Science*, 25(2):166–177.
Miller, D. (1977). On Distance from the Truth as a True Distance. 6.
Milne, P. (1996). Log[P(H/Eb)/P(H/B)] is the One True Measure of Confirmation. *Philosophy of Science*, 63(1):21–26.
Moretti, L. und Akiba, K. (2007). Probabilistic Measures of Coherence and the Problem of Belief Individuation. *Synthese*, 154:73–95.
Mortimer, H. (1988). *The Logic of Induction*. Prentice Hall, Paramus.
Myrvold, W. C. (1996). Bayesianism and Diverse Evidence: A Reply to Andrew Wayne. *Philosophy of Science*, 63(4):661–665.
Myrvold, W. C. (2003). A Bayesian Account of the Virtue of Unification. *Philosophy of Science*, 70(2):399–423.
Niiniluoto, I. (1987). *Truthlikeness*. Reidel, Dordrecht.
Nozick, R. (1981). *Philosophical Explanations*. Clarendon, Oxford.
Oddie, G. (1986). *Likeness to Truth*. Reidel.
Olsson, E. J. (2001). Why Coherence Is Not Truth-Conducive. *Analysis*, 61(3):236–241.
Olsson, E. J. (2002). What is the Problem of Coherence and Truth? *The Journal of Philosophy*, 94:246–272.
Olsson, E. J. (2005). *Against Coherence: Truth, Probability and Justification*. Oxford University Press, Oxford.
Olsson, E. J. und Schubert, S. (2007). Reliability conducive measures of coherence. *Synthese*, 157(3):297–308.
Pearson, K. (1895). Notes on regression and inheritance in the case of two parents. *Proceedings of the Royal Society of London*, 58:240–242.
Peijnenburg, J. (2007). Infinitism Regained. *Mind*, 116(463):597–602.
Pfeiffer, P. (1990). *Probability for Applications*. Springer, New York.
Pinheiro, J., Bates, D., DebRoy, S., Sarkar, D. und R Core Team (2017). *nlme: Linear and Nonlinear Mixed Effects Models*. R package version 3.1-131.
Pollock, J. L. (1986). The Paradox of the Preface. *Philosophy of Science*, 53(2):246–258.
Popper, K. R. (1959a). *The Logic of Scientific Discovery*. Hutchinson, London.
Popper, K. R. (1959b). The Propensity Interpretation of Probability. *The British Journal for the Philosophy of Science*, 10(37):25–42.
Popper, K. R. (1963). *Conjectures and refutations: The growth of scientific knowledge*. Routledge and Kegan Paul, London.
Quine, W. V. (1955). A Way to Simplify Truth Functions. *The American Mathematical Monthly*, 62(9):627–631.
Ramsey, F. P. (1980[1926]). Truth and Probability. In Kyburg, H. E. und Smokler, H. E. (Hrsg.), *Studies in Subjective Probability*, S. 23–52. R. E. Krieger.
Reichenbach, H. (1956). *The Direction of Time*. University of California Press, Berkeley.
Rescher, N. (1973). *The Coherence Theory of Truth*. Oxford University Press, Oxford.
Roche, W. (2013). Coherence and probability: A probabilistic account of coherence. In Araszkiewicz, M. und Savelka, J. (Hrsg.), *Coherence: Insights from philosophy, jurisprudence and artificial intelligence*, S. 59–91. Springer, Dordrecht.
Roche, W. und Schippers, M. (2013). Coherence, Probability and Explanation. *Erkenntnis*, S. 1–8.
Roche, W. und Shogenji, T. (2014). Dwindling Confirmation. *Philosophy of Science*, 81:114–137.

Roche, W. A. (2012). A weaker condition for transitivity in probabilistic support. *European Journal for Philosophy of Science*, 2(1):111–118.

Salmon, W. C. (1970). Statistical Explanation. In Colodny, R. (Hrsg.), *The Nature and Function of Scientific Theories*, S. 173–231. University of Pittsburgh Press.

Schippers, M. (2014a). Coherence, striking agreement, and reliability – On a putative vindication of the Shogenji measure. *Synthese*, 191:3661–3684.

Schippers, M. (2014b). Incoherence and Inconsistency. *The Review of Symbolic Logic*, 7:511–528.

Schippers, M. (2014c). Probabilistic measures of coherence: from adequacy constraints towards pluralism. *Synthese*, 191(16):3821–3845.

Schippers, M. (2014d). Structural properties of qualitative and quantitative accounts to coherence. *The Review of Symbolic Logic*, 7:579–598.

Schippers, M. (2015a). Coherence and (Likeness to) Truth. In Maki, U., Votsis, I., Ruphy, S. und Schurz, G. (Hrsg.), *Recent Developments in the Philosophy of Science: EPSA13 Helsinki*, S. 8–37. Springer, Dordrecht.

Schippers, M. (2015b). Towards a Grammar of Bayesian Coherentism. *Studia Logica*, 103(5):955–984.

Schippers, M. (2016a). Competing Accounts of Contrastive Coherence. *Synthese*, 193:3383–3395.

Schippers, M. (2016b). The Problem of Coherence and Truth Redux. *Erkenntnis*, 81:817–851.

Schippers, M. und Schurz, G. (2017). Genuine Coherence as Mutual Confirmation Between Content Elements. *Studia Logica*, 105(2):299–329.

Schippers, M. und Siebel, M. (2015). Inconsistency as a Touchstone for Coherence Measures. *Theoria*, 30:11–41.

Schoch, D. (2000). A Fuzzy Measure for Explanatory Coherence. *Synthese*, 122:291–311.

Schubert, S. (2011). Coherence and Reliability: The Case of Overlapping Testimonies. *Erkenntnis*, 74(2):263–275.

Schubert, S. (2012a). Coherence reasoning and reliability: a defense of the Shogenji measure. *Synthese*, 187(2):305–319.

Schubert, S. (2012b). Is Coherence Conducive to Reliability? *Synthese*, 187(2):607–621.

Schupbach, J. N. (2011). New hope for Shogenji's coherence measure. *British Journal for the Philosophy of Science*, 62(1):125–142.

Schupbach, J. N. und Sprenger, J. (2011). The Logic of Explanatory Power. *Philosophy of Science*, 78(1):105–127.

Schurz, G. (1991). Relevant deduction. *Erkenntnis*, 35(1):391–437.

Schurz, G. (2015). *Wahrscheinlichkeit*. Grundthemen Philosophie. De Gruyter.

Schurz, G. und Weingartner, P. (1987). Verisimilitude defined by relevant consequence elements. In Kuipers, T. A. F. (Hrsg.), *What is Closer-to-the-Truth?: A Parade of Approaches to Truthlikeness*, S. 47–77. Rodopi.

Schurz, G. und Weingartner, P. (2010). Zwart and Franssen's Impossibility Theorem Holds for Possible-World-Accounts but Not for Consequence-Accounts to Verisimilitude. *Synthese*, 172(3):415–436.

Schwarz, G. (1978). Estimating the Dimension of a Model. *Ann. Statist.*, 6(2):461–464.

Shannon, C. E. (1948). A Mathematical Theory of Communication. *Bell System Technical Journal*, 27(4):623–656.

Shogenji, T. (1999). Is Coherence Truth Conducive? *Analysis*, 59:338–345.

Shogenji, T. (2001). Reply to Akiba on the probabilistic measure of coherence. *Analysis*, 61(270):147–150.

Shogenji, T. (2003). A condition for transitivity in probabilistic support. *The British journal for the philosophy of science*, 54:613–616.

Shogenji, T. (2005). The Role of Coherence of Evidence in the Non-Dynamic Model of Confirmation. *Erkenntnis*, 63(3):317–333.

Siebel, M. (2004). On Fitelson's measure of coherence. *Analysis*, 64:189–190.

Siebel, M. (2005). Against Probabilistic Measures of Coherence. *Erkenntnis*, 63:335–360.

Siebel, M. (2011). Why Explanation and Thus Coherence Cannot Be Reduced to Probability. *Analysis*, 71(2):264–266.

Siebel, M. und Wolff, W. (2008). Equivalent testimonies as a touchstone of coherence measures. *Synthese*, 161:167–182.

Steel, D. (2007). Bayesian confirmation theory and the likelihood principle. *Synthese*, 156:55–77.

Suppes, P. (1970). *A Probabilistic Theory of Causality*. North Holland, Amsterdam.

Swain, M. (1989). BonJour's coherence theory of justification. In Bender, J. (Hrsg.), *In The current state of the coherence theory: Critical essays on the epistemic theories of Keith Lehrer and Laurence BonJour, with replies*, S. 115–124. Kluwer, Dordrecht.

Thagard, P. (1989). Explanatory coherence. *Behavioral and Brain Sciences*, 12:435–467.

Thagard, P. (1992). *Conceptual revolutions*. Princeton University Press, Princeton.

Thagard, P. (2000). Probabilistic networks and explanatory coherence. *Cognitive Science Quarterly*, 1:91–114.

Thagard, P. und Verbeurgt, K. (1998). Coherence as Constraint Satisfaction. *Cognitive Science*, 22:1–24.

Tichý, P. (1974). On Popper's Definitions of Verisimilitude. *British Journal for the Philosophy of Science*, 25(2):155–160.

Tversky, A. und Kahneman, D. (1982). *Judgments of and by representativeness*. S. 84–98. Cambridge University Press.

Venn, J. ([1876] 1963). *The Logic of Chance*. Macmillan, New York.

Von Mises, R. (1957). *Probability, Statistics, and Truth*. Dover Books on Mathematics Series. Dover Publications.

Williamson, J. (2010). *In Defence of Objective Bayesianism*. Oxford University Press, Oxford.

Zwart, S. (2001). *Refined Verisimilitude*. Synthese Library. Springer.

Personenregister

Akiba, K. 55, 86, 94, 160, 161, 163, 176
Albert, H. 8
Atkinson, D. 58, 182

Bar-Hillel, Y. 135
Bartelborth, T. 27
Bates, D. 111
Bergström, M. 1
Bienvenu, M. 165
Blaauw, M. 68
Blanshard, B. 3
BonJour, L. 3, 4, 6, 9, 80, 86, 118, 148, 150, 187
Bovens, L. 24, 29, 39, 40, 48, 79, 81, 82, 96, 97, 121, 122, 125, 126, 136, 146
Brewka, G. 97
Brink, C. 133
Brössel, P. 45, 161

Carnap, R. 11, 37, 72, 83, 135
Cederblad, M. 1
Cevolani, G. 130, 132, 134
Chandler, J. 68
Christensen, D. 45
Cross, C. B. 122
Crupi, V. 45–47, 132, 134, 188

DebRoy, S. 111
Douven, I. 6, 41, 42, 56, 102, 103, 129, 162, 179

Eagle, A. 23
Eells, E. 72
Ewing, A. C. 3

Festa, R. 45, 132, 134
Fitelson, B. 14, 17, 45, 55, 68, 72, 76, 81, 82, 91, 121, 125, 152, 161, 177, 178
Foley, R. 150
Frege, G. 154
Fumerton, R. 7

Gemes, K. 133, 165
Gettier, E. L. 7
Gillies, D. 20, 45

Glass, D. H. 38, 53, 101, 121
Glymour, C. 161
Gonzales, M. 45–47
Good, I. J. 45

Hahn, U. 111
Hansson, K. 1
Hansson, S. O. 1
Harman, G. 86
Harris, A. 111
Hartmann, S. 24, 29, 39, 40, 48, 81, 82, 96, 97, 121, 125, 126, 136, 146
Hasse, H. 182
Hawthorne, J. 81
Heidema, J. 133
Hempel, C. 184
Hempel, C. G. 135
Herzberg, F. 27, 28
Hintikka, J. 83
Hitchcock, C. 68
Hitchcock, C. R. 68
Hume, D. 171
Humphreys, P. 23
Hunter, A. 155, 156
Hájek, A. 20

Jekel, M. 111, 112, 151
Joyce, J. 45

Kahneman, D. 69
Kemeny, J. G. 24
Keynes, J. 45
Klein, P. 7, 118, 138, 168
Knight, K. 156
Kolmogorov, A. 13, 34
Konieczny, S. 155, 156
Koscholke, J. 37, 111, 112, 121, 151, 173, 181
Kuan, K.-H. 179, 180
Kuipers, T. 182
Kuipers, T. A. F. 13, 45, 131, 133

Laplace, P. S. 20
Laudan, L. 130
Lehrer, K. 9
Leitgeb, H. 29

Levi, I. 135
Lewis, C. I. 4, 42
Lipton, P. 68
Lundblad, A.-M. 1

Mackie, J. L. 171
Makinson, D. C. 150
McGrew, T. 1
Meijs, W. 6, 39, 41, 42, 81, 102–104, 129, 162, 179
Merricks, T. 138
Miller, D. 131
Milne, P. 92
Moretti, L. 160
Mortimer, H. 45
Myrvold, W. C. 1

Niiniluoto, I. 131
Nozick, R. 45

Oddie, G. 131, 133
Olsson, E. J. 2, 8, 38, 79, 83, 87, 95, 121–124, 130, 140, 146, 176

Pearson, K. 112
Peijnenburg, J. 7, 58, 182
Pfeiffer, P. 181
Pietarinen, J. 83
Pinheiro, J. 111
Pollock, J. L. 150
Popper, K. R. 23, 131, 135

Quine, W. V. 165

R Core Team 111
Ramsey, F. P. 24
Reichenbach, H. 56, 171
Rescher, N. 55, 176

Roche, W. 43, 56, 111, 121, 152, 178, 186
Roche, W. A. 57

Salmon, W. C. 184
Sarkar, D. 111
Schippers, M. 47, 57, 58, 69, 71, 73, 76, 78, 106, 120, 121, 134, 139, 140, 144–146, 151–153, 158, 161, 164–167, 173, 181, 186
Schoch, D. 27
Schubert, S. 83, 140, 144–147
Schupbach, J. N. 35, 105, 121, 188
Schurz, G. 20, 132, 133, 161, 164–167
Schwarz, G. 111
Shannon, C. E. 83
Shogenji, T. 34, 56, 57, 82, 87, 120, 161, 163
Siebel, M. 80, 106, 108, 121, 125, 149, 151–153, 160, 161, 184, 185
Sprenger, J. 188
Steel, D. 92
Suppes, P. 171
Swain, M. 6

Tambolo, L. 130
Tentori, K. 45–47, 188
Thagard, P. 25, 27, 86
Tichý, P. 131
Tversky, A. 69

Venn, J. 22
Verbeurgt, K. 25
Von Mises, R. 22

Warfield, T. A. 118, 138, 168
Weingartner, P. 132, 133
Williamson, J. 24
Wolff, W. 80, 121, 125

Zwart, S. 132

Sachwortregister

Abschirmung 56–59, 172
Agrippa-Trilemma 8
Alternative-Systeme-Einwand 9
Äquivalenz, logische 13, 54, 59, 66–68, 79–82, 84, 85, 90, 144, 167
Äquivalenz, ordinale 18, 19, 39, 45, 47, 69, 111, 132, 156

Bayesianismus 23, 127
Bestätigungsmaß, probabilistisches 17, 18, 44–47, 57, 61, 72, 112, 161, 171, 182, 189

Disjunktion 13, 15, 21, 39, 51, 54, 62–66, 71, 160, 165, 166
Dutch Book-Theorem 24

Erklärung 26, 160, 184–188
Evidenz 17, 18, 25, 26, 46, 81, 119, 124, 134, 136, 138, 139, 147, 153, 161, 182, 183, 185, 186, 188
Explikation 11

Frequentismus 22
Fundamentalismus 7

Implikation, logische 3, 54, 58, 66–68, 79, 84, 86–89, 91, 161, 166
Informationsgehalt 84, 120–122
Inkonsistenz 2, 25, 26, 29, 30, 60, 61, 67, 80–82, 85, 90, 91, 107, 108, 113, 148–158, 191, 192
Isolationseinwand 8

Kohärenzmaß 16–19, 24, 25, 28–31, 33–35, 38, 39, 41, 43, 44, 48, 50–55, 68–70, 72, 75, 76, 78, 80, 83, 86, 88–90, 92, 93, 95, 97, 99–104, 107, 110, 111, 113, 117, 120–122, 124, 125, 128, 130, 132, 134, 139, 140, 144, 145, 149, 151, 154, 158–163, 167–172, 175–177, 179, 181–186, 188, 191
Kohärenzrelation 51–61, 63–73, 78
Komposition 62, 63
Konditionalisierung 24, 174
Kongruenz 4
Konjunktion 12, 13, 15, 37, 38, 42, 49, 51, 57, 62–66, 70, 71, 76, 88, 120, 121, 123, 124, 126, 129, 131, 132, 160, 164, 182, 183

Kontradiktion 13, 67, 84, 90, 177
Korrelation 56, 112, 121, 140, 144, 154, 172

Laplace-Interpretation 20

Minimalität 70
Monotonie 67, 167, 168

Negation 3, 13, 15, 44, 51, 53, 54, 60, 61, 70, 73, 78, 84, 165

Propensität 23

Quasi-Ordnung 50, 127, 129

Rechtfertigung 7–10, 95, 113, 117, 118, 150, 154, 162, 187
Reflexivität 51, 54–56, 64, 127
Regress, infiniter 7

Symmetrie 21, 51, 52, 54–56, 60, 66, 67, 72–74

Tautologie 13, 84, 134
Transitivität 51, 54, 56–59, 70, 127

Überlappung 51, 90, 91, 100, 103, 104, 108–110, 145, 151, 152, 159, 162, 168–170, 177
Überlappungsmaß 38–41, 69
Unabhängigkeit, probabilistische 16, 34, 75, 76, 78
Uneinigkeit 89
Ursache, gemeinsame 171–174

Wahrheitsförderlichkeit 117–126, 128, 133, 134, 136, 138–140, 162
Wahrscheinlichkeit, Axiome 13, 19, 24
Wahrscheinlichkeit, bedingte 15, 23, 38, 49, 50, 52–54, 86, 87, 89, 95, 123, 124, 147, 170, 171
Wahrscheinlichkeit, Interpretation 19, 20

Zirkularität 8
Zuverlässigkeit 124, 126, 127, 136, 140–148

www.ingramcontent.com/pod-product-compliance
Lightning Source LLC
Chambersburg PA
CBHW062036220426
43662CB00010B/1529